自然语言处理之BERT模型

算法、架构和案例实战

陈之炎 编著

中国铁道出版社有限公司
CHINA RAILWAY PUBLISHING HOUSE CO., LTD.

内 容 简 介

本书用简单、通俗、易懂的语言对BERT相关的自然语言处理技术进行描述，从原理、架构、实现等多维度解读BERT 模型，并展示不同层面的实战案例，通过将理论和实践相结合，使读者能够在对模型充分理解的基础上，运用模型解决实际任务。本书适合于自然语言处理初学者以及语言类大学的信息科学专业学生，不仅可作为拓展阅读的材料，还可作为立志从事自然语言处理方向研究人员的入门参考书。

图书在版编目（CIP）数据

自然语言处理之BERT模型算法、架构和案例实战 /
陈之炎编著. —北京：中国铁道出版社有限公司，2023. 5
ISBN 978-7-113-28625-5

Ⅰ. ①自… Ⅱ. ①陈… Ⅲ. ①自然语言处理 Ⅳ. ①TP391

中国版本图书馆CIP数据核字(2021)第249408号

书　　名：自然语言处理之 BERT 模型算法、架构和案例实战
ZIRANYUYANCHULI ZHI BERT MOXING SUANFA、JIAGOU HE ANLISHIZHAN
作　　者：陈之炎

责任编辑：张　丹　　**编辑部电话**：010-51873028　　**邮箱**：232262382@qq. com
封面设计：潜龙大友
责任印制：赵星辰

出版发行：中国铁道出版社有限公司（100054，北京市西城区右安门西街 8 号）
印　　刷：国铁印务有限公司
版　　次：2023 年 5 月第 1 版　2023 年 5 月第 1 次印刷
开　　本：787 mm×1 092 mm　1/16　**印张**：14. 75　**字数**：350 千
书　　号：ISBN 978-7-113-28625-5
定　　价：89. 80 元

前　言

■ 为什么要写这本书

2020 年的晚秋，当出版社编辑联络到我，问我有没有兴趣写一本自然语言处理方面的书时，我欣然应允。于是选题接洽，经过深思熟虑之后决定选取 BERT 这个方向。

BERT 的全称是基于变换器的双向编码器表示技术，它是一种基于深度学习的新型自然语言处理模型。BERT 提出了一种新的预训练目标：屏蔽字语言模型（MLM）与从左到右的单向语言模型预训练不同，MLM 目标允许表征融合左右两侧的语义，从而预训练一个深度双向 Transformer。BERT 一经问世，便有了不俗的表现，在机器阅读理解水平测试中，它在各项衡量指标上超越了人类，还在 11 种不同 NLP 测试中创出最佳成绩。BERT 为 NLP 带来了里程碑式的改变，也是 NLP 领域发展过程中一大进展。BERT 从诞生到现在，得到了广泛的应用，它在屏蔽词预测、关键词提取、下一句预测等多种自然语言处理任务中均有不俗的表现，因为 BERT 代表了 NLP 新技术，具有一定的先进性，所以我选定它来作为本书的主题。

写这本书的初衷：用简单、通俗、易懂的语言对 BERT 相关的自然语言处理技术进行描述，从原理、架构、实现等多维度解读 BERT 模型，并展示由浅到深不同层面的实战案例，通过将理论和实践相结合，使读者能够在对模型充分理解的基础上，运用模型解决实际任务。

写这本书的第二个理由是对自己30年工作做一个适时的总结。我是一名电子信息工程师，在过去的 30 年工作中，分别在长城计算机软件与系统公司、大唐微电子、北京吾译超群科技有限公司担任研发工程师，曾经参与过“智能化翻译教学系统”等项目的研发工作，在自然语言处理等方面精耕细作，这次有机会来写 BERT，可以对这一新技术做一个系统的梳理和解读，并呈现给大家，并和大家分享。

如果你下定决心要去干一件事，到底需要几个理由？一个就够了，接下来，撸起袖子加油干！

■ 本书有什么特色

1. 本书行文逻辑清晰，通俗易懂

深度学习算法包含很多繁杂的公式，为了便于读者理解本书内容，提高学习效率，本书重点不是推导理论，而是用通俗浅显的语言把道理阐明，帮助读者建立直觉。用通俗的语言对复杂模型进行解读，为读者在这个领域的进一步深入研究抛砖引玉。

2. 本书每一章节均附有课后习题，以便适时检验读者的学习效果，提高学习效率

为了便于读者理解本书内容，提高学习效率，专门在每一章后面附了练习题，读者在读完本章节内容之后，做一下课后练习题，以检验学习效果。这些课后习题答案和本书涉及的源代码一起收录于附赠资源中。

3. 行文和结构连贯

采取读者第一视角的模式来组织行文逻辑和实现方案，使得行文和结构更连贯，便于理解。

4. 实际案例解析，注重实战演练

以通俗易懂的文字，解释了自然语言处理技术的基本原理，对常见算法架构进行介绍，对本书的主要内容 BERT 模型进行详细的讲解，分别从不同的难度等级展示了两个实战案例，将理论和实践有机地结合在一起。

5. 编程思想及经验分享，提升你的编程能力

在案例讲解中，融入了编程思想及经验的分享。“不只是学习技术，重要的是在思想上能有所提升”，希望让你在学习技术的同时，潜移默化中，能够加深对一些编程思想的认识。

■ 本书内容及知识体系

第一篇　自然语言处理基础

本篇由第 1 ～ 3 章内容组成，对自然语言处理技术、掌握该技术需要的预备知识和文本的表示技术进行了解释。

第二篇　自然语言处理中的深度学习算法

本篇包含第 4 ～ 5 章，第 4 章自然语言处理和深度学习介绍了常用的模型；第 5 章重点介绍了 BERT 模型。

第三篇　实战案例

本篇包含 6 ～ 7 章，分别从由浅到深的不同层面展示了两个实战案例。

第四篇　结语和展望（第 8 章）

■ 数据资源内容介绍

为了方便读者阅读本书，本书附赠以下资源。具体如下：

- ❑ 本书实例的源代码；
- ❑ 本书课后习题答案；
- ❑ BERT 模型数据集。

■ 适合阅读本书的读者

- ❑ 自然语言处理初学者；
- ❑ 语言类大学的信息科学专业的学生；
- ❑ 立志从事自然语言处理方向研究的学生；
- ❑ 计算机相关专业的学生；
- ❑ 软件开发项目经理。

■ 阅读本书的建议

- ❑ 没有自然语言处理基础的读者，建议从第 1 章按顺序阅读，读完前四章之后，对自然语言处理的背景知识便有了一定了解。在此基础上，阅读后续章节，第 5 章是本书的重点。有一定自然语言处理基础的读者，可以根据实际情况，选择感兴趣的章节进行针对性阅读。本书为不同的读者准备了两个不同层面的实战案例，读者可以根据自己的实际情况和认知程度，有选择地阅读。如果有志从事这一领域的工作或者深入研究，则应掌握第 6 ～ 7 章的全部内容，如果条件允许，最好实际动手实现文中案例。在实际演练过程中如果遇到任何问题，可以按照书上提供的联络方式找作者答疑。

- 对于书中提到的拓展参考资料，建议高水平读者进行拓展。自然语言处理是一个庞大的知识体系，本书涉猎的课题只是冰山一角，想在这一领域深耕细作的读者，还需大量阅读相关资料。
- 带着疑问去阅读，不仅是指你阅读之前要明确解决的问题（阅读目的），而且在阅读过程中，也要多反问自己：这是最好的实现方案吗？是否有其他更简便的实现方式？……通过不断自我提问，你的思维将会不断被打开，也能从中收获更多。

本书是作者 30 年宝贵工作经验的结晶，通过本书，将自然语言处理这一华丽的水晶宫殿呈现给大家，为大家讲述宫殿中一颗璀璨的明珠——BERT 的前世今生，并指导大家如何将 BERT 这颗明珠镶嵌成皇冠、项链，或是一枚别致的胸针（实战示例），为大家在自然语言处理领域进一步深耕细作抛砖引玉。来吧，让我们开始 BERT 之旅吧！

由于作者水平有限，书中难免存在一些错误和疏漏，欢迎读者发现问题进行反馈。

■ 鸣谢

本书的完成首先感谢生命，感谢给予我生命之源的父母。

其次，感谢中国铁道出版社有限公司的编辑，没有这些编辑慧眼识珠，就没有此书对 BERT 这颗明珠做细致梳理的机会，他们在选题和全书架构方面提出了许多建设性的建议，在写作过程中给予了许多鼓励和支持，此书得以按时交稿，得益于他们的大力支持，在此表示衷心的感谢。

在此书的写作过程中，卢苗苗老师为第 4 章提供了参考资料，清华大学电子工程系汪致庸同学为第 5 章的内容提供了参考资料，在此表示衷心感谢。

最后，感谢热心读者拨冗垂阅，谢谢你们的热心阅读，希望读完此书后有所收获，再一次谢谢大家。

■ 资源赠送下载包

为了方便不同网络环境的读者学习，也为了提升图书的附加价值，本书源代码和课后习题答案文件，请读者在电脑端打开链接下载获取。

下载网址：http://www.m.crphdm.com/2022/0925/14517.shtml

作　者
2023 年 1 月

目 录

第一篇　自然语言处理基础

第 1 章　自然语言处理

第 2 章　自然语言处理的预备知识

第二篇　自然语言处理中的深度学习算法

第 4 章　自然语言处理与深度学习

第 5 章 BERT 模型详解

第三篇　实战案例

第6章　实战案例一：利用BERT完成情感分析

第7章　实战案例二：利用BERT做NER任务

第四篇　结语和展望

第8章　自然语言处理领域热门研究方向及结语

第一篇　自然语言处理基础

第 1 章　自然语言处理

自然语言处理（Natural Language Processing，NLP）是利用计算机或其他信息处理设备来理解人类的语言，并以类人的方式处理人类语言的技术。即利用计算机实现语音、文本的转换和理解等问题，它是一门语言学和计算机科学相融合的综合性交叉学科。

1．自然语言处理的特征与发展历程

众所周知，语言是人类区别于其他动物的唯一特征，它将人类从自然中分离和超拔出来，成为人类得天独厚、独一无二的技能。人类通过语言进行交流，沟通思想和情感，从而达到认识自然和改造自然的目的。千百年来，人类对语言进行了系统的研究，形成了完整的语言学体系（图 1-1）。

图 1-1　*颜格格说的是自然语言*

按照语言学的定义，语言的结构包括语音、构词、句法、语义和篇章五个层面的分层结构。对于英文而言，最小的基本单位是字符，不同的字符组合成不同的单词，即为构词，不同的词再按照语法规则组成有一定语义的句子，最后由句子组成篇章。语言的分层结构如图 1-2 所示。

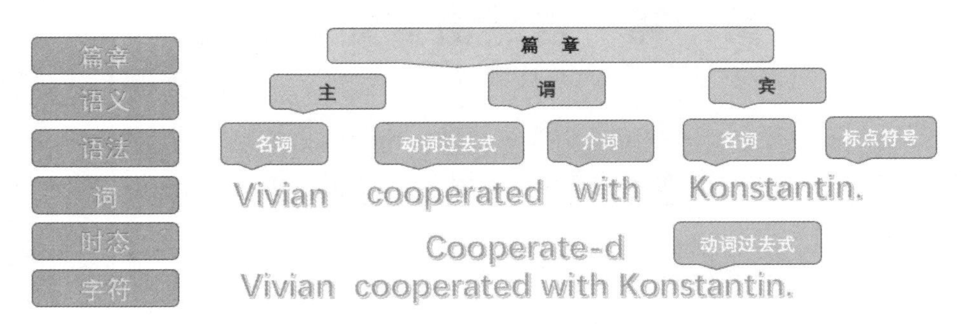

图 1-2 语言的分层结构

自然语言包括人类使用的所有语言，据估计，人类语言种类的真实数目要非常多。那么，问题来了，不同语言的人之间如何交流？比如，如何让法国人和英国人自由沟通，则需要借助翻译，翻译在准确理解两种语言的基础上，把一种语言转变成另一种语言，从而实现持不同语言的人之间自由地沟通。

在计算机出现之前，翻译基本上是由人来担任的，翻译分为口译译员和笔译译员。培养一个翻译需要花费大量的时间和成本，笔译译员要对母语和目标语言熟练精通，至少需要 5 ～ 10 年的专业化语言训练；同时，雇佣翻译的成本也比较高，比如，一个同声传译的日薪是 5 000~ 8 000 元，由于翻译成本的驱使，迫切需要一种成本相对较低，同时而又比较通用的替换方案，它能替代翻译的功能，利用较低的成本实现不同语言之间的转化。

于是，在信息科学领域，发展起一门新兴的分支科学——自然语言处理，自然语言处理采用现代化信息处理工具——计算机，利用计算机找出自然语言的规律，建立运算模型，最终让计算机能够像人类一样分析，理解和处理自然语言，将语言文字信息化的同时，利用机器实现不同语言之间的自由转化（见图 1-3）。

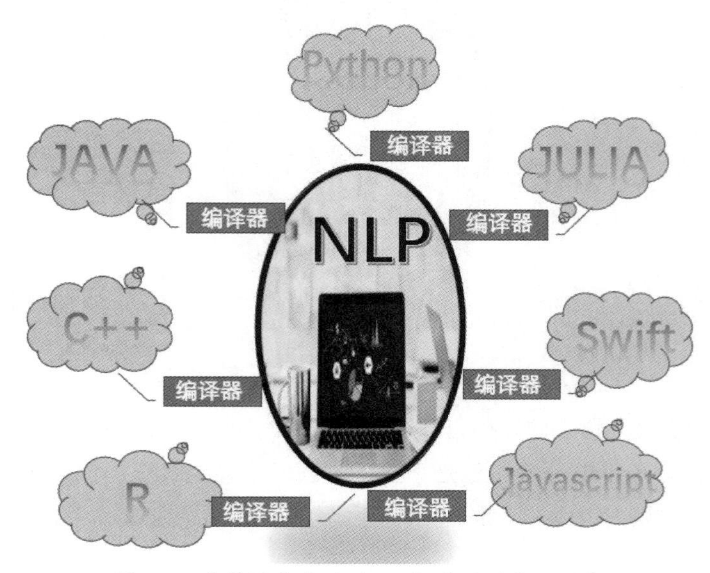

图 1-3 自然语言处理（NLP）使用的编程语言

自然语言是人类千百年来形成和使用的语言，为了方便地实现不同语言之间的自由转化，人类发明了能够快速高效地处理语言信息的计算机，利用计算机速度和性能的优势和人类智慧高效的信息处理算法，从而实现不同语种之间的机器翻译。相对于人类使用的自然语言，计算机使用的是“人造”的计算机语言。

计算机使用的语言多种多样，从功能上分为底层机器语言和高层编程语言，通过编译器或解释器将编程语言转化为机器能识别、存储和处理的二进制机器语言（为“0”和“1”构成的二进制码元）。在自然语言处理领域，首先，对自然语言的最小单位字和字符进行编码，生成词向量和句向量，然后通过高级语言对这些向量进行处理，实现对语言的处理和转化。

在自然语言处理中，常用到的是模型和算法两个术语，其中模型是使用数学来对系统做简化的描述，通俗来讲，搭建起一个模型，便是利用数学公式来描述系统；而算法，则是用高层计算机编程语言来实现模型。在本书中所描述的 BERT 模型是自然语言处理领域的文本预训练模型，利用这个模型，可以实现多种自然语言处理功能。

从广义上来讲，计算机语言也是一种语言，但是它不是人类在发展过程中自然形成的语言，而是人类为了和计算机沟通（计算机只认识“0”和“1”）人为创造的“人造”语言，利用这种“人造”的计算机语言，编制出能够处理自然语言的算法，从而达到快速高效地处理自然语言的目的。

自然语言处理技术从机器翻译的需求驱动而兴起，在不到一百年的时间里，新的技术发展日新月异，特别是在当前，如机器学习、深度学习、神经网络等新技术不断涌现，各种不同类型的新型算法层出不穷，自然语言已经不仅仅局限于当初的机器翻译功能，它还能在情感分析、文本生成、信息检索以及聊天机器人等多个领域大显身手，那么自然语言处理到底能做什么？它能对我们的生活带来哪些改变？

2．自然语言处理能做什么

读者可能会问自然语言处理属于信息技术的范畴，我不是这个专业的，和我关系不大。其实自然语言处理就在我们的身边，比如，手机和智能音箱中的个人语音助手和自动翻译系统，像 Alexa 和 Siri，它们拥有“智能”，能够理解我们的语音输入并对此做出回应。为了能够形象地说明问题，在此为读者描绘几个自然语言处理的应用场景，对 NLP 的应用做一个生动的描绘（本场景纯属虚构，切勿对号入座）。

（1）NLP 应用场景之一：

穿越到 100 年前，颜格格下周就要和西门子就铺设电话线的项目进行商务谈判，之后将草拟一份中德双语合同，颜格格能在短短一周时间准备好商务谈判内容和相关文件吗？有了带有自然语言处理能力的计算机“小自”，这不成问题。

第一步：颜格格上网利用搜索引擎检索到西门子公司“有线电话项目”的详细情况，知己知彼，才能做到百战不殆。

第二步：颜格格找出中文版合同模板，利用“小自”的文本生成功能，草拟了一份中文合同和报价单。

第三步：利用“小自”的自动翻译系统，将中文合同翻译成为德文合同。

第四步：在谈判当天，颜格格带上了有语音输入法的计算机，对整个谈判过程做了记录、翻译、转换成文字。通过“小自”的情感分析机，分析出谈判结果。

读到这里，你或许会惊喜地脱口而出，“哇噢，小自真能干”。没错，科技的进步正在悄悄地改变着人类的工作和生活，为了跟上时代的潮流，赶快加入这一科技洪流中来吧！

（2）NLP 应用场景之二

之前举行美国大选我们已经知道结果，某位候选人虽然竞选没有胜利，但人们对他的推文依然记忆犹新，据统计，其一天能发 200 多条推文，那么“工作繁忙”的候选人是怎么做到的呢？利用“小自”的文本生成技术，可以自动生成推文，工间休息时拿出来看一看，相见不如怀念。

第一步：到某个特定的网站可以查询和下载到某人的推文。

第二步：选择从 2014 年 1 月 1 日至 2018 年 6 月 11 日，日期范围内的推文文本，并将其保存到文本文件中。

第三步：利用 textgenrnn 生成文本，短短的四行代码：导入库、创建文本生成对象，对模型进行 10 次训练，之后能生成新推文。

1.1　自然语言处理的起源

自然语言处理起源于对自动翻译应用的需求（见图 1-4），由于战争的驱使，各国之间迫切需要实现语言之间的自动翻译，战争为自然语言处理提出了技术上的需求，但是，实际成果并非令人满意，据说，当时只实现了 5 个单词之间的英俄互译，虽然只是小小的一步，但也实现了 0 的突破，为自然语言处理今后的发展和兴起铺平了道路。

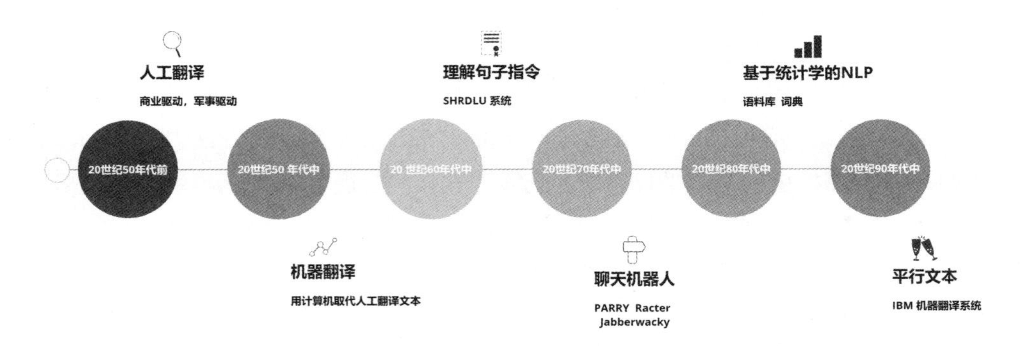

图 1-4　自然语言处理起源路线

威弗首先提出了机器翻译设计方案，并耗费了巨资展开了大规模的研究工作，由于低估了自然语言的复杂性，语言处理的理论和技术均不成熟，进展一直不是很大。当时主要的做法是存储两种语言的单词、短语对应译法的大辞典，翻译时一一对应，技术上着重通过调整文本的顺序来实现。但语言翻译的真实场景并非如此简单，很多时候还要结合篇章和上下文语义的意思。1954 年在 IBM 总部，Georgetown–IBM 实验计算机完成了史上首例机器翻译，自动将 60 个俄语句子翻译成了英语。研究人员声称 3 ～ 5 年即可解决机器翻译的问题，实际进展远低于预期。

20 世纪 60 年代比较成功的 NLP 系统包括 SHRDLU——一种词汇设限、运作于受限如“积木世界”的自然语言系统。SHRDLU 主要是一种语言解析器，它允许用户使用英语术语进行互动，包括一个基本内存来提供语境 。SHRDLU 被认为是自然语言处理领域一次极为成功的案例。

20 世纪 70 年代，程序员开始设计“概念本体论”的程序，将现实世界的信息，架构成计算机能够理解的资料。实例有 MARGIE、SAM、PAM、TaleSpin、QUALM、Politics 以及 Plot Unit，许多聊天机器人在这一时期写成，其中包括 PARRY 、Racter 以及 Jabberwacky 等。

20 世纪 80 年代，多数自然语言处理系统还是基于一套复杂、人工制定的规则，当将其置于不确定的、比较含糊的语境时，系统便会失灵。20 世纪 80 年代末期，随着计算机运算能力的普遍提升以及乔姆斯基语言学理论渐渐丧失主导地位。原有的基于语料库自然语言处理技术逐渐为基于统计学自然语言处理方式所取代。

基于统计学自然语言处理将隐马尔可夫模型引入 NLP，聚焦于由概率决定的统计模型，将输入资料里的每一个特征赋予代表其向量的概率值。时至今日，许多语音识别领域还是采用这种基于统计模型的自然语言处理技术。这种模型通常可以处理非预期的输入数据，即便输入有错误（真实世界的数据总免不了），并且在集成到包含多个子任务的较大系统时，结果还是比较可靠。这也是本书在第 2 章的第一小节，一开始便普及概率统计知识的原因。

20 世纪 90 年代，在自然语言处理领域值得一提的是 IBM 公司，它的第一个统计机器翻译模型叫作模型 1（Model 1），模型 1 第一次引入了“词袋”的概念，构建了基于句法的机器翻译 SMT（Syntax-based Machine Translation），基于句法的 SMT 一度被认为是“机器翻译的未来”，然而，它的表现却差强人意，直到不久的未来，被神经（网络）的机器翻译所取代。如果说 IBM 是自然语言处理领域的大哥大，那么它在 21 世纪，却被即将到来的人工智能风暴所湮没。

1.2　自然语言处理的发展

到了 21 世纪，随着信息技术的高速发展，自然语言处理技术有了突飞猛进的进展，深度学习的兴起，先后涌现出了基于神经网络的语言模型、多任务学习、词嵌入、神经网络模型、序列到序列模型、注意力机制、基于记忆的神经网络，以及预训练语言模型等多种新技术。这些新技术构成了自然语言处理发展过程中的重要里程碑。

1．里程碑之一：神经网络语言模型

NNLM 由加拿大科学家，图灵奖得主 Yoshua Bengio 于 2001 年系统化提出并进行了深入研究。Bengio 将词向量引入到语言模型建模中，将上下文及当前词汇当作神经网络的输入，进行大规模训练，完成在给定前面的单词的情况下预测文本中的下一个单词的任务，进而生成文本。它是一种前馈神经网络（Forward Neural Network，FNN），在它内部，参数从输入层（Input Layer）经过隐含层（Hidden Layer）向输出层（Output Layer）单向传播，不会构成有向环。前馈神经网络是最为简单的一种神经网络模型（见图 1-5）。

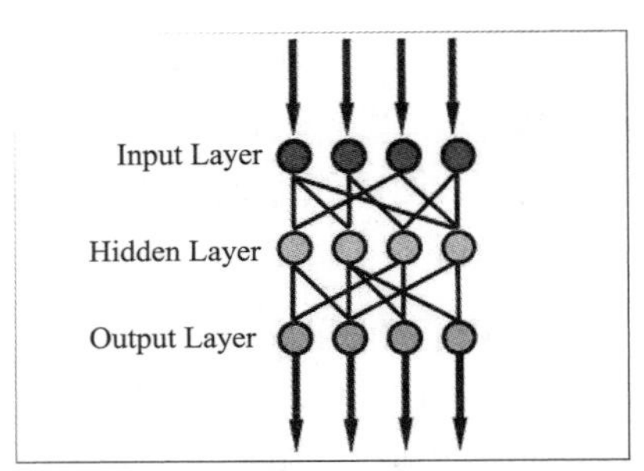

图 1-5　神经网络语言模型

以某词语之前出现的 n 个词语作为输入向量，输入到神经网络的输入层，这些单词嵌入被连接并馈入隐含层，然后将其输出提供给 Softmax 层。这就是大家熟知的词嵌入。

目前，前馈神经网络（FNN）已经被递归神经网络（RNN）和长短期记忆网络（LSTM）所取代。近年来提出了许多扩展经典 LSTM 的新语言模型。尽管有这些发展，但经典的 LSTM 仍然是一个强大的基础模型。语言模型究竟捕捉了哪些信息，也是当今一个活跃的研究领域。在 4.3 节，将对 LSTM（长短期记忆网络）做详细的介绍。

2．里程碑之二：多任务学习

多任务就是将两个任务放在一起用一个模型来处理（见图 1-6），有了多任务学习之后，不同的任务可以共享词法分析和句法分析模块，自然语言处理的方式得到了简化。

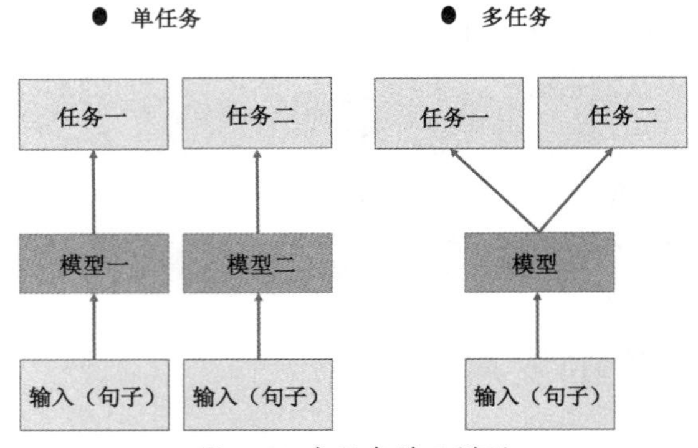

图 1-6　多任务学习模型

多任务学习是一种在多个任务下训练的模型之间共享参数的通用方法，在神经网络中，共享单词嵌入使模型能够在单词嵌入矩阵中共享共用的底层信息。Collobert 和 Weston 在论文中证明了多任务学习在自然语言处理中的应用，它引领了预训练单词嵌入和卷积神经网络（CNN）等方法，这些方法在过去几年中被广泛采用，他们因此获得了 2018 年机器学习国际会议（ICML）的“Test-of-time ”奖。多任务学习现在用于各种 NLP 任务，已成为 NLP 指令集中的有用工具。

3．里程碑之三：词嵌入

词嵌入又称词向量，之后 Mikolov 等对此做出了主要创新——通过删除隐含层和近似目标来提高单词嵌入训练的效率。虽然这些变化本质上很简单，但它们与高效的 Word2vec（Word to Vector，用来产生词向量的相关模型）组合在一起，使得大规模的词嵌入模型训练成为可能。

词嵌入的训练方法可以分为两类：一类是无监督的预训练；另一类是端对端的有监督训练。无监督的预训练以 Word2vec 和 Auto-encoder 为代表。这一类模型的特点是，无须大量的人工标记样本就可以得到质量还不错的嵌入向量。但是因为缺少了任务导向，可能和我们要解决的问题还有一定的距离。因此，在得到预训练的嵌入向量后，用少量人工标注的样本微调整个模型。

相比之下，端对端的有监督模型在最近几年越来越受到人们的关注。与无监督模型相比，端对端的模型在结构上往往更加复杂。同时，也因为有着明确的任务导向，端对端模型学习到的嵌入向量也更加准确。例如，通过一个嵌入层和若干个卷积层连接而成的深度神经网络以实现对句子的情感分类，可以学习到语义更丰富的词向量表达。

4. 里程碑之四：用于自然语言处理的神经网络

2013 年和 2014 年标志着自然语言处理中采用神经网络开始的时间，三种主要类型的神经网络使用最为广泛：循环神经网络（RNN）、卷积神经网络（CNN）和递归神经网络。

循环神经网络（RNN）和卷积神经网络（CNN）将语言视为一个序列，然而，从语言学的角度来看，语言本质上是分层的，可以将单词组成高阶短语和子句，可以根据一组生产规则递归地组合来生成句子，将句子视为树而不是序列的语言启发思想产生了递归神经网络。

自下而上构建序列的结构递归神经网络，与从左至右或从右至左对序列进行处理的循环神经网络相比，有着明显的不同。在树的每个节点处，通过组合子节点的表示来计算新表示。由于树也可以被视为在 RNN 上施加不同的处理序列，因此自然而然地利用树形结构取代序列。

在第 4 章中，将对循环神经网络、卷积神经网络和长短期记忆人工神经网络（Long-Short Term Memory，LSTM）三种神经网络进行详细的介绍。

5. 里程碑之五：序列到序列模

2014 年，Sutskever 等提出了序列到序列学习，一种使用神经网络将一个序列映射到另一个序列的通用框架。在该框架中，编码器神经网络逐符号地处理句子并将其压缩成向量表示；然后，解码器神经网络基于编码器状态逐个预测输出符号，在每个步骤中将先前预测的符号作为预测下一个的输入，Seq2Seq 框架在机器翻译领域广泛应用。

由于其灵活性，该框架现在是自然语言生成任务的首选框架。Seq2Seq 利用编码器和解码器结构，将一种语言转化为另一种语言。

6. 里程碑之六：注意力机制

注意力机制（Attention）是自然语言处理领域的一个核心创新，注意力机制与人类的选择性视觉注意力机制类似，核心目标是从众多信息中选择出对当前任务目标更关键的信息，通过对当前输出单词引入注意力模型的变化参数 Ci，每个 Ci 可能对应着不同的源语句子单词的注意力分配概率，根据计算得出注意力分配概率大小，提取出感兴趣的部分内容。Attention 机制被广泛应用在各种序列预测任务上，包括文本翻译、语音识别等。

“在文本翻译任务上，使用注意力机制的模型每生成一个词时都会在输入序列中找出一个与之最相关的词集合。之后模型根据当前的上下文语义向量和所有之前生成出的词来预测下一个目标词。

它将输入序列转化为一堆向量的序列并自适应地从中选择一个子集来解码出目标翻译文本。这类似于用于文本翻译的神经网络模型需要“压缩”输入文本中的所有信息为一个固定长度的向量，不论输入文本的长短。”

7. 里程碑之七：自然语言处理工具 Transformers

2017 年，Ashish Vaswani 等引入 Transformers 这个概念，它利用向量来表示词义，这是一个概念性的突破，目前，Transformers 几乎用于所有的自然语言处理模型中。Transformers 提供了数千个预先训练的模型，可以实现对 100 种语言的文本进行分类、信息提取、问答、摘要、翻译、文本生成等任务。它使得高端的 NLP 更容易为每个人使用。

8. 里程碑之八：预训练语言模型

预训练的词嵌入与篇章无关，语言模型无须标记文本，训练集可以扩展到数十亿单词的语料、新领域和新语言。从现在的大趋势来看，使用某种模型预训练一个语言模型看起来是一种比较靠谱的方法。从之前 AI2 的 ELMo，到 OpenAI 的 Fine-tune Transformer，再到 BERT，全都是预训练语言模型的应用。

2018 年末，BERT 模型发布，BERT 模型开启了 NLP 的新时代！ BERT 提出了一种新的预训练目标：屏蔽字语言模型（Masked Language Model，MLM），来克服单向性的局限，与从左到右的语言模型预训练不同，MLM 目标允许表征融合左右两侧的语境，从而预训练一个深度双向 Transformer（见图 1-7）。最近的一些工作表明，可以将精细的运动控制与语言相结合，比如，打开一个抽屉，取出一个小木块，系统便可以用自然语言告诉你，它在做什么。

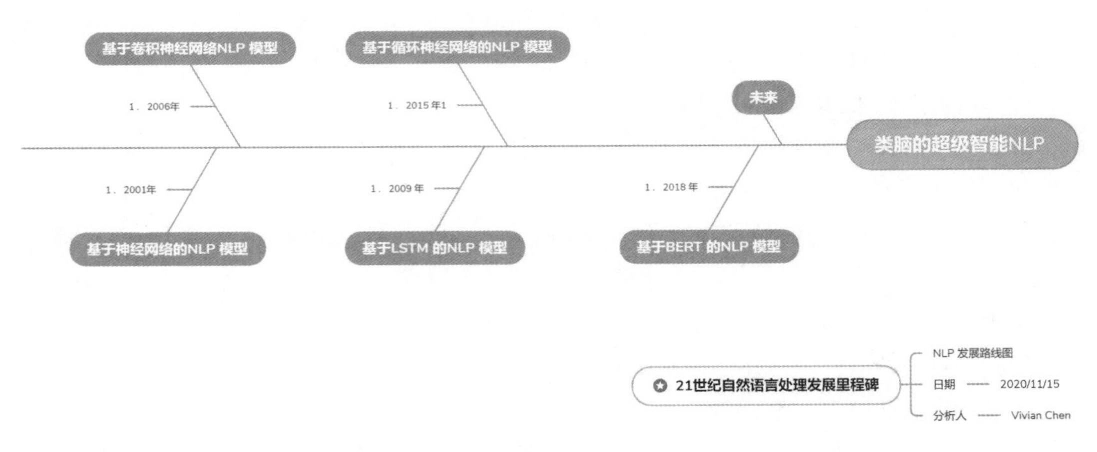

图 1-7　里程碑图谱

除了 BERT 之外，2020 年 5 月，Open AI 发布了非常擅长“炮制出类人文本”的 GPT-3，它拥有 1 750 亿参数，一时被业界视为强大的人工智能语言模型。但是，GPT-3 训练成本极高，难以普及，也成了 GPT-3 成功背后的不足。相对于通用的计算机视觉模型，语言模型复杂得多、训练成本也更高。

独角兽依图科技最近在人工智能界顶会 NeurIPS 上提出了一个小而美的方案——

ConvBERT，通过全新的注意力模块，仅用 1/10 的训练时间和 1/6 的参数就获得了与 BERT 模型一样的精度。相比费钱的 GPT-3，这项成果可让更多学者用更少时间去探索语言模型的训练，也降低了模型在预测时的计算成本（见图 1-8）。

纵观 21 世纪自然语言处理的发展史，各种技术日新月异、层出不穷，从 CNN、RNN、LSTM 到 BERT 、GPT-3 再到 ConvBERT，无数科学家、研究人员和公司从业人员奋力拼搏，为技术的发展做出贡献。本书涉及的知识，只是自然语言处理技术领域浩瀚大海里的沧海一粟，旨在为入门级的读者做一个科普，所以本书尽可能涉及广泛的知识点，用浅显易懂的语言来讲述复杂深奥的数学知识和算法模型。

ConvBERT: Improving BERT with Span-based Dynamic Convolution

Zihang Jiang[1*†], Weihao Yu[1†], Daquan Zhou[1], Yunpeng Chen[2], Jiashi Feng[1], Shuicheng Yan[2]
[1]National University of Singapore, [2]Yitu Technology
jzihang@u.nus.edu, {weihaoyu6,zhoudaquan21}@gmail.com,
yunpeng.chen@yitu-inc.com, elefjia@nus.edu.sg, shuicheng.yan@yitu-inc.com

论文题目中文翻译为：ConvBERT ：利用动态卷积提高 BERT 的性能

作者：新加坡国立大学，依图技术公司 Zihang Jiang,Weihao Yu 等

图 1-8　ConvBERT 论文

1.3　自然语言处理的应用领域

时至今日，自然语言处理技术能实现机器翻译、自动问答、情感分析、信息抽取、信息检索等多项语言处理功能，已经被应用到医疗、教育、媒体、金融和法律等各个领域中，可以这么说，自然语言处理技术与当今现代人的工作和生活越来越密不可分了。

从语言的不同处理对象上分，自然语言处理可以分为语音处理和文本处理。在语音处理方面，可以实现文本朗读、智能问答系统和机器口译（同声传译和交替传译）三大功能，由于语音处理涉及语音合成技术、语音识别技术和语音信号的处理技术，这些技术不在本书涵盖的范围之内，所以在此仅在图 1-9 的右半部分列出，但不做详细的说明。下面，就文本处理的应用做详细说明。

自然语言处理技术主要应用在词处理、句分析、文本分析、信息检索、机器翻译（笔译）和文本生成六大领域，在这六大领域之下，还可以细分，如图 1-9 的左半部分，下面对机器翻译、智能问答、文本信息检索和提取、情感分析四个应用领域进行详细描述。

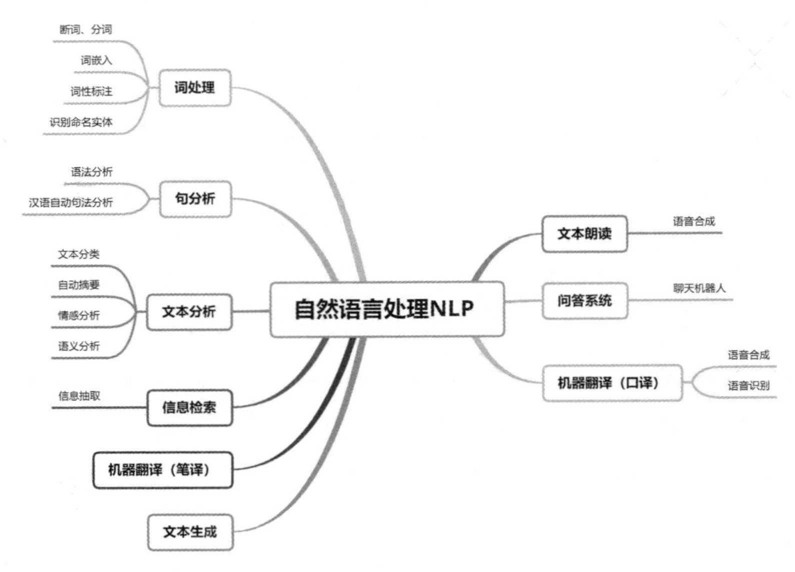

图 1-9　自然语言处理的应用

1.3.1　机器翻译

机器翻译是推动自然语言处理技术发展的原始动力，也是自然语言处理技术最为广泛的应用之一。早期的机器翻译是基于统计学的机器翻译，通过对大量的平行语料进行统计分析，构建统计翻译模型，进而使用此模型进行翻译。早期基于词的机器翻译逐渐过渡到基于短语的翻译，并正在融合句法信息，以进一步提高翻译的准确度。近年来，神经机器翻译在语言服务产业掀起了不小的波澜，神经机器翻译利用巨大的人工神经网络，计算一连串字词的概率以生成文意精确的翻译，将在未来数年持续改变翻译及语言行业的本地化产业。在投入大量翻译资料集训练人工智能和机器学习模组后，神经机器翻译的品质得到了大幅改善。更重要的是，当神经机器翻译与人工编修搭配，无论在技术还是文化层面，更能达到一流的译文品质。

在短短的几十年里，先后涌现出上百种机器翻译工具和引擎，有的如昙花一现，有的如常青树一般世代永流传，在这里列举出常用的在线翻译网站供读者参考使用：

- 有道翻译。
- 百度翻译。
- 中国民族语文翻译中心。
- 彩云小译。

1.3.2　智能问答

智能问答系统是未来自然语言处理的明日之星，最为常用的智能问答系统便是聊天机器人。聊天机器人可用于实用的目的，如客户服务或资讯获取。有些聊天机器人会搭载人工智能系统，但大多简单的系统只会撷取输入的关键字，再从语料库中找寻合适的应答句。目前，聊天机器人是虚拟助理的一部分，可以与许多的应用程序、网站以及即时消息平台连接，非助理应用程序包括娱乐目的的聊天室和特定产品促销。

有些聊天机器人，例如 Nerdify 开发的 Nerdy Bot，针对大中小学生面对的问题，让学习更简单又有效率。该软件利用 Messenger 即时回答学生作业相关的问题以便加速学习。加大尔湾分校图书馆的聊天机器人 ANTswers，被认为非常成功。在卫生教育领域上，聊天机器人可以被设计来回答常见问题。

1.3.3　文本信息检索和提取

文本信息检索和提取是自然语言处理技术在情报学领域的主要应用。利用文本信息检索工具，可以迅速地从大量的、记录在各种各样的存储媒体中查找或获取有价值的信息，从而主动地获取自己需要的知识。

1.3.4　情感分析

文本情感分析（也称为意见挖掘）是指用自然语言处理、文本挖掘以及计算机语言学等方法来识别和提取原素材中的主观信息。情感分析的目的是找出说话者 / 作者在某些话题上或者针对一个文本两极的观点的态度。这个态度或许是他或她的个人判断或是评估，也许是他当时的情感状态（也就是说，作者在做出这个言论时的情绪状态），或是作者有意向的情感交流（就是作者想要读者所体验的情绪）。

文本情感分析的途径大致可以分为四类：关键词识别、词汇关联、统计方法和概念级技术。关键词识别是利用文本中出现的清楚定义的影响词，例如“开心”“难过”“伤心”“害怕”“无聊”等，来实现人类情感分类。词汇关联除了侦查影响词以外，还附于词汇和某项情绪的“关联”值。统计方法通过调控机器学习中的元素，比如潜在语意分析、SVM、词袋等，来分析出文本的情感信息。一些更智能的方法意在探测出情感持有者（保持情绪状态的那个人）和情感目标（让情感持有者产生情绪的实体）之间的关系。

1.4　自然语言处理领域的难点问题

人类的自然语言种类繁多，千变万化，其规律错综复杂，要想利用计算机实现对自然语言的精确处理实非易事。即便在自然语言处理领域有着多种多样的方法和实现手段，均还不足以达到百分百的准确率。目前为止，自然语言处理领域依然面临着单词边界的界定、词义的消歧和句法的模糊性等难点问题。

1.4.1　单词的边界界定

在口语中，词与词之间通常是连贯的，而界定字词边界通常使用的办法是取用能让给定的上下文通顺且在文法上无误的一种最佳组合。在书写上，英文可以空格作为词的界定，自动分词通过空格来实现，汉语的词与词之间却没有一个形式上的分界符，中文字词界限模糊，往往不容易区别哪些是“字”，哪些是“词”，而且不同词之间的边界界定问题也比较模糊。例如，北京大学四个字，不同分词边界的划分可以理解出四种不同的含义："北""北京""北京大""北京大学"，不同词边界的划分，得出的是四种不同的结果。

中文因其自身语言特性的局限，字（词）的界限往往很模糊，关于字（词）的抽象定义和词边界的划定尚没有一个公认的、权威的标准。曾经有专家对母语是汉语者调查结果显示，对汉语文本中"词"的认同率仅有 70% 左右。正是由于这种不同的主观分词差异，给汉语分词造成了极大的困难。

当前，典型的中文分词系统有 Stanford NLP 分词、HanLP 中文分词、极速词典分词等，面临的问题和困难主要体现在三个方面：分词的规范、歧义词的切分和未登录词识别。

1.4.2 词义的消歧

许多字词不单只有一个意思，因而我们必须选出使句意最为通顺的解释。在一个句子中，通常指示代词的指代会直接影响到句子的意思。

例如：医生雇佣秘书是因为他有很多客户。

医生雇佣秘书是因为她有很多客户。

从第一个句子来看，指示代词他可以指代医生也可以指代秘书，在不知道"医生"和"秘书"的性别的前提下，计算机无法确认是医生有很多客户还是秘书有很多客户。词义的消歧便是针对以上问题，即如何在不同语境下，最大限度地消除词义的不确定性，区别出同一词的不同含义。

词义消歧是自然语言处理任务的一个核心与难点，影响了几乎所有任务的性能，比如搜索引擎、意见挖掘、文本理解与产生、推理等。迄今为止，在这一领域已有丰富多样的技术来解决这一问题，目前已提出了一种能够显著提升词汇消歧能力的新模型，该模型在复杂语境下，单词消歧任务中取得了最优的结果。

1.4.3 句法的模糊性

利用句法分析来消除句法的模糊性，也是自然语言处理中的难度较高的基础性工作。对于复杂语句，仅仅通过词性分析，无法得到正确的语句成分关系，通过分析句子的句法结构（主谓宾结构）和词汇间的依存关系（并列、从属等），分析出语句的主干，以及各成分间关系。为语义分析，情感倾向，观点抽取等 NLP 应用场景打下坚实的基础。

句法分析算法比较复杂，在早期，通过基于规则的句法分析算法来消除句法的模糊性，近年来，深度学习在句法分析课题上逐渐成为研究热点，主要研究工作集中在特征表示方面。传统方法的特征表示主要采用人工定义原子特征和特征组合，而深度学习则把原子特征（词、词性、类别标签）进行向量化，再利用多层神经元网络提取特征。

在自然语言处理中通常采用依存正确率（Dependency Accuracy，DA）、根正确率（Root Accuracy，RA）、完全匹配率（Complete Match，CM）等参数对句法分析算法或工具进行评测，得分越高，模糊性越小，句法分析结果越准确。

本章小结

本章首先简要介绍了自然语言处理的概念、由来、起源及其发展历史，虚构了两个应用场景来说明自然语言处理技术的用途。通过对 21 世纪自然语言处理技术的梳理，按照时间顺序描述了八大里程碑技术，并对当前新的技术进行了追踪和展示。在应用方面，对机器翻译、智能问答、文本信息检索和提取、情感分析四个应用领域分小节进行了详细描述，最后，分析了自然语言处理技术领域的难点问题。

思考题

1. 自然语言和机器语言有什么区别？
2. 如何用机器语言来表示自然语言？
3. 列举三种 21 世纪内具有里程碑意义的自然语言处理技术，并说明其特点。
4. 自然语言处理领域有哪些难点问题？

第 2 章　自然语言处理的预备知识

自然语言处理是人工智能的一个重要分支，其知识内涵包括了诸多的知识点，众多的知识点构成了自然语言处理的完整生态系统。本章的内容主要是对自然语言处理这一生态系统的各个预备知识点做了梳理，从入门需要掌握的预备数学知识，到文字信息处理的编码方式，再到自然语言处理的常用算法模型。作为入门级的科普，介绍了 Python 语言的发展和特点，Python 环境的搭建，基础任务包和 Python 中常用到的自然语言处理库，在实战方面，介绍了 10 个 Python 字符串处理技巧。

2.1　数学知识

数学是自然科学的基础，几乎所有的自然科学都离不开数学，大到航天器的运行轨道，小到基因测序，几乎所有的自然科学都是数学的应用。在自然语言处理领域，主要用到的数学涉及线性代数、微积分和概率论三大主题领域的知识点，此外还涉及信息论和优化理论等相关知识，本书重点对线性代数、微积分和概率论的知识点做简要的介绍。

2.1.1　线性代数

线性代数主要用于处理线性问题，它是代数的一个分支。线性问题是指数对象之间的关系以一种线性形式表示。 线性代数源于求解线性方程式，主要包含向量、向量空间（或称线性空间）以及向量的线性变换和有限维的线性方程组等。

1. 向量

定义：向量是对应于标量的一个术语。通常，标量是指一个只有大小，没有方向的实数，标量一般用斜体小写英文字母 a, b，c 来表示；向量是由一组实数组成的有序数组，同时具有大小和方向。一个 N 维向量 $\boldsymbol{a}$ 是由 n 个有序实数组成，表示为：

$$\boldsymbol{a}= [a_1, a_2,\cdots, a_n];$$

其中 a_n 称为向量 $\boldsymbol{a}$ 的第 n 个分量，或第 n 维向量。向量符号一般用黑斜体小写英文字母 a，b，c 来表示。

点评：在自然语言处理领域如何来理解向量这一概念，比如一个字，可以用字符编码来表示，该字符编码带有不同的属性，这一属性便可以用一个向量来表示，即所谓的词向量。举个更通俗的例子，比如，颜格格的身高、体重和年龄便可以用一个三维向量来表示：

颜格格 = [1.60，55.00，18.00];

注意：在信息处理领域，通常用数组表示一个向量，要求数组中的数据类型必须相同 。

向量可以分为：　　　　行向量：颜格格 = [1.60，55.00，18.00]；

和　　　　列向量：颜格格 = $\begin{Bmatrix} 1.60 \\ 55.00 \\ 18.00 \end{Bmatrix}$

示例：

通常，词可以用词向量来表示，这个向量隐含着这个词的语义，例如定义一个基础词汇集合：
{ 会咬人，顺从，有毛，叫得响，喵呜叫，跑得快 }

那么，猫的上下文语义可以表示为：{ 顺从，有毛，喵呜叫 }

对应向量表示为 {0，1，1，0，1，0 }。

狗的上下文语境可以表示为：{ 叫得响，有毛，跑得快，会咬人 }

对应向量可表示为 {1，0，1，1，0，1 }

在自然语言处理领域词向量的最为朴素的表示方法为独热向量编码概念，在此简单介绍一下。

假设自然语言文本： Constantine is an electronic engineer

把这一段文本当成一个包含 5 个单词的离散序列，那么，文本中的每个单词可以用以下向量来表示：

Constantine={1，0，0，0，0}；

is={ 0，1，0，0，0}；

an={ 0，0，1，0，0}；

electronic={0，0，0，1，0}；

engineer={0，0，0，0，1}。

独热向量有个特点，向量中只有一个分量为 1，其他分量均为 0。在自然语言处理中，这种编码方式是词向量的最朴素的表示方式，其缺点是当文本序列比较长的时候，向量的维数会变得非常大，在后续的章节中，会详细介绍独热向量的处理技术。

2. 向量空间

定义：向量空间，是指一组向量组成的集合，这一组向量满足以下两个条件：

（1）向量加法：向量空间 V 中的两个向量 $\boldsymbol{a}$ 和 $\boldsymbol{b}$，它们的和 $a+b$ 也属于 空间 V；

（2）标量乘法：向量空间 V 中的任一向量 $\boldsymbol{a}$ 和任一标量 $\boldsymbol{c}$，它们的乘积 $c \times a$ 也属于空间 V。

满足以上两个条件的一组向量构成向量空间，向量空间又称为线性空间。

点评：简言之，满足向量加法和标量乘法两个条件的一组向量构成一个线性空间。常用到的典型线性空间是欧氏空间。

示例：

基向量：N 维向量空间 $\mathcal{V}$ 的基（Base）$\beta = \{e_1, e_2, \cdots, e_N\}$ 是 $\mathcal{V}$ 的有限子集，其元素之间线性无关。向量空间 $\mathcal{V}$ 中所有的向量都可以按唯一的方式表达为 β 中向量的线性组合，对任意 $v \in \mathcal{V}$，存在一组标量（$\lambda_1, \lambda_2, \lambda_n,$ ）使得：

$$\boldsymbol{v} = \lambda_1 e_1 + \lambda_2 e_2 + \cdots + \lambda_n \boldsymbol{e}_N ;$$

其中基 β 中的向量称为基向量，如果基向量是有序的，则标量 $(\lambda_1, \lambda_2, \cdots, \lambda_N)$ 称为向量 $\boldsymbol{v}$ 关

于基 β 的坐标。

3. 矩阵

定义：两个有限维欧氏空间的映射函数 $f{:}R^N \rightarrow R^M$ 可以表示为：

$$y=Ax \triangleq \begin{bmatrix} a_{11}x_1+a_{12}x_2+\cdots+a_{1N}x_N \\ a_{21}x_1+a_{22}x_2+\cdots+a_{2N}x_N \\ \vdots \\ a_{M1}x_1+a_{M2}x_2+\cdots+a_{MN}x_N \end{bmatrix}$$

其中 A 是一个由 M 行 N 列个元素排列成的矩形阵列，称为 $M \times N$ 的矩阵（Matrix）：

$$A=\begin{bmatrix} a_{11} & a_{12} & \cdots & a_{1N} \\ a_{21} & a_{22} & \cdots & a_{2N} \\ \vdots & \vdots & \vdots & \vdots \\ a_{M1} & a_{M2} & \cdots & a_{MN} \end{bmatrix}$$

点评：设 E 和 F 是两个向量空间，并假设向量空间 E 的基为 $(u_1, u_2\cdots, u_n)$，向量空间 F 的基为 $(v_1, \cdots, v_m)$。如上所述，向量 $\boldsymbol{x} \in$ E 可以唯一地表示为：

$$x = x_1u_1 + \cdots + x_nu_n,$$

同理：向量 $\boldsymbol{y} \in F$ 可以唯一地表示为：

$$y = y_1v_1 + \cdots + y_mv_m.$$

令 $f{:}\,E \rightarrow F$ 为 E 和 F 之间的线性映射，那么，对于向量空间 E 的每一个 $x = x_1u_1 + \cdots + x_nu_n$

则有： $f(x) = x_1f(u_1) + \cdots + x_nf(u_n).$

令： $f(uj) = a_1jv_1 + \cdots + a_mjv_m,$

即：

$$f(u_j)=\sum_{i=1}^{m} a_{ij}v_i,$$

对于 $j, 1 \leqslant j \leqslant n$，可以用 j 列的矩阵来表达 $f(uj\,)$ 在基 $(v_1, \cdots, v_m)$ 空间的系数：

$$\begin{array}{c} \\ v_1 \\ v_2 \\ \vdots \\ v_m \end{array} \begin{array}{c} \begin{array}{cccc} f(u_1) & f(u_2) & \cdots & f(u_n) \end{array} \\ \begin{pmatrix} a_{11} & a_{12} & \cdots & a_{1n} \\ a_{21} & a_{22} & \cdots & a_{2n} \\ \vdots & \vdots & \vdots & \vdots \\ a_{m1} & a_{m2} & \cdots & a_{mn} \end{pmatrix} \end{array}$$

这就是矩阵的来龙去脉和前世今生，有的读者看到这里似乎已经看不懂了，用一句大白话来说就是：矩阵表达了两个不同的向量空间中的向量间的映射关系，它是向量间线性变换的一种表达方式，利用矩阵可以实现向量间的线性变换（映射）。

示例：

利用矩阵实现向量间的线性映射，假设 n=3，m=2 则有：

$$f(u_1) = a_{11}v_1 + a_{21}v_2$$

$$f(u_2) = a_{12}v_1 + a_{22}v_2$$

$$f(u_3) = a_{13}v_1 + a_{23}v_2,$$

表示为矩阵形式有：

$$\begin{array}{cc} & \begin{array}{ccc} f(u_1) & f(u_2) & f(u_3) \end{array} \\ \begin{array}{c} v_1 \\ v_2 \end{array} & \begin{pmatrix} a_{11} & a_{12} & a_{13} \\ a_{21} & a_{22} & a_{23} \end{pmatrix}, \end{array}$$

对于任何 $x = x_1u_1 + x_2u_2 + x_3u_3$ 有：

$$\begin{aligned} f(x) &= f(x_1u_1 + x_2u_2 + x_3u_3) \\ &= x_1f(u_1) + x_2f(u_2) + x_3f(u_3) \\ &= x_1(a_{11}v_1 + a_{21}v_2) + x_2(a_{12}v_1 + a_{22}v_2) + x_3(a_{13}v_1 + a_{23}v_2) \\ &= (a_{11}x_1 + a_{12}x_2 + a_{13}x_3)v_1 + (a_{21}x_1 + a_{22}x_2 + a_{23}x_3)v_2 \end{aligned}$$

由于 $y = y_1v_1 + y_2v_2$，

于是有： $y_1 = a_{11}x_1 + a_{12}x_2 + a_{13}x_3$

$y_2 = a_{21}x_1 + a_{22}x_2 + a_{23}x_3$

得出矩阵等式：

$$\begin{pmatrix} y_1 \\ y_2 \end{pmatrix} = \begin{pmatrix} a_{11} & a_{12} & a_{13} \\ a_{21} & a_{22} & a_{23} \end{pmatrix} \begin{pmatrix} x_1 \\ x_2 \\ x_3 \end{pmatrix}.$$

通过以上这个例子，推导出用矩阵表示向量间的线性变换。如果读到这里，读者读懂了，那么恭喜你，你已经入门了。

2.1.2　微积分

微积分是研究函数的微分、积分及其相关应用的数学分支。微积分是数学界非常伟大的创造，也是高等数学的重要组成部分，在自然语言处理领域，主要会涉及导数、微分、积分和梯度等重要概念。

1. 导数

定义：对于定义域和值域都是实数域的函数 $f: R \rightarrow R$，若 $f(x)$ 在点 x_0 的某个邻域$\triangle x$ 内，极限：

$$f'(x_0) = \lim_{\Delta x \rightarrow 0} \frac{f(x_0 + \Delta x) - f(x_0)}{\Delta x}$$

存在，则称函数 $f(x)$ 在点 x_0 处可导，$f'(x_0)$ 称为其导数，记为$\frac{\mathrm{d}f(x_0)}{\mathrm{d}x}$。

点评：在几何上，导数可以看作函数曲线上切线的斜率，图 2-1 给出了函数 $f(x)=e^x+e^{-x}$ 导数的可视化示例：

导数在自然语言处理中有什么用？ 导数表征了一个函数在某一点附近的变化程度，在机器学习中，优化方法是非常重要的话题，常见的情形就是利用目标函数的导数通过多次迭代来求解无约束最优化问题。利用导数，求出变化率最小或最大的解，从而得出最优解。

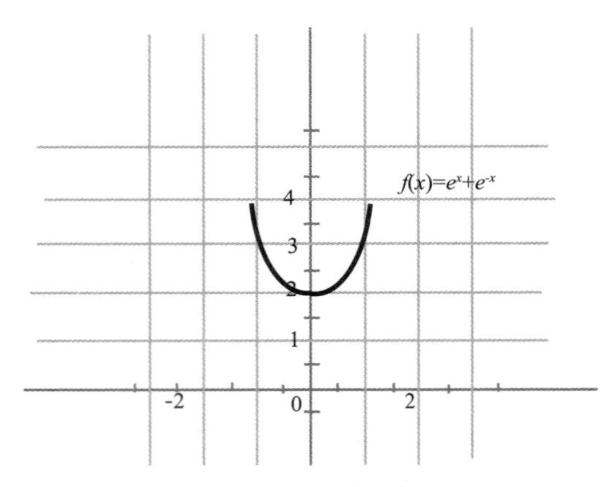

图 2-1　函数 $f(x)=e^x+e^{-x}$ 的导数

示例：对于线性函数 $y_n=wx_n+b$ 定义它的损失函数

$$c(w,b)=\sum(y_n-y'_n)^2$$

损失函数 $c(w, b)$ 的值越小，说明越逼近真实值，在理想状况下，损失函数 $c(w, b)$ 的值为零。在这里，可以通过变换参数 w 和 b 的值来获取函数的最优解。这个意思即是：

$$\frac{\partial c}{\partial w}=\frac{\sum_n (y_n-y'n)^{2'}}{\partial w}$$

即损失函数对参数 w 求导，只需计算导数，经过多次迭代计算，便能求出 w 的最优值。

2. 微分

定义：给定一个连续函数，计算其导数的过程称为微分。若函 数 $f(x)$ 在其定义域包含的某区间内每一个点都可导，那么也可以说函数 $f(x)$ 在这个区间内可导，如果一个函数 $f(x)$ 在定义域中的所有点都存在导数，则 $f(x)$ 为可微函数。

点评：在古典的微积分学中，微分被定义为变化量的线性部分，在现代的定义中，微分被定义为将自变量的改变量映射到变化量的线性映射 。给定的函数在一点的微分如果存在，就一定是唯一的。

在数学中，微分是对函数的局部变化率的一种线性描述。微分可以近似地描述当函数自变量的取值做足够小的改变时，函数的值是怎样改变的。当某些函数 f 的自变量 x 有一个微小的改变 h 时，函数的变化可以分解为两个部分：一部分是线性部分。在一维情况下，它正比于自变量的变化量 h，可以表示为 h 和一个与 h 无关的量的乘积，从更为广泛的意义来讲，它是一个线性映射作用在 h 上的值；另一部分是比 h 更高阶的无穷小，也就是说除以 h 后仍然会趋于零。当改变量 h 很小时，第二部分可以忽略不计，函数的变化量约等于第一部分，也就是函数在该处的微分。如果一个函数在某处具有以上的性质，就称此函数在该点可微。

示例：微分是导数的一种推广， 微分形式则是对于微分函数的再推广。微分函数对每个点给出一个近似描述函数性质的线性映射 d ，而微分形式对区域 D 内的每一点给出一个从该点的切空间映射到值域的斜对称形式。

3. 积分

定义：积分是微分的逆过程，即如何从导数推算出原函数。积分通常可以分为定积分和不定积分。

函数 $f(x)$ 的不定积分可以写为：

$$F(x)=\int f(x)\mathrm{d}x$$

其中，$F(x)$ 称为 $f(x)$ 的原函数或反导函数，$\mathrm{d}x$ 表示积分变量为 x。当 $f(x)$ 是 $F(x)$ 的导数时，$F(x)$ 是 $f(x)$ 的不定积分。根据导数的性质，一个函数 $f(x)$ 的不定积分是不唯一的。若 $F(x)$ 是 $f(x)$ 的不定积分，$F(x)+C$ 也是 $f(x)$ 的不定积分，其中 C 为一个常数。

给定一个变量为 x 的实值函数 $f(x)$ 和闭区间 $[a, b]$，定积分可以理解为在坐标平面上由函数 $f(x)$，垂直直线 $x=a$，$x=b$ 以及 x 轴围起来的区域的带符号的面积，记为：

$$\int_a^b f(x)\mathrm{d}x$$

点评：在自然语言处理算法中，积分基本上只在概率论中被使用，概率密度函数、分布函数等概念和计算都要借助于积分来定义或计算。

示例：积分的严格定义有很多种，最常见的积分定义之一为黎曼积分。对于闭区间 $[a, b]$，我们定义 $[a, b]$ 的一个分割为此区间中取一个有限的点列：

$$a=x_0<x_1<x_2<\cdots<x_N$$

这些点将区间 $[a, b]$ 分割为 N 个子区间 $[x_{n-1}, x_n]$，其中 $1\leqslant n\leqslant N$。每个区间取出一个点 $t_n\in[x_{n-1}, x_n]$ 作为代表。在这个分割上，函数 $f(x)$ 的黎曼和定义为：

$$\sum_{n=1}^{N} f(t_n)(x_n-x_{n-1})$$

即所有子区间的带符号面积之和。

不同分割的黎曼和不同，当 $\lambda=\max_{n=1}(x_n-x_{n-1})$ 足够小时，如果所有的黎曼和都趋于某个极限，那么这个极限就叫作函数 $f(x)$ 在闭区间 $[a, b]$ 上的黎曼积分。

4. 梯度

定义：设二元函数 $z=f(x,y)$ 在平面区域 D 上具有一阶连续偏导数，则对于每一个点 P（x,y）都可以定义出一个向量$\left\{\frac{\partial f}{\partial x},\frac{\partial f}{\partial y}\right\}=f_x(x,y)\bar{i}+f_y(x,y)\bar{j}$，该函数就称为函数 $z=f(x,y)$ 在点 P（x, y）的梯度，记作 gradf（x,y）或$\nabla f(x,y)$，

$$\mathrm{grad}f(x,y)=\nabla f(x,y)=\left\{\frac{\partial f}{\partial x},\frac{\partial f}{\partial y}\right\}=f_x(x,y)\bar{i}+f_y(x,y)\bar{j}$$

点评：如前所述，在微积分中，导数研究的是函数在点邻域的变化率，那么梯度的含义是一个向量（矢量），表示某一函数在该点处的方向导数沿着该方向取得最大值，即函数在该点处沿着该方向（此梯度的方向）变化最快，变化率最大（为该梯度的模）。

梯度决定了多元函数的单调性和极值，梯度下降法的推导离不开它。几乎所有连续优化算法都需要计算函数的梯度值，且以寻找梯度为 0 的点作为目标。

示例：梯度下降法，也叫作最速下降法，经常用来求解无约束优化的最小值问题。

对于函数 $f(x)$，如果 $f(x)$ 在点 x_t 附近是连续可微的，那么 $f(x)$ 下降最快的方向是 $f(x)$ 在 x_t 点的梯度方法的反方向。

5 .Softmax 函数

定义：Softmax 函数可以将多个标量映射为一个概率分布。对于 K 个标量 $x_1, \cdots, x_k$，Softmax 函数定义为：

$$z_k=\text{softmax}(x_k)=\frac{\exp(x_k)}{\sum_{i=1}^{K}\exp(x_i)}$$

这样，可以将 K 个标量 $x_1,\cdots,x_k$ 转换为一个分布：$z_1,\cdots,z_k$，满足：

$$z_k\in(0,1),\ \forall\ k,$$

$$\sum_{k=1}^{k}z_K=1.$$

如果用 K 维向量 $\boldsymbol{x}=[x_1,\cdots,x_k]$ 来表示 Softmax 函数的输入，Softmax 可简写为：

$$\begin{aligned}\hat{z}&=\text{softmax}(x)\\&=\frac{1}{\sum_{i=1}^{K}\exp(x_k)}\begin{bmatrix}\exp(x_1)\\\vdots\\\exp(x_k)\end{bmatrix}\end{aligned}$$

点评：在概率论和相关领域中，Softmax 函数，又称为归一化指数函数，它将一个含任意实数的 K 维向量 z “压缩”到另一个 K 维实向量 $\boldsymbol{\sigma}(z)$ 中。Softmax 函数实际上是有限项离散概率分布的梯度对数归一化。因此，Softmax 函数在包括多项逻辑回归、多项线性判别分析、朴素贝叶斯分类器和人工神经网络等的多种基于概率的文本分类问题方法中都有着广泛应用。

示例：在神经网络中，Softmax 可以作为分类任务的输出层。其实可以认为 Softmax 输出的是几个类别选择的概率，比如有一个分类任务，要分为三个类，Softmax 函数可以根据它们相对的大小，输出三个类别选取的概率，并且概率和为 1。

2.1.3 概率论

概率论主要研究大量随机现象中的数量规律，它是当今数据科学算法的核心。事实上，许多数据科学问题的解决方案在本质上归于概率问题，因此建议在熟悉模型和算法之前，首先重点学习统计和概率论的相关知识。

1. 样本空间

定义：样本空间是一个随机试验所有可能结果的集合。例如，如果抛掷一枚硬币， 那么样本空间就是集合【正面、反面】。如果投掷一个骰子，那么样本空间就是 {1,2,3,4,5,6}，随机试验中的每个可能结果称为样本点。

点评：有些实验有两个或多个可能的样本空间。例如，从没有鬼牌的 52 张扑克牌中随机抽出一张，一个可能的样本空间是数字（A 到 K）（包括 13 个元素），另外一个可能的样本空间是花色（黑桃、红桃、梅花、方块）（包括 4 个元素）。如果要完整地描述一张牌，就需要同时给出数字和花色，这时的样本空间可以通过构建上述两个样本空间的笛卡儿乘积来得到。

示例：如果我们的实验是掷骰子并记录其输出结果，那么样本空间将是：

$S_1=\{1, 2, 3, 4, 5, 6\}$

抛掷硬币时样本空间是什么？在看到下面的答案之前，先思考一下：

$S_2=\{H, T\}$

2. 事件和概率

定义：随机事件（或简称事件）是指一个被赋予概率的事物集合，也就是样本空间中的一个子集。

概率表示一个随机事件发生的可能性大小，为 0 ～ 1 的实数。比如，一个 0.5 的概率表示一个事件有 50% 的可能性发生。

点评：简单来说，在一次随机试验中，某个特定事件可能出现也有可能不出现；但当试验次数增多，可以观察到某种规律性的结果，就是随机事件。基本上，只要样本空间是有限的，则在样本空间内的任何一个子集合，都可以被称为是一个事件。然而，当样本空间是无限的时候，特别是不可数之时，就常常不能定义所有的子集为随机事件了。

示例：样本空间和事件的关系如图 2-2 所示。

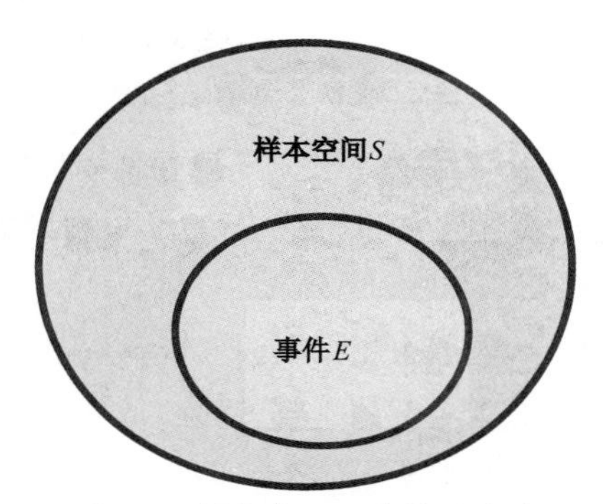

图 2-2　样本空间和事件的关系

让我们回到掷骰子的实验，将事件 E 和 F 定义为：

- E = 结果为偶数 {2，4，6}；
- F= 结果为大于 3 {4，5，6}。

这些事件的概率为：

$$P(E) = \text{希望获得的结果数} \div \text{所有可能输出的结果总数} = 3 \div 6 = 0.5$$

$$P(F) = 3 \div 6 = 0.5$$

3. 随机变量

定义：随机变量正所谓一个可以接受随机值的变量，变量的每个值都有一定的概率（可以为零），它是定义在实验样本空间上的实值函数。

点评：在随机试验中，试验的结果可以用一个数 X 来表示，数 X 是随着试验结果的不同而变化的，是样本点的一个函数，我们把这种数称为随机变量。

一个随机事件也可以定义多个随机变量：比如在掷两个骰子的随机事件中，可以定义随机变量 X 为获得的两个骰子的点数和，也可以定义随机变量 Y 为获得的两个骰子的点数差。

随机变量可以分为离散随机变量和连续随机变量：如果随机变量 X 所可能取的值为有限可列举的有 N 个有限取值，则称为离散随机变量；如果随机变量 X 的取值是不可列举的，由全部实数或者由一部分区间组成，则称为连续随机变量。

示例：

举一个简单的例子（继续参照上面的图像）。在抛硬币实验的样本空间上定义一个随机变量 X，如果获得的结果是“头像面”，则取值为 1；如果获得的结果是“钱币背面”，则取值为 −1。X 等概地取值 1 和 −1，概率分别为 1/2，如图 2-3 所示。

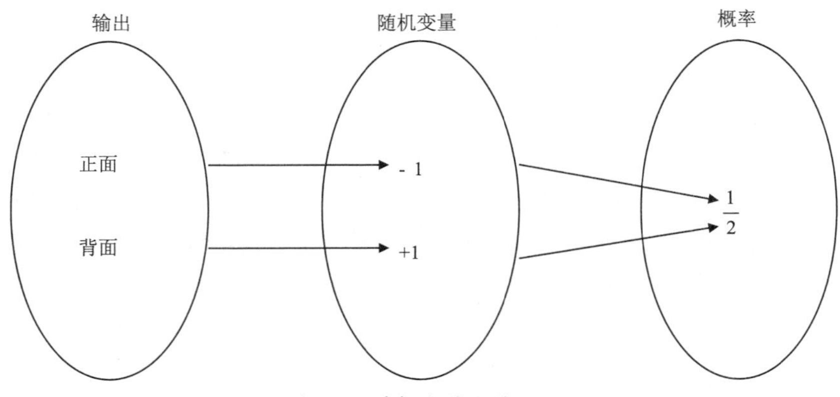

图 2-3 随机变量取值示例

假设 Y 是某一特定地区某一天的观测温度 (以摄氏度为单位)，我们可以说 Y 是定义在样本空间 S=[0,100] 的一个连续的随机变量 (摄氏标度从零度到摄氏 100 度)。

4. 随机变量的概率分布

定义：概率分布，是指用于表述随机变量取值的概率规律。事件的概率表示了一次试验中某一个结果发生的可能性大小。若要全面了解试验，则必须知道试验的全部可能结果及各种可能结果发生的概率，即随机试验的概率分布。如果试验结果用变量 X 的取值来表示，则随机试验的概率分布就是随机变量的概率分布，即随机变量的可能取值及取得对应值的概率。根据随机变量所属类型的不同，概率分布取不同的表现形式。

点评：随机变量的概率分布通常用概率分布函数来表示，常用到的随机变量的概率分布有正态分布、二项分布、泊松分布等。

示例：正态分布，又称高斯分布，是自然界常见的一种分布，并且具有很多良好的性质，在很多领域都有非常重要的影响力，其概率密度函数为：

$$p(x)=\frac{1}{\sqrt{2\pi\sigma}}\exp\left(-\frac{(x-u)^2}{2\sigma^2}\right)$$

其中 $\sigma>0$，μ 和 σ 均为常数。

5. 条件概率

定义：假设另一个事件 B 已经发生（即 A 条件 B）的条件下，事件 A 的概率。这里用 $P(A|B)$ 来表示，可以将它定义为：

$$P(A|B)=P(A\cap B)/P(B)$$

点评： 直白地说，条件概率就是事件 A 在事件 B 发生的条件下发生的概率。条件概率是概率论中的一个重要概念。条件概率模型早期被广泛应用到自然语言处理中，包括词性标注、边界识别、名实体识别、句法分析等应用。

示例：假如我们从一副牌中抽出一张牌，那么这张牌是黑色牌的可能性是多少？这并不难：是 1/2，对吧？然而，如果我们知道那是一张黑色牌，那它是黑 K 的可能性是多少？这就是条件概率的概念起作用的地方。条件概率被定义为：假设另一个事件 B 已经发生（A 条件 B）的条件下，事件 A 的概率。这里用 $P(A|B)$ 来表示，可以将它定义为：

$$P(A|B)=P(A\cap B)/P(B)$$

事件 A 代表抽中一张 K，与事件 B 的同时，它是一张黑色 K。随后，利用上述公式得到 $P(A|B)$：

$P(A \cap B)$ = P(抽到一张黑色 K) = 2/52

$P(B)$ = P(抽到一张黑色牌) = 1/2

所以，$P(A|B) = 4/52$

6. 贝叶斯定理

定义：利用对条件概率的理解，得到：

P(A|B) = P(A ∩ B) / P(B)

同样，P(B|A) = P(A ∩ B) / P(A)

P(A ∩ B) = P(A|B) * $P(B)$ = P(B|A) * P(A)

于是：P(A|B) = P(B|A)*P(A) / $P(B)$

这就是贝叶斯定理。

点评：P(B|A) 和 P(A|B) 是条件概率。

P(A) 称为先验概率，$P(B)$ 称为归一化常量 Evidence。

$P(B)$ = P(B|A)*P(A) + P(B|~A)*P(~A)

示例：有 3 个标有 A、B 和 C 的盒子：

- A 盒中有 2 个红球和 3 个黑球；
- B 盒中有 3 个红球和 1 个黑球；
- C 盒中有 1 个红球和 4 个黑球。

这是 3 个完全相同的盒子，被选中的概率相等。假设拿到了一个红球。那么这个红球从 A 盒子中被选出的概率是多少？

设：用 E 表示选到红球的事件，用 A, B 和 C 表示相应的盒子，需要计算出条件概率 P(A|E)。

首先，已知先验概率：P(A) = P(B) = P (C) = 1 / 3, 因为三个盒子选中的概率相等。

- P(E|A) = A 盒中的红球数 / A 盒中的总球数 = 2 / 5 ；
- 同理，P(E|B) = 3 / 4 and P(E|C) = 1 / 5 ；
- P(E) = P(E|A)*P(A) + P(E|B)*P(B) + P(E|C)*P(C)
  = (2/5) * (1/3) + (3/4) * (1/3) + (1/5) * (1/3) = 0.45;
- P(A|E) = P(E|A) * P(A) / P(E) = (2/5) * (1/3) / 0.45 = 0.296。

7. 完备事件组和独立事件

定义：如果在任何时间内所述事件中的至少一个会发生，则所述事件集合被认为是完备的。如果在样本空间，两个事件 A 和 B 符合以下条件：A ∪ B = S，则 A 事件和 B 事件为完备事件组。

如果一个事件的发生对另一个事件的发生没有任何影响，那么这两个事件被认为是独立的。在数学上，如果两个事件 A 和 B 满足以下条件，则认为是独立的：P(A ∩ B) = P(AB) = P(A)×P(B) 。

点评：要判断是否是完备组就看所有事件的概率之和是否是一即可。独立事件是对两个或更多事件而言的，对单独一个事件说是不是独立没有意义，两个事件独立是指这两个事件之间没有影响，也就是说先发生的事件不会影响后发生的事件的结果，例如一个盒子里有 1 白 1 黑两球，事件 A：抽出一个后放回；事件 B：再次抽一个。这两个事件是对立的，因为第一次抽完放回后，盒子里没有发生变化，完全对第二次抽取没有影响，而事件 A′：抽出一个后不放回，事件 B′：再次抽一个，这两个事件就不独立了，因为假设第一次抽到白球，那盒子里只剩黑球了，对第二次抽取的结果产生了影响，甚至使B′可以预测，成为必然事件了。

示例：假设 A 事件是：从包中抽取出红色的卡片；B 事件是：从包中抽取出黑色的卡片。这里，A 事件和 B 事件是完备的，因为样本空间 S={Red，Black}。很简单，对吧？

在掷骰子时，如果 A 获得 5 分，而 B 则从一组洗好的牌中抽出一张红桃 K，按照定义，则 A 和 B 是独立的。

小结：至此，我们对自然语言处理中需要用到的数学知识做了一个铺垫，这些知识主要包括线性代数、概率论和微积分三个方面，这三方面的知识构成了自然语言处理数学基础的金三角。虽然在这里介绍的都是一些粗浅的基础知识和概念，要对自然语言处理做深入研究的读者可以进行更深入的研究和探讨。请参阅相关的文献和参考资料。

2.2 计算机信息处理基础知识

在掌握了基础的数学概念后，即可开启后续的学习和工作。众所周知，自然语言处理是利用计算机对人类语言信息化的处理过程，通常自然语言可以用文本来表达，而计算机只懂得机器语言，要利用计算机来处理自然语言，首先必须把普通的文本转换成计算机能懂的机器语言，即对文本中的词进行编码，把它们表示成二进制的形式，随后，利用计算机对文本进行处理和转换，完成具体的自然语言处理的任务。

自然语言处理的过程如图 2-4 所示，首先对文本编码，将文本编码成计算机能懂的机器语言，把文本中的句子编码成为二进制的序列（数字化），并用向量来表示。之后进行数字化的处理，利用线性代数，微积分和概率论等知识，搭建起数学模型，搭建起数学模型之后，利用计算机高级语言，比如，Python 语言 或 R 语言等，实现模型算法，对词向量进行处理，从而实现诸如词性标注、文档分类和信息提取等功能。本书作为入门级的科普读物，对自然语言处理的过程以此图作为一个简单的示意描述。具体的实现细节还涉及框架、算法模型等多个知识点，将在后续小节进行介绍。

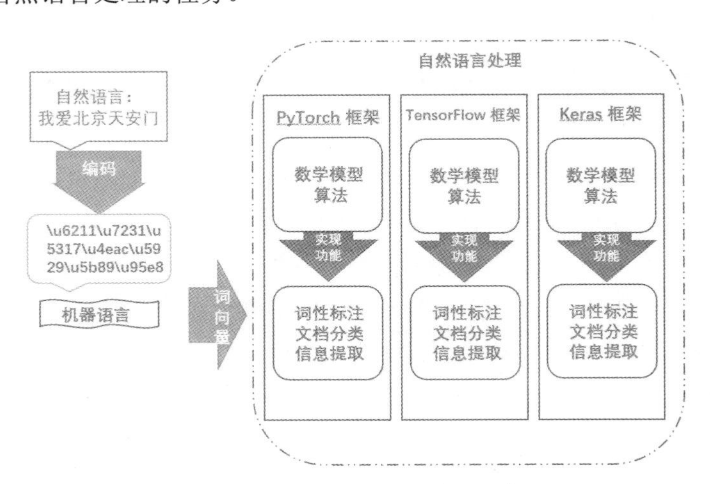

图 2-4　自然语言处理过程示意

2.2.1　字符的编码和表示

市面上介绍自然语言处理的书一般都是从词向量开始写，鲜有涉及字符编码的，作为科普入门书，在这里我们追根溯源，从字符编码开始介绍，所谓字符编码是指把字符编码为计算机能够识别和处理的二进制代码，以便文本能在计算机中存储和传递。在计算机发展过程中，西文字符编码集 ASCII 逐渐成为行业标准，常见的汉字字符集编码有 GB 2312 编码、BIG5 编码、GBK 编码等。随着计算机信息技术的不断发展，不断地有新的编码方式推出，1994 年正式公布 Unicode（统一码、万国码、单一码），是计算机科学领域里的一项业界标准。

1. ASCII 编码：（American Standard Code for Information Interchange，美国信息交换标准代码）

基本的 ASCII 字符集共有 128 个字符，其中有 96 个可打印字符，包括常用的字母、数字、标点符号等，另外还有 32 个控制字符。标准 ASCII 码使用 7 个二进位对字符进行编码，对应的 ISO 标准为 ISO 646 标准。图 2-5 展示了基本 ASCII 字符集及其编码。

B7B6B5					000	001	010	011	100	101	110	111
B4	B3	B2	B1	行\列	0	1	2	3	4	5	6	7
0	0	0	0	0	NUL	DEL	SP	0	@	P	'	p
0	0	0	1	1	SOH	DC1	!	1	A	Q	a	q
0	0	1	0	2	STX	DC2	“	2	B	R	b	r
0	0	1	1	3	ETX	DC3	#	3	C	S	c	s
0	1	0	0	4	EOT	DC4	$	4	D	T	d	t
0	1	0	1	5	ENQ	NAK	%	5	E	U	e	u
0	1	1	0	6	ACK	SYN	&	6	F	V	f	v
0	1	1	1	7	BEL	ETB	‘	7	G	W	g	w
1	0	0	0	8	BS	CAN	(	8	H	X	h	x
1	0	0	1	9	HT	EM	)	9	I	Y	i	y
1	0	1	0	10	LF	SUB	*	:	J	Z	j	z
1	0	1	1	11	VT	ESC	+	;	K	[	k	{
1	1	0	0	12	FF	FS	.	<	L	\	l	/
1	1	0	1	13	CR	GS	-	=	M	]	m	}
1	1	1	0	14	SO	RS	.	>	N	^	n	~
1	1	1	1	15	SI	US	/	?	O	–	o	DEL

图 2-5　ASCII 字符编码表

2. GB 2312

ASCII 对西文字符进行了编码，汉字的编码则是通过 GB 2312 来定义。

GB 2312 的出现，基本满足了汉字的计算机处理需要，它所收录的汉字已经覆盖 99.75% 的使用频率。

每个汉字及符号以两个字节来表示。第一个字节称为“高位字节”，第二个字节称为“低位字节”。“高位字节”使用了 0xA1–0xF7（把 01–87 区的区号加上 0xA0），“低位字节”使用了 0xA1–0xFE（把 01–94 加上 0xA0）。由于一级汉字从 16 区起始，汉字区的“高位字节”的范围为 0xB0–0xF7，“低位字节”的范围为 0xA1–0xFE，占用的码位是 72×94=6 768。其中有 5 个空位是 D7FA–D7FE。

例如“啊”字在大多数程序中，会以两个字节，0xB0（第一个字节）0xA1（第二个字节）存储。

3. Unicode 编码

Unicode，中文又称万国码、国际码、统一码、单一码，是计算机科学领域的业界标准。它整理、编码了世界上大部分的文字系统，使得计算机可以用更为简单的方式来呈现和处理文字。Unicode 为了解决传统的字符编码方案的局限而产生，它为每种语言中的每个字符设定了统一并且唯一的二进制编码，以满足跨语言、跨平台进行文本转换、处理的要求。

Unicode 通常用两个字节表示一个字符，原有的英文编码从单字节变成双字节，只需把高字节全部填为 0 即可。Unicode 的发展由非营利机构统一码联盟负责，该机构致力于让 Unicode 方案取代既有的字符编码方案。因为既有的方案空间非常有限，也不适用于多语环境。

Unicode 备受认可，并广泛地应用于计算机软件的国际化与本地化过程。有很多新科技，如可扩展标记语言、Java 编程语言以及现代的操作系统，都采用 Unicode 编码。

因为 Python 的诞生比 Unicode 标准发布的时间还要早，所以最早的 Python 只支持 ASCII 编码，普通的字符串 'ABC' 在 Python 内部都是 ASCII 编码的。

Unicode 解决了传统的字符编码方案的局限性问题，可在不同的国家广泛地使用。

2.2.2 语言和算法

1. 语言

当文本和字符编码成为计算机能识别和处理的二进制代码后，可以利用计算机对语言进行处理和加工了，那么如何告诉计算机怎么处理这些代表文本的机器代码呢？于是，人们构造出了和计算机对话和沟通的高级计算机语言，利用高级计算机语言，根据特定的数学模型，编制出特定高级计算机语言的算法， 这些算法模型经过编译器或解释器之后，转换成计算机能懂的机器语言，经过这些步骤，计算机懂得了如何实现文本的处理和变换，根据算法模型，实现文本纠错、情感分析、摘要提取等功能。

注意：计算机语言还应包括汇编语言，在自然语言处理领域基本未涉及有汇编语言，所以未提及汇编语言，本小节所指的高级计算机语言所编制的程序无法直接被计算机识别，必须经过转换（编译）才能被执行。

图 2-6 所示为自然语言处理领域高级语言、模型、算法和应用的层次关系。

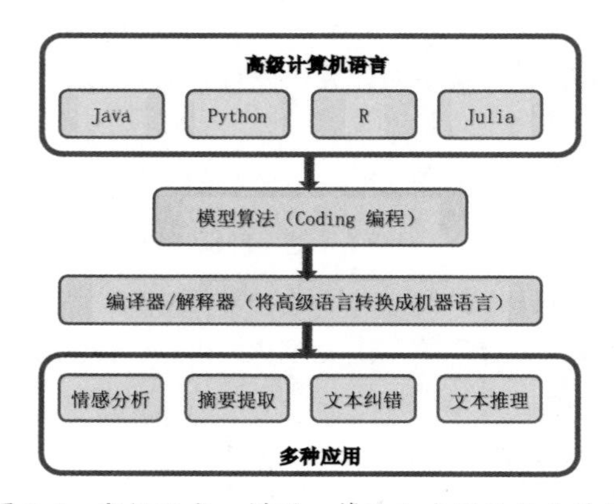

图 2-6　高级语言、模型、算法和应用的层次关系

计算机在漫漫历史长河中不断发展，出现过近百种计算机高级语言，真可谓百花齐放，百家争鸣，目前流行的 Java、C、C++、C#、Pascal、Python、Lisp、Prolog、FoxPro、Visual C ＋＋、Visual Foxpro、Delphi 等，这些高级编程语言在不同的时期、不同的应用领域都做出过不同的贡献，由于篇幅原因，这里不再赘述。由于目前主流的自然语言处理技术使用 Python 来编写，本小节仅对在自然语言处理这一特定领域，目前应用广泛的 Python 做简单的介绍。

自从 20 世纪 90 年代初，Python 发布以来，一直相当火爆。到了 21 世纪 20 年代，Python 已跃居全球高级计算机编程语言应用排行榜第三名，仅次于 Java 和 C 语言，本书中所举的实战应用例子，均用 Python 语言编写。

为什么 Python 如此受欢迎？ Python 迅猛发展背后的一个主要驱动力是它学习起来相当容易，使用起来功能强大，对于初学者来说，Python 显得非常有吸引力。

语言的核心是代码可读性，Python 的语法简洁而富有表现力，开发人员无须编写大量代码，即可表达想法和概念（C 或 Java 等底层语言的情况也是如此）。它非常简单，Python 可以与其他编程语言无缝集成（如将 CPU 密集型任务下卸给 C/C++），用 Python 语言开发会给开发人员带来许多好处。

Python 应用广泛的另一个原因是它被企业大量使用。今天，对于你能想象到的任何项目，都可以找到一个相应的 Python 包——科学计算的有 Numpy，机器学习的有 Sklearn，计算机视觉的有 Caer（见图 2-7）。

编程语言	2020	2015	2010	2005	2000
JAVA	1	2	1	2	3
C	2	1	2	1	1
Python	3	7	6	6	22
C++	4	4	4	3	2
C#	5	5	5	8	9
V.B.NET	6	10	-	-	-
JavaScript	7	8	8	9	6
PHP	8	6	3	4	25
SQL	9	-	-	97	-

图 2-7　历年各种编程语言排行表

虽然 Python 在数据科学和机器学习领域占主导地位，甚至是科学和数学计算领域的主角，但与 Julia、Swift 和 Java 等较新语言相比，它确实有些欠缺。Python 的主要弱点表现在以下几个方面。

- 与其他编译型语言相比，Python 的速度没有优势

这个问题不用多想。速度通常是开发人员最为关注的焦点之一，开发人员一直以来关注时间的不可预测性。

Python“缓慢”的主要原因，可以归结为以下两点：首先，Python 是解释性的语言，而不是编译型的语言，从而导致执行时间的缓慢；其次，它是一种动态的语言（变量的数据类型在执行期间由 Python 自动推断）。

初学者经常对“Python 的确太慢”的说法产生争议，事实上，的确如此，但也并非完全这样。例如，Python 的机器学习库 TensorFlow，这些库实际上是用 C 编写的，在 Python 中可

以调用，在 C++ 的上层实现一个 Python“封装器”。推而广之，Numpy 和 Caer 也是如此。

Python 有一个 GIL(L)：Python 缓慢的另一个主要原因之一是 GIL（Global Interpreter Lock）的存在，它一次只允许一个线程执行。虽然这有助于提高单线程的性能，但限制了并行性，因为开发人员为了提高速度必须实现多线程处理程序。

- Python 不是内存密集型任务的最佳选择

当对象超出范围时，Python 自动进行垃圾收集，其目的是消除 C 和 C++ 在内存管理中涉及的许多复杂性。由于指定的数据类型缺乏灵活性，Python 消耗的内存量可能会迅速暴增。

此外，在运行时，一些 BUG 可能会被 Python 忽略，最终成为延缓开发过程的主要诱因。

- Python 在移动计算中表现牵强

随着从台式机到智能手机的迁移，显然，需要为手机软件构建更强大的语言。虽然 Python 在桌面和服务器平台上有不错的表现，但由于缺乏强大的移动计算处理能力，在移动开发中它往往会失去优势。

近年来，在这方面有了很大的进步，但这些新增加的库与它们强大的竞争对手相比，如 Kotlin、Swift 和 Java，还相差甚远。

其他语言的兴起：最近，像 Julia、Rust 和 Swift 这些新出现的语言，借用了 Python、C/C 和 Java 的许多良好设计概念——Rust 确保了运行时的内存安全和并发，并提供了与 Web Assembly 的一样的互操作性；由于它支持 LLVM 编译器工具链，Swiftis 几乎和 C 一样快；Julia 提供了用于 I/O 密集任务的异步 I/O，而且速度惊人。

结论：Python 并非最好的编程语言，它无法取代 C/C++ 和 Java，它被打造成一种通用的编程语言，强调可读性好、以英语为中心的语法，利用它可以快速开发程序和应用程序。

和其他语言一样，Python 只是一种工具。某些应用场景下，它是最好的工具；在另一种场景下，它或许不是。在大多数情况下，它“挺好用的”。

2. 算法

算法定义中提到了指令，指令可以为高级计算机语言，也可以为机器指令，在本书中，算法特指实现特定数学模型的计算机高级语言序列。为了解决某个问题或某类问题，需要把指令表示成一定的操作序列，操作序列包括一组操作，每一个操作都完成特定的功能，这就是算法。简言之，算法是实现特定功能模型的一系列指令集合。

在自然语言处理领域中，分词、词性标注、词性还原和词干提取、关键字提取、命名实体识别、主题建模、句法分析、文本摘要、情感分析等应用均有一些基础算法，常用的分词算法包括 Dijkstra 算法、AC-DoubleArrayTie 算法，词性标注算法有最大熵算法、CRF 算法、马尔可夫逻辑网算法、DIPRE 算法、LSTM 算法、TransE 算法等。

（1）分词算法

分词算法主要关于界定字词边界，常见的分词算法有 Dijkstra 算法、AC-DoubleArrayTie 算法等，下面进行简单介绍。

- Dijkstra 算法

Dijkstra 算法是分词领域的一种基础算法，它使用类似宽度优先搜索的方法解决图的最短路径问题。在自然语言处理领域，利用该算法实现文本的分词。

Dijkstra 算法可以找出从指定的起点开始，到其所连接的其他各点之间的最短距离，即从给定的待分词的语句中的某个字为起点（如北字），找出与该字关联的一条最短路径，从而得出最佳的分词结果，比如，在此输入的文本为："北京大学"，在基于词典的基础上，从而构造出如图 2-8 所示的字与字的关联图。图中，以"北"字为开头，沿着顺时针的路径，找出"北京大学"这个词，从而实现对输入文本的分词，如图 2-8 所示。

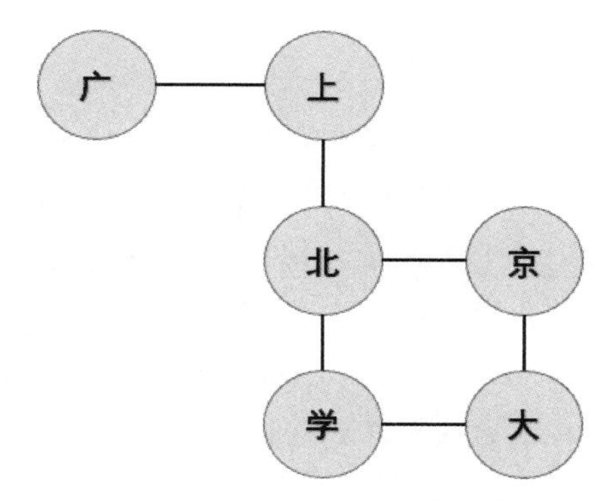

图 2-8　Dijkstra 算法路径

- AC-DoubleArrayTie 算法

AC-DoubleArrayTie 是一种双数组字典树算法，它将有限状态机和双数组字典树两种数据结构相结合，速度远远超过其他分词方法，应用在信息检索领域，效率非常高。

该算法由三个核心数组组成：索引数组、基础数组和校验数组，有了这三个数组之后，对输入的字符串逐个扫描，完成所有匹配，根据选定的策略，获得最终结果。

AC-DoubleArrayTie 算法的实现流程大致分为 5 步，网上可以找到该算法的具体实现，在具体应用中有用到该算法，可以上网查找相关的源代码。

（2）词形还原和词干提取算法

词形还原和词干提取是 NLP 项目数据准备阶段必需的工作，也是 NLP 领域入门必须掌握的基本功。

词干提取是去除词缀得到词根的过程，即得到单词最一般的写法，比如，do、done、does、doing 的词干为"do"。执行词干提取的算法有很多，这些算法需要考虑单词常见的前缀与后缀。英语中常用的算法是 Porter 词干提取器，该算法包含 5 个阶段，需要按顺序进行，最终获取单词的词根。

词形还原：是指将动词还原为一般形式（能表达完整语义）。比如，"climb""climbed""climbs"以及"climbing"的一般形式为"climb"。为了克服词干提取的缺点，人们设计了词形还原。这些算法需要了解语言与语法的知识，才能在提取单词词元时做出更好的决定。为了词形还原算法执行的准确率，需要提取每个单词的词元。因此，通常需要语言的词典，才能正确地分类每个单词。

三种主流的词干提取算法主要有 Porter 算法、Snowball 算法和 Lancaster 算法，英文的词形还原可以直接使用 Python 中的 NLTK 库，它包含英语单词的词汇数据库。

- Porter 词干算法

Porter 词干算法是应用广泛、中等复杂程度的、基于后缀剥离的词干提取算法，也叫波特词干器。最初的波特词干提取算法是使用 BCPL 语言编写的。目前比较热门的检索系统包括 Lucene、Whoosh 等中的词干过滤器就是采用的波特词干算法。波特词干算法的官方网站上，有各个语言的实现版本，其中 C 语言的版本是权威的版本。各位读者要应用到实际生产中可以直接下载对应的版本。

- Snowball 算法

Snowball 算法又称为 Porter2 算法，这个算法的构造基于 Sergey Brin 的 DIPRE 算法之上。与 DIPRE 算法相比，在 Snowball 系统中主要有两个大的改进措施。一是在引入命名标签机制，在确认实体对的标签之前，首先对各个实体打上属性标签（这一行为可由专门的命名实体标签工具来做），这样做可以提高产出模型及抽取关系元组的准确率。二是引入了专门的、具有一定规模的评估模型及元组质量的评价系统。DIPRE 虽然也对模型进行了评价，但是其评价方式比较粗略与笼统。从后来的对比实验可以看出，Snowball 系统中的评估系统，可有效提高最后抽取的元组的质量。

一般来讲，Snowball 在 Porter 的基础上加了很多优化，它和 Porter 算法之间的差异不到 5%，推荐使用 Snowball 算法。

（3）词性标注算法

- 最大熵算法

最大熵算法是一种词性标注的算法。词性标注需要解决的问题是对输入的单词确定其具体的词性，实际上，词性标注的问题也就是一个多分类问题，将给定的词分到不同的词性类别中。对于分类问题，首先构造出一个分类函数，在这里，顾名思义，选择信息熵作为目标函数，优化的最终目标是使得目标函数取得最大值。

关于最大熵算法，有许多相关专门的论文对其进行了详细的描述，读者可以参考北京大学信息科学研究院常宝宝教授的论文“自然语言处理的最大熵模型”，在网上也可以找到该算法的实现源码。

- 条件随机场算法（CRF 算法）

条件随机域（场）（Conditional Random Fields，CRF，或 CRFs），是一种判别式概率模型，总的来说就是只要满足“条件随机场”这个条件，就可以根据定义的模型去求解需要求解的问题。条件随机场（CRF）结合了最大熵模型和隐马尔可夫模型的特点，是一种无向图模型，近年来在分词、词性标注和命名实体识别等序列标注任务中取得了很好的效果。常用于标注或分析序列资料，如自然语言文字或是生物序列。

CRF 经常被用于中文分词和词形标注等词法分析工作，一般序列分类模型常常采用隐马尔可夫模型（HMM），但隐马尔可夫模型中存在两个假设：输出独立性假设和马尔可夫性假设。其中，输出独立性假设要求序列数据严格相互独立才能保证推导的正确性，而事实上大多数序列数据不能被表示成一系列独立事件。而条件随机场则使用一种概率图模型，具有表达长距离依赖性和交叠性特征的能力，能够较好地解决标注（分类）偏置等问题的优点，而且所有特征可以进行全局归一化，能够求得全局的最优解。

（4）关键字提取

关键字提取是一种文本分析的 NLP 技术。这种技术的主要目的是自动地从文本的正文中提取出现频率最高的单词与词组，这种技术常常作为生成文本摘要的第一步，提取文本的主题。

关键字提取算法借助了机器学习与人工智能的强大力量，这种算法使用神经网络来提取和简化文本，以方便计算机理解。文本的关键词提取方法通常分为：有监督的关键词抽取算法、半监督的关键词抽取算法和无监督的关键词抽取算法。

有监督的关键词提取方法主要通过分类的方式进行，通过构建一个较为丰富和完善的词表，然后通过判断每个文档和词表中每个词都匹配程度，以类似打标签的方式，达到关键词提取的效果。既然是分类问题，就需要提供已经标注好的大批量训练语料，因为每天都有大量新的信息出现，人工维护词表需要很高的人力成本；半监督的关键词抽取算法只需少量的训练数据，利用这些训练数据构建关键词抽取模型，然后使用模型对新的文本进行关键词提取，对于这些关键词进行人工过滤，将过滤得到的关键词加入训练集，重新训练模型；相对于有监督的方法，无监督的方法既不需要维护词表，也不需要人工标准语料辅助训练。利用某些算法挖掘文本中比较重要的词作为关键词，进行关键词抽取。无监督关键词抽取算法又可以分为三大类：基于统计特征的关键词抽取、基于词图模型的关键词抽取和基于主题模型的关键词抽取。典型的算法模型有 TF-IDF 算法、TextRank 算法等。

- TF-IDF 算法

TF-IDF 算法是关键字提取中一种简单而有效的算法。TF-IDF（Termfrequency-inverse Document Frequency）是一种统计方法，用于资讯检索的常用加权技术，通过计算某个字词对于一个文件集或语料库中的一份文件的出现次数，从而评估出这个词的重要程度。

TF-IDF 算法的优点是简单快速，结果比较符合实际情况。缺点是单纯以“词频”衡量一个词的重要性，不够全面，有时重要的词可能出现次数并不多。而且，这种算法无法体现词的位置信息，出现位置靠前的词与出现位置靠后的词，都被视为重要性相同，这是不正确的。

- TextRank 算法

TextRank 算法是一种基于图排序的算法，其基本思想来源于 Google 的 PageRank 算法，通过把文本分成若干组成单元（单词或句子）并建立图模型，利用投票机制对文本中的重要信息进行排序，仅利用单篇文档的信息即可实现关键字提取。

（5）命名实体识别

所谓命名实体识别（Named Entity Recognition，NER）是从文本的正文中提取实体的技术，这里的实体是指包括人名、地名、机构名、专有名词等，以及时间、数量、货币、比例数值等文字。

在自然语言处理中，需要在句子中识别出感兴趣的实体（NER），诸如人物、地点、组织等。需要用感兴趣的实体对句子进行标记，其中，要么手动对每个句子进行标记，要么通过某种自动的方法（通常使用启发式方法来创建一个噪声 / 弱标记的数据集）对每个句子进行标记。之后，利用这些标记好的句子来训练一个模型，这一模型作为监督学习的任务将这些实体识别出来。

命名实体识别是信息提取、问答系统、句法分析、机器翻译等应用领域的重要基础工具，在自然语言处理技术走向实用化的过程中占有重要地位。一般来说，命名实体识别的任务就是识别出待处理文本中三大类（实体类、时间类和数字类）、七小类（人名、机构名、地名、时间、日期、货币和百分比）命名实体。可以利用 CRF 算法和深度学习算法实现命名实体识别。

- 马尔可夫逻辑网算法

马尔可夫逻辑网算法是一种命名实体算法，该算法是马尔可夫网络的一种延伸，是在马尔可夫网络基础上增加一阶逻辑推理功能。通过最大似然估计和判别训练两种方法实现参数求解。马尔可夫逻辑网算法是一个较新的领域，它的求解方法还有待完善，对于这一算法的研究尚在进行之中。在自然语言处理领域，Fiona 等利用 Markov 逻辑网进行文本知识抽取和语义理解，Yu 等利用 Markov 逻辑网进行中文命名实体识别，并取得了较好的效果，Cheng 等将 Markov 逻辑网运用于主题发现，Aron 等利用 Markov 逻辑网来处理信息抽取中的指代消解问题。

- 采用 BERT 的无监督 NER

在击败 11 个 NLP 任务的 State-of-the-art 结果之后，BERT 成为 NLP 界新的里程碑， 同时打开了新的思路： 在未标注的数据上深入挖掘，可以极大地改善各种任务的效果。数据标注是昂贵的，而大量的未标注数据却很容易获得。采用 BERT 的无监督命名实体识别，无须对句子进行标记的情况下，只在具有带屏蔽词语言模型语料库上进行无监督训练，即可实现命名实体识别。

这种方法虽然可以大幅度减少数据标注的工作量，但它也会产生两种歧义：其一是以上下文非敏感描述符为特征的实体类型中的模糊性；其二是上下文描述的模糊之处难以解决。如何解决这两种模糊性，是采用 BERT 的无监督 NER 亟待解决的主要问题。

- DIPRE 算法（双向迭代模式关系提取）

DIPRE 算法（双向迭代模式关系提取）是命名实体识别的另一种方法，它的主要思想：从已知的种子中提取出模式，利用从种子中获得的模式对未知的文本进行信息提取，从提取出的信息中提取出新的模式，再运用到新的文本处理中去，如此循环往复，实现文本信息的扩增。DIPRE 算法提取关系的步骤主要分为 7 步，其源码实现可以在相关网站上找到。

（6）主题建模

主题建模是一种更为先进的识别文件主题的方式，文本的主题建模算法有很多种，比如相似主题模型（Correlated Topic Model，CTM）、潜在狄利克雷分布（Latent Dirichlet Allocation，LDA）以及潜在语义分析（Latent Semantic Analysis，LSA），其中常用的方法是 LDA。这种方法可以分析文本，并将文本分解成单词和语句，然后从这些单词和语句中提取不同的主题。你需要做的只是为算法提供文本，接下来的工作全部由算法完成。

- LDA 算法

LDA 算法是主题建模的一个示例，用于将文档中的文本分类为特定的主题。LDA 算法为每一个文档构建出一个主题，再为每一个主题添加一些单词，该算法按照 Dirichlet 分布来建模。LDA 模型因为简单和有效，掀起了主题模型研究的波浪。虽然 LDA 模型简单，但是它的数学推导却不是那么易懂，一般初学者会深陷数学细节推导中不能自拔。

LDA 由文档、主题和词语三个层级组成，先运用 LDA 做词语到文档的主题概率计算，再在词的基础上合并成短语，同时对短语进行优化和处理，具体步骤可以分为五步，算法实现的源代码可以在 GitHub 上找到。

- LSA 算法

LSA 全称为潜在语义分析 LSA/LSI（Latent Semantic Analysis/Indexing），通过将高维向量映射到潜在语义 Latent Semantic 空间，提取出与文档和词项有关的概念，从而分析文档和词项之间的关系。LSA 基于奇异值分解 SVD 的方法得到文档的主题，解决了传统向量空间模型无法处理一词多义 Synonymy 或多次同义 Polysemy 的问题。

LSA 适用于较小规模数据，可用于文档分类 / 聚类、同义词 / 多义词检索、跨语言搜索；SVD 的计算很耗时，且潜在语义的数量 k 的选择对结果的影响非常大；LSA 的原理简单但得到的不是概率模型，缺乏统计基础，矩阵中的负值难以解释，无法对应成现实中的概念。

（7）文本摘要

文本摘要算法将大段文本压缩成一小块只包含文本大意的文字。这种技术常用于提炼长篇新闻文章，以及提取研究论文的摘要。它使用了上述提到的技术（如主题建模以及关键字提取等）来完成目标工作。这种方法通常包含提取和抽象两大步骤。

在提取阶段，算法会根据单词在文本中出现的频率，提取文本的主要部分。接着，算法会生成摘要，即通过一段全新的文本来传达原文的主旨。文本摘要的算法有很多种，比如 LexRank 与 TextRank。

- LexRank 算法

LexRank 算法是一种抽取式自动文摘算法，它通过选取原始文本中一组最重要的句子来实现的。这里如何定量地评定句子的重要度（本文中称为权重）成为文摘选取的关键。LexRank 算法是一种在句子的图形表示下计算句子权重的方法，如果一个句子与很多其他句子相似，那么这个句子就是比较重要的。首先把给定的文档分句，并计算句子之间的相似度。如果两个句子之间的相似度大于给定的阈值，就认为这两个句子语义相关并将它们连接起来。某个句子与其余文本的相似性越高，它的排名就越高。

在 LexRank 算法的自动文摘过程中，如果被抽取的句子意思相同，则会影响最后的文摘所包含的信息量，会产生冗余问题。在多文本文摘中，冗余的消除是影响文摘结果的一个重要方面。

- TextRank 算法

TextRank 算法是一种用于文本的基于图的排序算法。通过一个排名模型来分类文本中的句子，这种排名依据的是句子之间的相似性，某个句子与其余文本的相似性越高，它的排名就越高。其基本思想来源于 PageRank 算法，通过把文本分割成若干组成单元（单词、句子）并建立图模型，利用投票机制对文本中的重要成分进行排序，仅利用单篇文档本身的信息即可实现关键词提取、文摘。和 LDA、HMM 等模型不同，TextRank 不需要事先对多篇文档进行学习训练，因其简洁有效而得到广泛应用。

（8）情感分析

情感分析的核心功能是通过分析文本包含的单词，提取文本所表达的情感。这项技术最简单的结果是一项表示积极、消极和中性的评分，该结果用数字表示。如果结果是负数，则代表文本背后的情绪为消极；如果结果为正数，则表示文本表达了积极的观点。

情感分析是机器学习技术的广泛应用之一。它可以通过监督学习实现，也可以通过非监督学习实现。最常见的通过监督学习实现的情感分析是使用朴素贝叶斯算法。还有其他机器学习算法也可用于情感分析的实现，比如梯度提升及随机森林。

- 朴素贝叶斯算法

朴素贝叶斯算法是基于贝叶斯理论的一种分类算法，贝叶斯算法在经典概率学的基础上，提出了先验概率的概念。这一算法的基本假设为：用于分类的所有特征彼此独立。为什么称为“朴素”，因为在现实中很难获得完全独立的特征。

朴素贝叶斯的中心思想，在于利用各类别在训练样本中的分布以及类别中各特征元素的分布，计算后验概率，使用极大似然法判断测试样本所属。出于该原理，使用该算法实现文本分类的局限性较多，例如训练集中各类样本的比例不能相差过大，比例较大的样本类别会获得更高的划分可能性；其次，该算法假设词与词之间相互独立，共享权重，忽视了词与词之间的关联性，面临共指消解（同一实体不同表述）的问题，因此只能用于诸如垃圾邮件识别的简单分类。

- 梯度提升

梯度提升算法是一种效率非常高的集成学习算法，它是在传统 Boosting 策略算法基础上的一种改进算法，其思想源自梯度下降算法。其基本原理是使用当前训练模型损失函数的负梯度来作为新加入分类器的标签进行训练，然后将训练好的弱分类器进行叠加，得到最终的强分类器。梯度提升算法在自然语言处理的情感分析领域有众多的应用，网上也有关于该算法的详细公式推导，在此不做赘述，对该算法感兴趣的读者可以进一步深入研究。

- 随机森林

随机森林算法是一种新兴的、高度灵活的机器学习算法，在自然语言处理领域拥有广泛的应用前景。随机森林是通过集成学习的思想将多棵树集成的一种算法，它的基本单元是决策树，而它的本质属于机器学习的一大分支——集成学习方法。随机森林的名称中有两个关键词：一个是“随机”；另一个就是“森林”。“森林”我们很好理解，一棵叫作树，那么成百上千棵树就可以叫作森林了，这样的比喻还是很贴切的，其实这也是随机森林的主要思想——集成思想的体现。

随机森林算法有很好的准确率，能够有效地运行在大型数据集上，能够处理具有高维特征的输入样本，而且无须降维处理，在生成过程中，能够获取到内部生成误差的一种无偏估计，对于默认值问题也能够获得很好的结果，在自然语言处理的情感分类中有许多实现案例，在网上也能找到随机森林算法 Fortran 版本、OpenCV 版本、Matlab 版本、R 版本等多种版本的源代码。

2.2.3 框架模型简介

如果一个刚入门的小白，试图尝试从无到有地实现一个自然语言处理的神经网络，将会用到很多有趣的新知识和技巧。当需要为现实世界的数据集构建深入学习模型时，则需要几天或几周的时间来建立起模型，一切均需要从头开始，对于那些无法访问无限计算资源的人来说，则需要花费更多的时间和精力。值得庆幸的是，现在已经有了易于使用的开源深度学习框架，旨在简化复杂和大规模深度学习模型的实现。使用这些框架模型，可以实现诸如卷积神经网络这样复杂的模型。

深度学习框架是一种界面、库或工具，它使我们在无须深入了解底层算法的细节的情况下，能够更容易、更快速地构建深度学习模型。深度学习框架利用预先构建和优化好的组件集合定义模型，为模型的实现提供了一种清晰而简洁的方法。利用恰当的框架来快速构建模型，而无须编写数百行代码，一个良好的深度学习框架具备以下关键特征：

- 优化的性能；
- 易于理解和编码；
- 良好的社区支持；
- 并行化的进程，以减少计算；
- 自动计算梯度。

这五点也是挑选六大顶级深度学习框架的标准。

1. TensorFlow 框架

TensorFlow 是深度学习领域中常用的软件库（尽管其他软件正在迅速崛起）。

TensorFlow 的优势有两点：它完全是开源的，并且有出色的社区支持。TensorFlow 为大多数复杂的深度学习模型预先编写好了代码，比如递归神经网络和卷积神经网络。

TensorFlow 如此流行的最大原因之一是支持多种语言来创建深度学习模型，比如 Python、C 和 R，并且有不错的文档和指南。

TensorFlow 有许多组件，其中最为突出的是：

（1）Tensorboard：帮助使用数据流图进行有效的数据可视化；

（2）TensorFlow：用于快速部署新算法 / 试验。

TensorFlow 的灵活架构使我们能够在一个或多个 CPU（以及 GPU）上部署深度学习模型。下面是一些典型的 TensorFlow 用例。

- 基于文本的应用：语言检测、文本摘要；
- 图像识别：图像字幕、人脸识别、目标检测；
- 声音识别；
- 时间序列分析；
- 视频分析。

安装 TensorFlow 也是一个非常简单的任务。

对于 CPU 代码如下：

```
pip install tensorflow
```

对于启用 CUDA 的 GPU 卡代码如下：

```
pip install tensorflow-gpu
```

2. Keras 框架

你习惯使用Python吗？如果是，那么可以立即连接到Keras。这是一个完美的框架，开启你的深度学习之旅。

Keras用Python编写，可以在TensorFlow（以及CNTK和Theano)之上运行。TensorFlow的接口具备挑战性，因为它是一个低级库，新用户可能会很难理解某些实现。而Keras是一个高层的API，它为快速实验而开发。因此，如果希望获得快速结果，Keras会自动处理核心任务并生成输出。Keras支持卷积神经网络和递归神经网络，可以在CPU和GPU上无缝运行。

深度学习的初学者经常会抱怨：无法正确理解复杂的模型。如果你是这样的用户，Keras就是你的正确选择！它的目标是最小化用户操作，并使其模型真正容易理解。

序列化：模型的层是按顺序定义的。这意味着当我们训练深度学习模型时，这些层次是按顺序实现的。

仅需一行代码即可安装Keras：

```
pip install keras
```

3. PyTorch 框架

TensorFlow是目前常用的深度学习框架，但是如果考虑到运算速度，那么它可能很快就要落伍了。PyTorch是自然语言处理的首选框架，在动态与静态计算中，PyTorch最富灵活性。

PyTorch是Torch深度学习框架的一个接口，可用于建立深度神经网络和执行张量计算。Torch是一个基于Lua的框架，而PyTorch则运行在Python上。

PyTorch是一个Python包，它提供张量计算。张量是多维数组，就像numpy的ndarray一样，它也可以在GPU上运行。PyTorch使用动态计算图，PyTorch的Autograd软件包从张量生成计算图，并自动计算梯度。

与特定功能的预定义的图表不同，PyTorch提供了一个框架，用于在运行时构建计算图形，甚至在运行时也可以对这些图形进行更改。当不知道创建神经网络需要多少内存的情况下，这个功能便很有价值。

可以使用PyTorch处理各种来自深度学习的挑战，包括：

- 影像（检测、分类等）；
- 文本（NLP）；
- 增强学习。

想知道如何在机器上安装PyTorch，请通过pytorch.org网站选择操作系统、需要安装的PyTorch包、正在使用的工具/语言、CUDA等其他一些因素。

4. Caffe 框架

Caffe是另一个面向图像处理领域的、比较流行的深度学习框架，它是由贾阳青（Yangqing

Jia）在读博士期间开发的。同样，它也是开源的！

首先，Caffe 对递归网络和语言建模的支持不如上述三个框架。但是 Caffe 最突出的地方是它的处理速度和从图像中学习的速度（见图 2-9）。

Deep Learning Framework	Release Year	Written in which language?	CUDA supported?	Does it have pretrained models?
TensorFlow	2015	C++, Python	Yes	Yes
Keras	2015	Python	Yes	Yes
PyTorch	2016	Python, C	Yes	Yes
Caffe	2013	C++	Yes	Yes
Deeplearning4j	2014	C++, Java	Yes	Yes

图 2-9　各大框架的性能对比

Caffe 可以每天处理超过 6 000 万张图像，只需单个 NVIDIA K40 GPU，其中 1 ms/ 图像用于推理，4 ms/ 图像用于学习。

它为 C、Python、MATLAB 等接口以及传统的命令行提供了坚实的支持。

通过 Caffe Model Zoo 框架可访问用于解决深度学习问题的预训练网络、模型和权重。这些模型可完成下述任务：

- 简单的递归；
- 大规模视觉分类；
- 用于图像相似性的 SiameSE 网络；
- 语音和机器人应用。

有关更多详细细节，可以查看 Caffe 的安装和文档。

5. Deeplearning4j 框架

Deeplearning4j 是 Java 程序员理想的深度学习框架！Deeplearning4j 用 Java 实现，因此与 Python 相比效率更高。它使用称为 ND4J 的张量库，提供了处理 *n* 维数组（也称为张量）的能力。该框架还支持 CPU 和 GPU。

Deeplearning4j 将加载数据和训练算法的任务作为单独的过程处理，这种功能分离提供了很大的灵活性。

Deeplearning4j 也适用于不同的数据类型：图像、CSV、纯文本等。

可以使用 Deeplearning4j 构建的深度学习模型有：

- 卷积神经网络（CNNs）；
- 递归神经网络（RNNs）；
- 长短时记忆（LSTM）等多种结构。

6. SpaCy 框架

开发人员称 SpaCy 是世界上最快的系统，它为自然语言处理深度学习准备文本语料的最佳方式。SpaCy 在 gensim、Keras、TensorFlow 和 scikit-learning 等知名 Python 库上运行良好。其作者马修 · 洪尼巴尔说，SpaCy 的使命是使最先进的自然语言处理技术实用化，它是具有工业级强度的 Python NLP 工具包，被称为最快的工业级自然语言处理工具。它支持多种自然语言处理的基本功能，主要功能包括分词、词性标注、词干化、命名实体识别、名词短语提取等。2021 年 2 月，SpaCy v3.0 正式发布，这是一次重大更新，新版本与自然语言处理（NLP）生态系统的接口有了新的改进：包括针对 18 + 种语言再训练的模型集合以及 58 个训练的 pipeline（包含 5 个基于 transformer 的 pipeline）；新增内置 pipeline 组件为：SentenceRecognizer、Morphologizer、Lemmatizer、AttributeRuler 和 Transformer。

6 种深度学习框架之间的对比：

上面已经讨论了 6 个流行的深度学习框架，每一个都独具特性，那么从中如何做出选择。你决定用哪一种？或者你打算换一个全新的框架？不管是什么情况，了解每个框架的优点和局限性非常重要。

某些框架在处理图像数据时工作得非常好，但无法解析文本数据；某些框架在处理图像和文本数据时，性能很好，但是它们的内部工作原理很难理解。

在本节中，将使用以下标准比较这五个深度学习框架：

- 社区支持力度；
- 使用的语言；
- 接口；
- 对预训练的模型的支持。

（1）TensorFlow

先来说说 TensortFlow。TensorFlow 能处理图像以及基于序列的数据，如果你是深度学习的初学者，或者对线性代数和微积分等数学概念没有坚实的基础，那么 TensortFlow 的学习曲线将会令人畏惧地陡峭。

对于刚起步的人来说，这可能太复杂。但我建议你不断练习，不断探索社区，并继续阅读文章以掌握 TensorFlow 的诀窍。一旦对这个框架有了一个很好的理解，实现一个深度学习模型对你来说将是易如反掌。

（2）Keras

Keras 是一个非常坚实的框架，可以开启深度学习之旅。如果熟悉 Python 的话，并且没有进行一些高级研究或开发某种特殊的神经网络，那么 Keras 适合你。如果有一个与图像分类或序列模型相关的项目，可以从 Keras 开始，很快即可构建出一个工作模型。

Keras 也集成在 TensorFlow 中，因此也可以使用 tf.keras. 构建模型。

（3）Caffe

在图像数据上构建深度学习模型时，Caffe 是不错的选择。但是，当谈到递归神经网络和语言模型时，Caffe 落后于我们讨论过的其他框架。Caffe 的主要优点是，即使没有强大的机器学习或微积分知识，也可以构建出深度学习模型。

Caffe 主要用于建立和部署移动电话和其他计算受限平台的深度学习模型。

（4）Deeplearning4j

如前所述，DeepleEarning4J 是 Java 程序员的天堂。它为 CNNS、RNN 和 LSTMS 等不同的神经网络提供了大量的支持，它在不牺牲速度的情况下可以处理大量数据。

2.3　基础任务工具包

步入自然语言处理的殿堂，犹如顺着楼梯上台阶，这些台阶中包括 Python 的基础任务包，基础任务包为科学计算或数据分析的工具，在这些基础任务包搭建的环境的基础上完成特定的科学任务。

常用到的 Python 机器学习工具包有三个：Pandas、NumPy 和 SciPy，在这些基础任务包之外，还有自然语言处理领域的专用库，如 NLTK、TextBlob、Spacy 等，在 2.4 节，会对它们做详细的介绍。

2.3.1　基础任务工具包简介

1. Pandas

Pandas 是基于 NumPy 的一种工具，该工具是为解决数据分析任务而创建的。Pandas 纳入了大量库和一些标准的数据模型，提供了高效地操作大型数据集所需的工具。Pandas 提供了大量能使我们快速便捷地处理数据的函数和方法。你很快就会发现，它是使 Python 成为强大而高效的数据分析环境的重要因素之一。

Pandas 目前由专注于 Python 数据包开发的 PyData 开发团队继续开发和维护，属于 PyData 项目的一部分。Pandas 最初被作为金融数据分析工具而开发出来，因此，Pandas 为时间序列分析提供了很好的支持。

Pandas 的安装：

（1）根据自己计算机的操作系统和当前最新的 Python 版本，下载 Anaconda 后运行安装程序，并根据操作步骤安装。注意以下事项：

- 无须将 Anaconda 安装为 root 或管理员。
- 当被问及是否希望初始化 Anaconda 3 时，回答“是”。
- 完成安装后重新启动终端。

关于如何安装 Anaconda 的详细说明可以参考 Anaconda 的相关文档。

（2）在 Anaconda 提示符（或 Linux 或 Mac OS 中的终端）中，如图 2-10 所示，启动 JupyterLab。

图 2-10　启动 JupyterLab

（3）在 JupyterLab 中，如图 2-11 所示，创建一个新的 (Python 3) 笔记本。

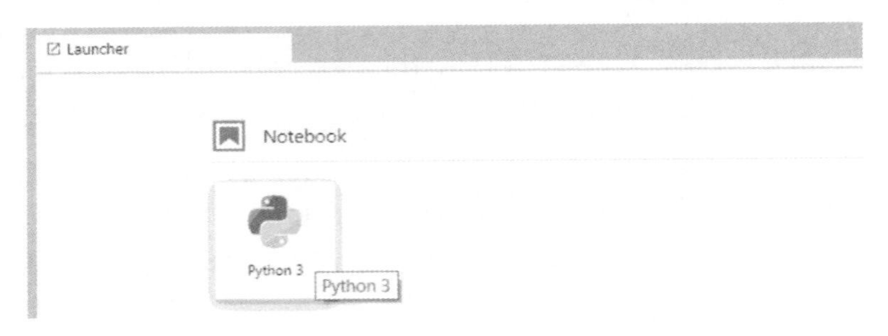

图 2-11　创建一个新的（Python 3）笔记本

（4）在笔记本的第一个单元格中，如图 2-12 所示，导入 pandas 并检查版本。

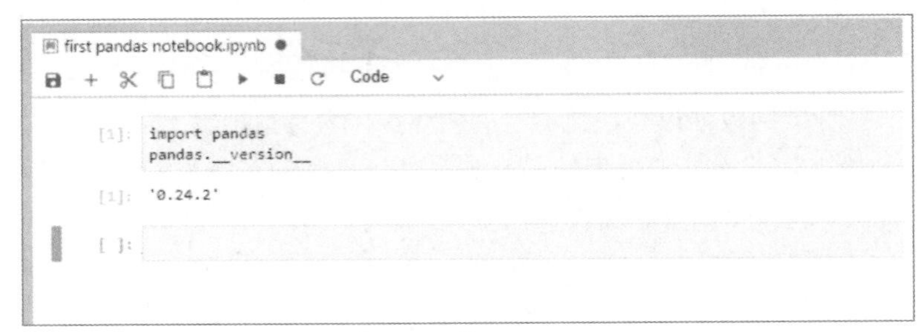

图 2-12　导入 pandas

（5）接下来已经准备好使用 pandas，可以在下一个单元格中编写代码。

2. Numpy

NumPy 是 Python 中科学计算的基础包。它是一个 Python 库，提供多维数组对象，各种派生对象（如掩码数组和矩阵），以及用于数组快速操作的各种 API，包括数学、逻辑、形状操作、排序、选择、输入输出、离散傅里叶变换、基本线性代数，基本统计运算和随机模拟等。

NumPy 最重要的一个特点是其 N 维数组对象 ndarray，它是一系列同类型数据的集合，以 0 下标为开始进行集合中元素的索引。ndarray 对象是用于存放同类型元素的多维数组。ndarray 中的每个元素在内存中都有相同存储大小的区域。

NumPy 是一个开源项目，在 GitHub 上公开开发，旨在使用 Python 实现数值计算。 它是 2005 年在 Numeric 和 Numarray 库早期工作的基础上创建的。 NumPy 始终是 100% 的开源软件，在修改后的 BSD 许可证的自由条款下免费使用和发布。

- 安装 Numpy

安装 NumPy 前必须安装好 Python，如果还没有安装 Python，并且想要最简单的开始方法，建议使用 Anaconda 发行版，它包括 Python、NumPy 和许多其他用于科学计算和数据科学的常用包。

NumPy 可以用 conda、pip 和 mac OS 和 Linux 上的包管理器安装，也可以从源代码安装。

- CONDA

如果使用 conda，可以从默认值或 conda-forge 通道安装 NumPy，如图 2-13 所示。

```
# Best practice, use an environment rather than install in the base env
conda create -n my-env
conda activate my-env
# If you want to install from conda-forge
conda config --env --add channels conda-forge
# The actual install command
conda install numpy
```

图 2-13　使用 conda 安装 NumPy

- PIP

如果使用 pip，可以用下述命令行安装 NumPy，如图 2-14 所示。

```
pip install numpy
```

图 2-14　使用命令行安装 NumPy

3. SciPy

SciPy 是基于 Numpy 构建的一个集成了多种数学算法和函数的 Python 模块。通过给用户提供一些高层的命令和类，SciPy 在 Python 交互式会话中，大大增加了操作和可视化数据的能力。通过 SciPy，Python 的交互式会话变成了一个数据处理和一个 System-prototyping 环境，足以和 MATLAB、IDL、Octave、R-Lab，以及 SciLab 抗衡。 更重要的是，在 Python 中使用 SciPy，还可以同时用一门强大的语言——Python 来开发复杂和专业的程序。用 SciPy 写科学应用，还能获得世界各地的开发者开发的模块的帮助。从并行程序到 Web 再到数据库子例程然后到各种类，都已经有可用的给 Python 程序员了。这些强大的功能，SciPy 都有，特别是它的数学库。

它增加的功能包括数值积分、最优化、统计和一些专用函数。 SciPy 函数库在 NumPy 库的基础上增加了众多的数学、科学以及工程计算中常用的库函数。例如，线性代数、常微分方程数值求解、信号处理、图像处理、稀疏矩阵等。

安装 SciPy：通过 pip 安装 Python 自带内置的包管理系统 pip，利用 pip 可以安装、更新或删除任何官方包，可以通过输入以下命令行来安装，如图 2-15 所示。

```
python -m pip install --user numpy scipy matplotlib ipython jupyter pandas sympy nose
```

图 2-15　通过 pip 安装安装 SciPy

2.3.2　Python 环境的搭建

Python 环境的搭建视计算机和版本的不同而有所不同，在浏览器 URL 中输入网址，进入下载界面，如图 2-16 所示。

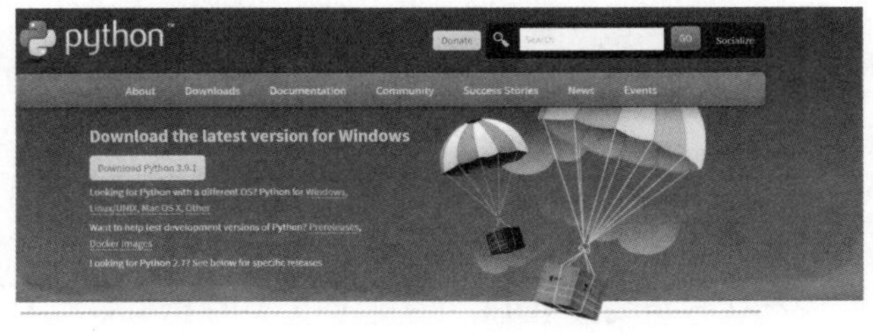

图 2-16　Python 环境的搭建

单击下载按钮，根据计算机不同的操作系统选择不同的安装包。网站上还列出了往期版本的安装列表，如果读者不想安装最新版本，可以到往期版本列表中找到自己需要的版本，单击下载按钮进行安装。

下载好安装包之后，单击“安装”按钮开始安装，如图 2-17 所示，安装程序会动态显示安装进度。

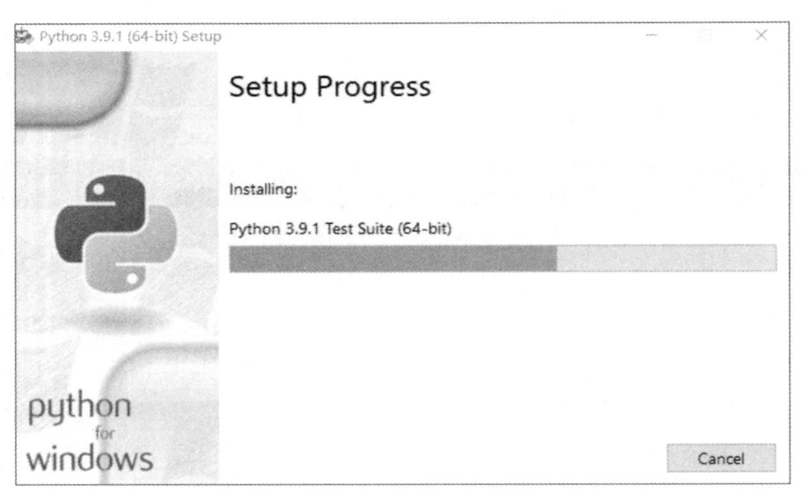

图 2-17　Python 安装界面

安装完成之后系统提示安装成功，如图 2-18 所示。

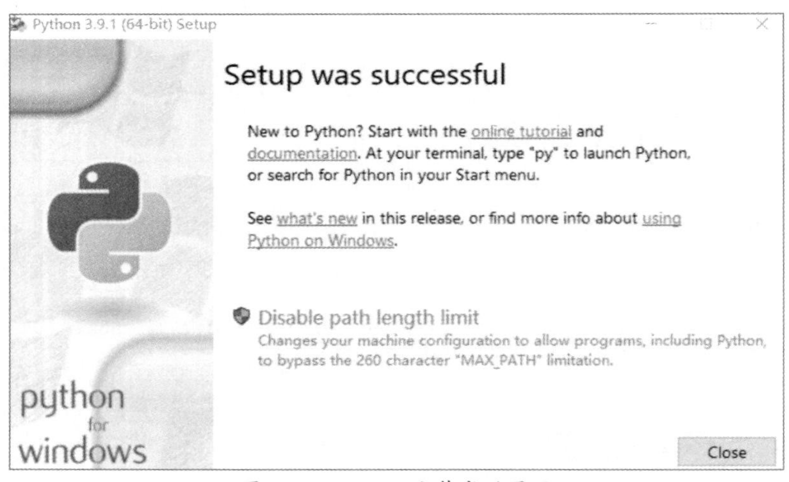

图 2-18　Python 安装成功界面

如果读者有 Python 开发经验，则可以跳过这一步，如果读者是首次接触 Python 开发，则可以阅读相关开发手册，根据开发手册的指导一步一步地深入研究。安装好 Python 后，读者可以选择一款集成开发环境（IDE）, 在 IDE 中编写程序。IDE 的选择没有定式，根据读者的编程习惯来定，Python V3.9.1 可以和 Python for VS Code、PyScripter、PythonToolkit (PTK)、Python Tools for Visual Studio 及 Spyder 等近 20 种 IDE 无缝链接。关于不同 IDE 的使用方法，读者可以参考相关的使用手册。

在安装 Python 时，默认也会安装 IDLE。这是最优秀的 Python 工具之一。它可以降低

Python 入门的门槛。它的主要功能包括 Python Shell 窗口（交互式解释器）、自动补齐、高亮显示语法以及基本的集成调试器。

2.3.3　10 个 Python 字符串处理技巧

当前，自然语言处理和文本分析是研究和应用的热点领域。这些领域包括各种具体的技能和概念，在深入有实质意义的实践之前需要对它们有彻底的理解。为此，必须掌握一些基本的字符串操作和处理技巧。

必须掌握两种计算字符串处理技巧：一个是正则表达式，一种基于模式的文本匹配方法。关于正则表达式有许多精彩的介绍，可以在网上找到关于这个主题的一些视频，如 fast.ai 代码 - 初涉自然语言处理等。

另一个必备的字符串处理技能是：能够利用给定编程语言的标准库进行基本的字符串操作。在此，提供一个简短的 Python 字符串处理入门教程，旨在为那些以文本分析作为职业的人士寻求更为深入的研究，抛砖引玉。

想对公司所有的文本有深入理解，发掘出其中的价值吗？首先，应了解最基本的基础知识，下面来洞察一下这些初学者的技巧。

注意，有实际意义的文本分析远远超出字符串处理的范畴，那些更先进的核心技术可能不需要对文本进行操作。然而，对于一个成功的文本分析项目来说，文本数据预处理是非常重要而耗时的环节，所以，本文涵盖的字符串处理技能在这里显得弥足珍贵。在基础层面上理解文本的计算处理对于理解更为先进的文本分析技术同样重要。

文中的一些示例使用 Python 标准库：string module 字符串模块，为此，最好准备好 string module 以备参考。

1.　空格剥离

空格剥离是字符串处理的一种基本操作，可以使用 lstrip() 方法（左）剥离前导空格，使用 rstrip()（右）方法对尾随空格进行剥离，并使用 strip() 剥离前导和尾随空格，如图 2-19 所示。

```
S='This is a sentence with whitespace.   \n '

Print('Strip  leading whitespace: {}' .format (s.lstrip()))
Print('Strip  leading whitespace: {}' .format (s.rstrip()))
Print('Strip  leading whitespace: {}' .format (s. strip()))
```

```
Strip leading whitespace:  This is a sentence with whitespace.
Strip trailing whitespace:  This is a sentence with whitespace.
Strip all whitespace:  This is a sentence with whitespace.
```

图 2-19　空格剥离—1

对剥离除空格以外的字符感兴趣吗？同样的方法也很有用，可以通过传递想要剥离的字符来剥离字符，如图 2-20 所示。

```
s ='This is a sentence with unwanted characters. AAAAAAAA'
print('Strip unwanted characters: {}'. format(s. rstrip ('A')))
```

```
Strip unwanted characters: This is a sentence with unwanted characters.
```

图 2-20　空格剥离—2

必要时不要忘记检查字符串 format() 文档。

2. 字符串拆分

利用 Python 中的 split() 方法可以轻易地将字符串拆分成较小的子字符串列表，如图 2-21 所示。

```
s = ' KDnuggets is a fantastic resource'
print(s. split())
```

```
['KDnuggets', ' is', 'a', 'fantastic', 'resource' ]
```

图 2-21　字符串拆分—1

默认情况下，split() 根据空格进行拆分，但同样也可以将其他字符序列传递给 split() 进行拆分，如图 2-22 所示。

```
s = ' these, words, are, separated, by, coima'
print('\', \' separated split -> 0' . format(s. split( ', ')))
s = ' abacbdebfgbhhgbabddba'
print('\'b\' separated split -> 0 '. format(s. split('b')) )
```

```
', ' separated split -> ['these, 'words', ' are', 'separated', ' by', 'comma' ,
'b', separated split -> ['a', 'ac', 'de', 'fg' , 'hhg', 'a', 'dd' , 'a']
```

图 2-22　字符串拆分—2

3. 将列表元素合成字符串

需要实现上述操作的一个逆向操作？没问题，利用 Python 中的 join() 方法便可将列表中的元素合成一个字符串，如图 2-23 所示。

```
s = ['KDnuggets', 'is' , ' a', 'fantastic' , 'resource']
print(' '. join(s))
```

```
KDnuggets is a fantastic resource
```

图 2-23　将列表元素合成字符串—1

事实果真如此！如果想将列表元素与中间的空格以外的东西连接起来？这可能有点陌生，但也很容易实现，如图 2-24 所示。

```
s = ['Eleven', 'Mike', 'Dustin', 'Lucas', 'Will']
print(' and '.join(s))
```

```
Eleven and Mike and Dustin and Lucas and Will
```

图 2-24　将列表元素合成字符串—2

4. 字符串反转

Python 没有内置的字符串反转方法。但是，可以先将字符串切片成列表，再利用与反转列表元素类似的方式进行反转，如图 2-25 所示。

```
s = 'KDnuggets'
print('The reverse of KDnuggets is {}' .format(s[::-1]))
```

```
The reverse of KDnuggets is: steggunDK
```

图 2-25　字符串反转

5. 大小写转换

利用 upper()，lower()，和 swapcase() 方法可以进行大小写之间的转换，如图 2-26 所示。

```
s = 'Kdnuggets'
print ('\'KDnuggets\' as uppercase: {}' .format (s. upper()))
print (' \' KDnuggets\' as lowercase: {}' .format (s. lower ()))
print(' \' KDnuggets\' as swapped case: {}' . format(s. swapcase()))
```

```
'KDnuggets' as uppercase:  KDNUGGETS
'KDnuggets' as lowercase: kdnuggets
'KDnuggets' as swapped case: kdNUGGETS
```

图 2-26　大小写转换

6. 检查是否有字符串成员

在 Python 中检查字符串成员的最简单方法是使用 in 运算符，语法与自然语言非常类似，如图 2-27 所示。

```
S1 = ' perpendicular'
s2 = ' pen'
s3 = ' pep'

print('\'pen\' in \'perpendicular\' ->{}' . format (s2 in s1))
print(' \' pep\' in \' perpendicular\' -> {}'. format(s3 in s1))

'pen' in 'perpendicular' -> True
'pep' in 'perpendicular' -> False
```

图 2-27 检查是否有字符串成员—1

如果对找到字符串中子字符串的位置更感兴趣（而不是简单地检查是否包含子字符串），则利用 find（）String 方法可能更为有效，如图 2-28 所示。

```
s = 'Does this string contain a substring? '

print('\'string\' location -> {}' . format(s. find('string') ))
 print ('\'springV location -> {}' . format(s. find('spring') ))

'string' location -> 10
'spring' location -> -1
```

图 2-28 检查是否有字符串成员—2

默认情况下，find()返回子字符串第一次出现的第一个字符的索引，如果找不到子字符串，则返回 −1。对这一默认情况拿捏不准时，可以查阅一下相关文档。

7. 子字符串替换

找到子字符串之后，如果想替换这一子字符串，该怎么办？ Python 中的 replace() 字符串方法将解决这一问题，如图 2-29 所示。

```
S1 ='The theory of data science is of the utmost inportance.'
s2 = 'practice'

print ('The new sentence: {}' . format (s1. replace (' theory', s2)))

The new sentence: The practice of data science is of the utmost importance.
```

图 2-29 子字符串替换

如果同一个子字符串出现多次，则利用计数参数这一选项，可以指定要进行的连续替换的最大次数。

8. 组合多个列表的输出

如何以某种元素的方式将多个字符串列表组合在一起？利用 zip() 函数就没问题，如图 2-30 所示。

```
countries = ['USA', 'Canada',  'UK', 'Australia']

cities =['Washington', 'Ottawa' , 'London', 'Canberra' ]


for x, y in zip (countries, cities):
      print ('The capital of {} is{}' .format (x, y))
```

```
The capital of USA is Washington.

The capital of Canada is Ottawa.

The capital of UK is London.

The capital of Australia is Canberra.
```

图 2-30　组合多个列表的输出

9. 变形词检查

想检查一对字符串中，其中一个字符串是否是另一个字符串的变形词？从算法上来讲，需要做的是对每个字符串中每个字母的出现次数进行计数，再检查二者计数值是否相等，直接使用模块集合的计数器类便可实现。

10. 回文检查

如果想检查给定的单词是否是回文，怎么办？从算法上看，需要创建一个单词的逆向反转，然后利用 == 运算符来检查这 2 个字符串（原始字符串和反向字符串）是否相等。

```
from collections import  Counter
   def is_anagram (s1, s2):
return Counter(s1) ==Counter(s2)

S1 ='listen'
s2 = 'silent'
s3 = 'runner'
s4 =' neuron'
print(' \'  listen\' is an anagram of ' \silent'-> {} '. format (is_anagram(s1, s2)))
print(' \' runner\' is an anagram of ' \neuronV'-> {} '. format (is.anagrain(s3, s4)))
```

```
'listen' an anagram of 'silent' -> True


'runner' an anagram of ' neuron' -> False
```

图 2-31　变形词检查

```
def is_palindrome(s):
 reverse =s[: : -1]
if (s == reverse):
   return True
return False

s1= 'racecar'
s2 = ' hippopotanus'

print(' \' racecar\' a palindrome -> {} '. format(is_palindrome(s1)))
print (' \'hippopotaraus\' a palindrome -> {} '. format (is_palindrome (s2)))
```

```
'racecar' is a palindrome -> True
'hippopotanus' is a palindrome -> False
```

图 2-32　回文检查

虽然掌握这些字符串处理“技巧”之后，并不意味着你已经成为文本分析或自然语言处理专家，但这些技巧可能会激发出深入探究自然语言处理领域的兴趣，并掌握最终成为专家所必备的技能。

2.4　Python 中常用到的自然语言处理库

在从事自然语言处理任务时，可使用已经编译好的自然语言处理库，利用这些库，可以简化文本预处理，在任务的实现过程中更加专注于模型的构建和参数的微调。Python 中常用到的自然语言处理库有：NLTK、Spacy、TextBlob、Gensim 和 Stanford CoreNLP 等。

2.4.1　NLTK

在 NLP 领域中 NLTK （Natural Language Toolkit，自然语言工具包）是最常用到的一个 Python 库，用于处理语料库、分类文本、分析语言结构等多项操作。

NLTK 是处理人类自然语言数据的 Python 程序平台。它为 50 多个语料库和词汇资源（如 WordNet）提供了易于使用的接口，并提供一套用于分类、标记化、词干、标记、解析和语义推理的工业级文本处理库 NLP 库。

NLTK 提供使用实践指南手册，全面介绍编程基础与计算语言学的主题，加上翔实的 API 文档。NLTK 适合语言学家、工程师、学生、教育工作者、研究人员和行业用户。适用于 Windows、Mac OS X 和 Linux 等多种操作系统。 最重要的是，NLTK 是一个免费的、开源项目。

NLTK 被业界尊称为“一个不错的教学和工作工具，Python 语言的计算语言学 ” “一个神奇的自然语言处理库。”

NLTK 的安装：NLTK 要求 Python 版本 3.5，3.6，3.7 或 3.8。

搭建 Python 虚拟开发环境：在安装 NLTK 之前，首先到 https://docs.python-guide.org/dev/virtualenvs/ 网站下载虚拟环境管理器。

Windows 环境下按照以下步骤安装：

- 安装 Python 3.8；
- 安装：Install Numpy（可选项）；
- 安装 NLTK；
- 安装测试：`Start>Python38`，`import nltk`。

安装完成之后，可以实现将句子分为独立的单词、获取单词的近义词、执行词干提取和词性还原等功能。

2.4.2 TextBlob

TextBlob 是用于处理文本数据的 Python（2 和 3）库。它提供了一个简单的 API，可用于常见的自然语言处理（NLP）任务，如词性标注、名词短语提取、情感分析、分类、翻译等任务的深入研究。

- 构建文本分类系统。
- 情感分析。
- 单词标注。
- 短语提取。
- 拼写更正。

TextBlob 安装代码，如图 2-33 所示。

```
$ pip install -U textblob
$ python -m textblob.download_corpora
```

图 2-33　TextBlob 安装

2.4.3 Spacy

Spacy 是工业级的自然语言处理工具包，是一款很好的实战工具，帮助实现真正的自然语言处理项目——建立真正的产品，或收集真正的洞察力。丰富的库文件可以大幅度减少开发时间，尽量避免浪费时间。它易于安装，而且它的 API 简单且富有成效。

Spacy 擅长大规模的信息提取任务。它利用 Python 语言编写，提供快速准确的句法分析功能和词向量功能。包含词汇表、语法、词向量转换和实体识别等多种训练模型。

在 Spacy 发布后的五年中，它的巨大生态系统已成为自然语言处理的行业标准。可选择多种插件与机器学习堆栈集成，并构建自定义组件和工作流。

功能特点：

- 支持 69 种语言，为 18 种语言提供了 58 条训练管道。
- 多任务学习与预先训练的 transformers，如 BERT。
- 预训练的词向量。

- 用于命名实体识别、词性标注、依赖分析、句子分割、文本分类、线性化、形态分析、实体链接等。
- 易于扩展的自定义组件和属性。
- 支持 PyTorch，TensorFlow 等框架中的自定义模型。
- 内置语法和 NER 的可视化工具。
- 易于模型打包、部署和工作流管理。
- 鲁棒性好，经严格评估后准确性高。

2.4.4 Gensim

Gensim 是一个用于主题建模、文档索引和大型语料库相似性检索的 Python 库。 目标受众是自然语言处理（NLP）和信息检索（IR）社区。

Gensim 在诸如获取单词的词向量等任务中非常有用。

功能特性：

- 所有算法都均与计算机的内存无关。 可以处理容量大于 RAM 的语料库。
- 直观的界面，简单的 API，易于插入用户专属输入语料库 / 数据流。
- 易于扩展其他矢量空间算法（简单变换 API）。
- 流行算法的高效多核实现，如在线潜在语义分析（LSA/LSI/SVD）、潜在 Dirichlet 分配（LDA）、随机预测（RP）、层次 Dirichlet 过程（HDP）或 Word2vec 深度学习。
- 分布式计算：可以在一组计算机上运行潜在语义分析和潜在 Dirichlet 分配。

安装 Gensim：该软件与两个 Python 基础软件包 NumPy 和 Scipy 相关，在安装 Gensim 之前，必须安装以上两个 Python 基础任务包。

建议在安装 NumPy 之前安装一个快速 BLAS 库，这是一个可选项，但使用优化的 BLAS，如 ATLAS 或 OpenBLAS，可以将性能提高一个数量级。 在 OS X 上，Num Py 会自动安装附带的 BLAS，无须做任何额外的操作。

安装最新版本的 Gensim，如图 2-34 所示。

```
pip install -upgrade gensim
```

图 2-34　安装 Gensim

2.4.5 Stanford CoreNLP

Stanford CoreNLP 提供了一套用 Java 编写的自然语言分析工具。 它可以采用人类语言文本输入，给出单词的基本形式、单词的词性，它们可以是公司、人等的名称，规范和解释日期、时间和数字数量，用短语或单词之间的依赖关系来标记句子的结构，并指出哪些名词短语是指相同的实体。斯坦福核心 NLP 是一个集成的框架，它集成有一组语言分析工具，非常容易地应用于一段文本。 它的低代码方式也非常有特色，从纯文本开始，只需两行代码就可以运行所有工具。 它的分析工具为更高层次和特定领域的文本理解应用程序提供了基础构建块。斯坦福核心 NLP 是一套稳定和测试良好的自然语言处理工具，广泛应用于学术界、工业界和政府的各种团体。 这些工具使用基于规则、概率机器学习和深度学习组件。

2.5 NLP 的深度学习框架

深度学习是机器学习的一个新的研究方向，其核心思想在于：模拟人脑的层级抽象结构，通过无监督的方式从大规模数据（声音、文本、图像等）中提取出特征。相对于 SVM、KNN、Gradient Boost 等浅层学习算法而言的。深度是指一个流向图从输入到输出所走的最长的路径，使用多个隐含层来增强神经模型的性能。顾名思义，深度学习使用多个层逐步从提供给神经网络的数据中提取出更高级别的特征。

明白了这一点之后，上面问题的答案就简单了：规模。在过去的二十年中，各种类型的可用数据量以及数据存储和处理机器（计算机）的功能都呈指数级增长。计算能力的增加，以及用于训练模型的可用数据量的大量增加，使我们能够创建更大、更深的神经网络，这些深度神经网络的性能优于较小的神经网络。深度学习和机器学习之间的关系如图 2-35 所示。

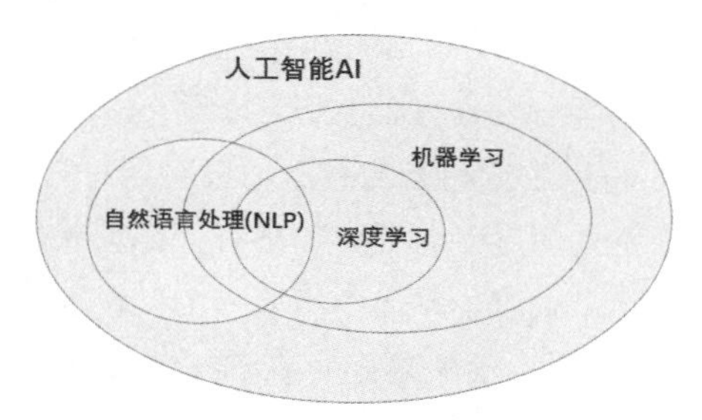

图 2-35　深度学习和机器学习之间的关系

2.5.1 深度学习概述

随着数据规模的日益增大，神经网络的弱点日益显现：神经网络在处理多参数少量数据时，表现不错，但是这方面，却无法赶超人类。人脑如何工作：“大脑内部参与神经活动的是大向量。”

现代人工智能革命始于一场默默无闻的研究竞赛： 2012 年，即一年一度的图像网络竞赛的第三年，挑战团队需要建立一个能识别 1 000 个物体的计算机视觉系统，这 1 000 个物体中包括动物、景观和人类。

在前两年，即便是最好的参赛队，准确率不超过 75%。但是到了第三年，三位研究人员（一位教授和他的两个学生）突然打破了这个天花板，他们惊人地超出了 10.8 个百分点，赢得了比赛。 那个教授便是杰弗里 • 辛顿，他们使用的技术叫作深度学习。

自 20 世纪 80 年代以来，辛顿一直致力于深度学习的研究工作，由于缺乏数据和计算能力，其有效性受到了限制，一直到 2012 年才取得成果。辛顿对这项技术的坚定信念最终带来了巨大的回报：在第四年的图像网比赛中，几乎所有参赛队都在使用深度学习，并获得了神奇的准确性。 很快，深度学习便被应用于图像识别之外的任务。

由于他在这一领域的特殊贡献，辛顿与 YannLeCun 和 Yoshua Bengio 一起被授予图灵奖。

10 月 20 日，在麻省理工学院技术评论年度会“Em Tech MIT 会议”上，辛顿谈到了这个领域的现状，以及下一步的方向。

辛顿认为随着相当多的概念上的突破，深度学习将无所不能。例如，2017 年 AshishVaswani 等，引入 Transformers 这个概念，它利用向量来表示词义，这是一个概念性的突破，目前，Transformers 几乎用于所有的自然语言处理模型当中。需要更多类似的突破。如果有了这些突破，是否能够通过深度学习来模拟所有人类智力？

的确如此，特别是如何获得神经活动的大向量来实现推理这样的突破，同时需要大规模增加规模。人脑约有 100 万亿个参数，即突触，为真正的巨大模型，像 GPT-3，便有 1 750 亿个参数，但它比大脑小 1 000 倍。GPT-3 现在可以生成看似合理的文本，与大脑相比，它依然太小。提到规模时，是指更大的神经网络，更多的数据，还是两者兼而有之？

两者兼而有之，计算机科学中发生的事情和人们实际发生的事情之间存在某种差异。与获得的数据量相比，人们拥有更多的参数。神经网络擅长处理有大量参数的少量数据，但人类在这方面却做得更好。很多业内人士认为，下一个大的挑战是常识，特别是最近的一些工作表明，可以将精细的运动控制与语言相结合，比如：打开一个抽屉，取出一个小木块，系统就可以用自然语言告诉你它在做什么。

像 GPT-3 这样的模型，它可以生成精彩的文本，很明显，它必须深入理解才能生成该文本，虽然对于它理解的程度还不太清楚。但是，如果有什么东西打开抽屉，拿出一个小木块，GPT-3 模型说：“我刚刚打开一个抽屉，拿出小木块一个”，也可以说它明白了在做什么。

很久以前，在认知科学中，两个学派之间存在着一场争论：其中一个是由斯蒂芬·科斯林领导的，他认为，当大脑操纵视觉图像时，你拥有的是一组正在移动的像素；另一学派则更符合传统的人工智能，科斯林认为我们操纵的是像素，因为外部图像是由像素组成的，这是能为我们理解的一种表示；有人认为大脑操纵的是符号，是因为我们也在用符号表示事物，这也是我们能理解的一种表示。我认为二者都不对，实际上大脑内部是多个神经活动的大向量。目前，业界仍然有许多人认为符号表示是人工智能的方法之一。赫克托·莱维斯克相信符号表示的方法，并在这方面做了很多的工作。我不同意他的观点，但符号表示方法是一件完全合理的事情。我猜测，符号只是存在于外部世界中，在大脑内部，用大向量进行内部操作。

2.5.2 NLP 的深度学习：ANN、RNN 和 LSTM

为了构建一个用于创建聊天机器人的神经网络模型，会用到一个非常流行的神经网络 Python 库：Keras。然而，在进一步研究之前，首先应了解什么是人工神经网络（ANN）。

人工神经网络是一种机器学习模型，它试图模仿人类大脑的功能，它由连接在一起的大量神经元构建而成，因此命名为“ 人工神经网络 ”。

感知器：最简单的 ANN 模型由单个神经元组成，被命名为感知器它包括一个简单的神经元，利用数学函数求出输入的加权和（在生物神经元中是枝状突起），并输出其结果（输出将等同于生物神经元的轴突)，如图 2-36 所示。我们不在这里深入研究用到的各函数的细节，因为本节的目的不是成为专家，而只需了解神经网络的工作原理。

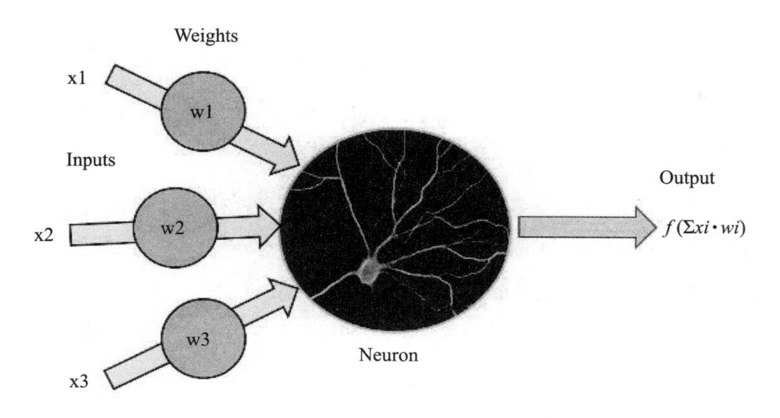

图 2-36　感知器

单个神经元的图像，左边为输入，乘以每个输入的权重，神经元将函数应用于输入的加权和并输出结果。

这些单独的神经元可以堆叠起来，形成不同大小的层，这些层可以顺序地相邻放置，从而使得网络更深。

当以这种方式构建网络时，不属于输入层或输出层的神经元被视为是隐含层， 正如它们的名称所描述：隐含层是一个黑盒模型，这也正是 ANN 的主要特征之一。通常我们需要理解所发生的事情背后的数学，并且对黑盒内部的内容有所知觉，但是如果仅通过隐含层的输出试图理解它，那可能会得出错误的结果。

尽管如此，ANN 却能输出神奇的结果，不会有人抱怨这些结果缺乏可解释性，如图 2-37 所示。

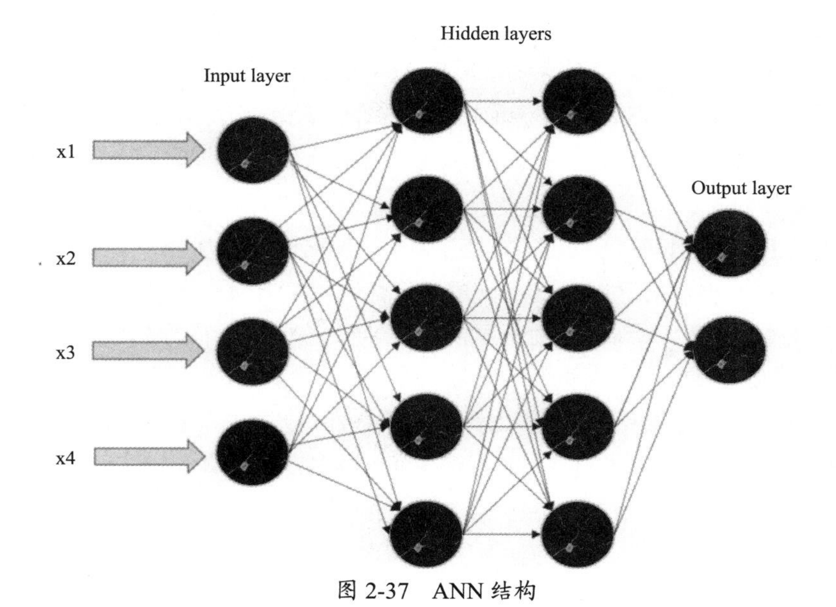

图 2-37　ANN 结构

大的神经网络的图像，由许多单独的神经元和层组成：一个输入层，两个隐含层和一个输出层。

神经网络结构以及如何训练一个神经网络，已为人所知有 20 多年了。那么，又是什么原因导致了当今对人工神经网络和深度学习的火爆和炒作？下面我们会给出问题的答案，但在此之前，我们先了解一下深度学习的真正含义。

递归神经网络是一种特殊的神经网络，旨在有效地处理序列数据，序列数据包括时间序列（在一定时间段内的参数值列表）、文本文档（可以视为单词序列）或音频（可视为声音频率序列）。

RNN获取每个神经元的输出，并将其作为输入反馈给它，它不仅在每个时间步长中接收新的信息，并且还向这些新信息中添加先前输出的加权值，从而，这些神经元具备了先前输入的一种“记忆”，并以某种方式将量化输出反馈给神经元，如图2-38所示。

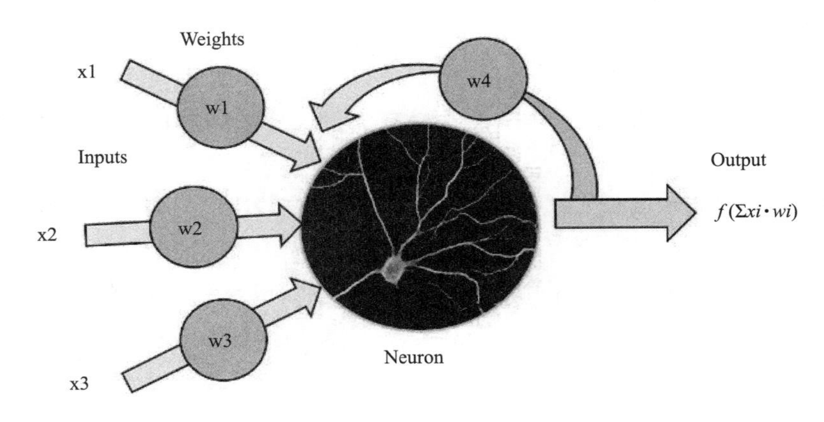

图2-38　RNN递归神经元结构

递归神经元，输出数据乘以一个权重并反馈到输入中，来自先前时间步长的输入的函数单元称为记忆单元。

RNN存在的问题：随着时间的流逝，RNN获得越来越多的新数据，它们开始“遗忘”有关数据，通过激活函数的转化及与权重相乘，稀释新的数据。这意味着RNN有一个很好的短期记忆，但在尝试记住前一段时间发生过的事情时，仍然会存在一些小问题（过去若干时间步长内的数据）。

为此，需要某种长期记忆，LSTM正是提供了长期记忆的能力。

增强记忆力——长短期记忆网络：长短期记忆网络LSTM是RNN的一种变体，可解决前者的长期记忆问题。作为本章的结尾，简要解释它是如何工作的，在4.3节中，将对LSTM做详细介绍。

与普通的递归神经网络相比，它们具有更为复杂的记忆单元结构，从而使得它们能够更好地调节如何从不同的输入源学习或遗忘，如图2-39所示。

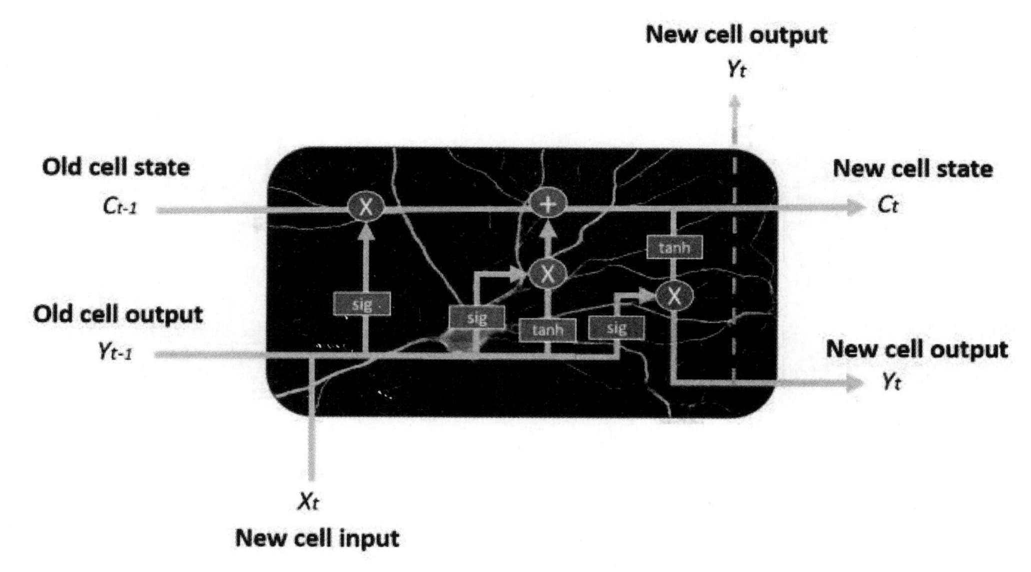

图 2-39　长短期记忆网络（LSTM）结构

LSTM 记忆单元示例。注意蓝色圆圈和方框，可以看出它的结构比普通的 RNN 单元更复杂，这里不再赘述。

LSTM 神经元通过三个不同的门的状态组合来实现这一点：输入门、遗忘门和输出门。在每个时间步长中，记忆单元可以决定如何处理状态向量：从中读取，写入或删除它，这要归功于明确的选通机制。利用输入门，记忆单元可以决定是否更新单元状态；利用遗忘门，记忆单元可以删除其记忆；通过输出门，单元细胞可以决定输出信息是否可用。

LSTM 还可以减轻梯度消失的问题，但在此不做详细介绍。

2.5.3　利用 PyTorch 实现情感文本分类

在本节中，将利用基于 RNN（递归神经网络）和 LSTM（长短期记忆）层的 PyTorch 来完成文本分类任务。首先，加载包含两个字段（文本和目标）的数据集。目标包含两个类：class1 和 class2，我们的任务是将每个文本分为其中一个类。

可以在此处下载数据集。

```
train = pd.read_csv("train.csv")

x_train = train["text"].values

y_train = train['target'].values
```

建议在编码之前先设置种子，它可以保证您看到的结果与我的相同，这是在学习新概念时非常有用 (也很有益) 的特征。

```
np.random.seed(123)

torch.manual_seed(123)

torch.cuda.manual_seed(123)

torch.backends.cudnn.deterministic = True
```

在预处理步骤中，首先将文本数据转换为 tokens 序列，之后便可以将其传递到嵌入层。将利用 Keras 包中提供的实用程序来进行预处理，利用 torchtext 包也同样可以实现。

```
from keras.preprocessing import text, sequence

## create tokens

tokenizer = Tokenizer(num_words = 1000)

tokenizer.fit_on_texts(x_train)

word_index = tokenizer.word_index

## convert texts to padded sequences

x_train = tokenizer.texts_to_sequences(x_train)

x_train = pad_sequences(x_train, maxlen = 70)
```

接下来，需要将 tokens 转换成向量。为此，利用预先训练过的 GloVe 词嵌入。我们将加载这些单词嵌入，并创建一个包含单词向量的嵌入矩阵。

```
EMBEDDING_FILE = 'glove.840B.300d.txt'

embeddings_index = {}

for i, line in enumerate(open(EMBEDDING_FILE)):

    val = line.split()

    embeddings_index[val[0]] = np.asarray(val[1:], dtype='float32')

embedding_matrix = np.zeros((len(word_index) + 1, 300))

for word, i in word_index.items():
```

使用嵌入层和 LSTM 层定义模型架构：

```
## Embedding Layer, Add parameter

self.embedding = nn.Embedding(max_features, embed_size)

et = torch.tensor(embedding_matrix, dtype=torch.float32)

self.embedding.weight = nn.Parameter(et)

self.embedding.weight.requires_grad = False

self.embedding_dropout = nn.Dropout2d(0.1)

self.lstm = nn.LSTM(300, 40)

self.linear = nn.Linear(40, 16)
```

创建训练和验证集：

```
## create iterator objects for train and valid datasets

x_tr = torch.tensor(x_train[train_idx], dtype=torch.long)

y_tr = torch.tensor(y_train[train_idx], dtype=torch.float32)

train = TensorDataset(x_tr, y_tr)

trainloader = DataLoader(train, batch_size=128)

x_val = torch.tensor(x_train[valid_idx], dtype=torch.long)

y_val = torch.tensor(y_train[valid_idx], dtype=torch.float32)

valid = TensorDataset(x_val, y_val)
```

定义损失函数和优化器：

```
loss_function = nn.BCEWithLogitsLoss(reduction='mean')

optimizer = optim.Adam(model.parameters())
```

训练模型：

```
## training part

    model.train()

    for data, target in trainloader:

        optimizer.zero_grad()

        output = model(data)

        loss = loss_function(output, target.view(-1,1))

        loss.backward()

        optimizer.step()

        train_loss.append(loss.item())
```

```
## evaluation part

model.eval()

for data, target in validloader:

    output = model(data)

    loss = loss_function(output, target.view(-1,1))

    valid_loss.append(loss.item())
```

最后，可以得到预测结果：

```
dataiter = iter(validloader)

data, labels = dataiter.next()

output = model(data)

_, preds_tensor = torch.max(output, 1)

preds = np.squeeze(preds_tensor.numpy())

Actual: [0 1 1 1 1 0 0 0 0]

Predicted: [0 1 1 1 1 1 1 1 0 0]
```

本章小结

在本章中，对自然语言处理这一生态系统的各个预备知识点做了梳理，从入门需要掌握的预备数学知识，到文字信息处理的编码方式，再到自然语言处理的常用算法模型。作为入门级的科普，介绍了 Python 语言的发展和特点，Python 环境的搭建，基础任务包和 Python 中常用到的自然语言处理库，在实战方面，介绍了 10 个 Python 字符串处理技巧。

深度学习是自然语言处理领域的发展方向，在这里专门用一个小节介绍了 NLP 的深度学习，并利用基于 RNN（递归神经网络）和 LSTM（长短期记忆）层的 PyTorch 来完成文本分类任务。这些知识点只是自然语言处理领域全部知识的冰山一角，希望能对读者有所帮助。

在接下来的章节中，将在本章预备知识的基础上开始文本表示技术的描述和介绍。

思考题

1. 在自然语言信息处理领域，主要涉及哪三方面的数学知识？
2. 计算机领域的主要字符编码有哪几种？
3. 请列举 5 种常用的自然语言处理算法。
4. Python 中常用的自然语言处理库有哪些？
5. 请列举常用的深度学习框架。

第 3 章　文本的表示技术

3.1　语言模型

在自然语言处理领域，通常利用向量来表示单词，多个单词构成句子，为了便于处理，把句子抽象化为语言序列，计算语言序列中各个单词（$word_1,word_2,word_3,\cdots word_n$）出现的概率 $P(word_1,word_2,word_3,\cdots word_n)$ 问题，便是所谓的构建语言模型（Language Model，LM）问题，语言模型在句子层面对语句中各个单词出现的概率进行统计建模，在基于统计模型的任务中，如句法分析、语音识别等任务中，语言模型扮演着重要的角色。

3.1.1　自然语言处理的 *n* 元模型

众所周知，文本是由句子构成，在传统的基于统计特性的语言模型中，通常将句子视为一个字符串，用 s 来表示，可以将一个句子抽象地表示为：$s=word_1,word_2,word_3,\cdots word_i$，根据条件概率的链式法则，字符串（句子）出现的概率可以表达为：

$$P(s)=P(word_1,word_2,word_3,\cdots word_i)$$
$$=P(word_1)\times P(word_2|word_1)\times\cdots P(word_i|word_1\cdots word_{i-1})$$

该公式表明：第 i 个词出现的概率取决于之前出现的 $i-1$ 个单词，而与其他任何词都不相关，整句的概率就是各个词出现概率的乘积。可以采用似然估计法来计算每个单词出现的条件概率，即通过直接从语料中统计 N 个词同时出现的次数得到。

这种方法存在两个致命的缺陷：一个缺陷是参数空间过大，不可能实用化；另一个缺陷是数据稀疏严重。为解决这一问题，引入马尔可夫假设：一个单词的出现仅仅依赖于它前面出现的有限的一个或者几个单词。如果一个单词的出现仅依赖于它前面出现的一个单词，称为二元模型；如果一个单词的出现仅依赖于它前面出现的两个单词，称为三元模型，三元模型又称为二阶马尔科夫链。

在实践中用得最多的是二元模型和三元模型，而且效果相当不错。高于四元的用得很少，因为训练它需要更为庞大的语料，而且数据稀疏严重，时间复杂度高，精度却提高不多。

在 Spacy 和 NLTK 等工具包中，提供了从文本生成 n 元模型的方法。

通常利用交叉熵和困惑度两个指标来评价语言模型，

交叉熵是信息论中的概念，如果用 P 来描述样本 x 的真实分布，用 Q 来描述模型建模得到的分布，两个概率分布 P 和 Q 的交叉熵定义为：

$$H(P,Q)=\sum_{i=1}^{m} p_i \ \log q_i$$

交叉熵越小，建模的概率分布越接近真实分布，模型的性能指标越好。

Perplexity 可以用以下公式来表达：

$$PP(S)=2^{-\frac{1}{N}\sum \log[P(wi)]}$$

PP 值越小，期望的句子出现的概率越高。语言模型评估时可以用 Perplexity 大致估计训练效果，做出判断和分析，但它不是完全意义上的标准，具体问题还是要具体分析。

3.1.2　自然语言处理的序列模型

数学上，序列是被排成一列的对象（或事件）的有序集合。序列中的每个元素不是在其他元素之前，就是在其他元素之后，元素之间的顺序非常重要。在语言和文本中，一句话的内容可能和其前文和后文有关联。举个简单的例子，在英文中，动词的单复数形式必须与句子主语的单复数一致：

A cat basks in the sun in the yard.

The cat basked in the sun in the yard.

在上一节介绍的传统 n 元语言模型中，将句子视为相关的离散量，通过条件概率的链式公式计算概率。随着自然语言处理技术的发展，将文本表示为有序序列，利用神经网络语言模型（Neural Network Language Model，NNLM）训练单词序列的统计模型。神经网络语言模型对理解 word2vec 模型有很大的帮助，包括对后期理解 CNN，LSTM 进行文本分析时有很大的帮助。

NNLM 序列模型的概率函数可表示为：

$$f(w_t, w_{t-1},\cdots, w_{t-n+2}, w_{t-n+1})=p(w_t \mid w_{t-1})$$

在这个模型中，可分为特征映射和计算条件概率分布两部分：

（1）一个 $|V|\times m$ 映射矩阵 C，每一行表示某个单词的特征向量，是 m 维，共 $|V|$ 列，即 $|V|$ 个单词都有对应的特征向量在 C 中。

（2）通过一个函数 g（g 是前馈或递归神经网络）将输入的词向量序列 $[C(w_{t-n+1}),\cdots,C(w_{t-1})]$ 转化为一个概率分布，即该函数 $p(w_t|w_{t-1})$。如果把该网络的参数记作 ω，那么整个模型的参数为 $\theta=(C,\omega)$。我们要做的就是在训练集上使下面的目标似然函数最大化。

目标函数：

$$L(\theta)=\sum_t \log P(w_t \mid w_{t-n+1},\cdots, w_{t-1})$$

基于序列的 NNLM 模型结构如图 3-1 所示。

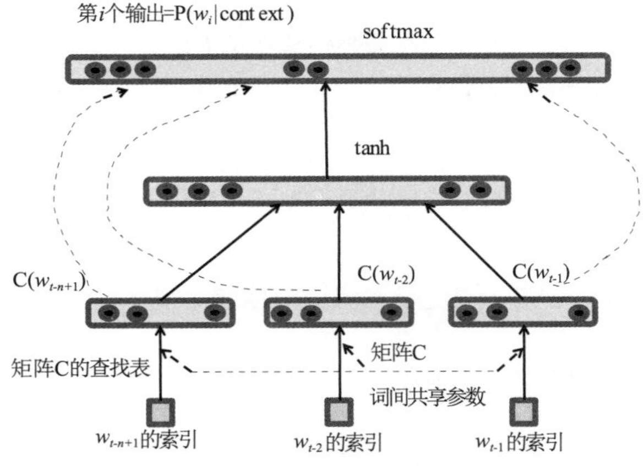

图 3-1 基于序列的 NNLM 模型结构

网络结构共分三层，从下到上依次为：

- 输入层：Window 窗口中上下文的每个单词的独热向量。
- 映射矩阵：紫色虚线表示词语通过映射矩阵 Matrix C 对词进行映射。
- 神经网络输入层：为经过映射矩阵映射后的词向量的拼接，输入向量大小为窗口上下文词的数量乘以定义的词向量的长度。
- 神经网络隐含层：加激活函数 tanh 等进行非线性映射。
- 输出层：softmax 做归一化，保证概率和为 1。

$$p(w_t \mid w_{t-1},\cdots,w_{t-n+2}, w_{t-n+1})= \frac{e^{y_{\omega t}}}{\sum_i e_{yi}}$$

NNLM 利用低维密度的词向量表示基于语义的上下文序列，解决了传统基于统计语言模型的问题和弊端，可以预测出词语间的相似性，与 n 元语法模型相比较，性能和效果更优。在后面提到的循环神经网络 RNN、基于 LSTM 的长短记忆模型、基于 BERT 的自然语言处理模型等都是基于序列的语言模型， 这也是当今自然语言处理领域一个主流的发展方向和趋势。

3.2 单词的表示

在前面提到，可以将文本中的句子表示成单词的多元结构模型或序列模型，句子中的单词又进一步表示成向量的方式，以便进行后续处理。 单词的表示方法有多种，最为简单的方法是将单词表示为向量，此外还有词频表示法（Term-Frequency，TF）和词频 - 逆文档频率 TF-IDF 表示法（Term-Frequency-Inverse-Document-Frequency，TF-IDF），后两种表达方式在自然语言发展历史中有着广泛应用，长期应用于信息检索领域，在新技术层出不穷、日新月异发展的今天，依然活跃于自然语言处理的舞台。

3.2.1 独热向量

用向量来表示词最常用的方法是独热向量，“One-hot ”向量隐含着这个词的语境，表示从零开始，如果单词存在于句子或文档中，则对应向量中的元素用 1 表示，否则用 0 表示。顾名思义，存在于词汇表中的向量元素为 1 ，不存在的元素为 0。举个简单的例子：

Vivian write the book.

Consetantin review the paper.

如何对以上文本进行独热编码：

第一步，进行文本预处理，忽略标点符号并将所有单词视为小写。

第二步，对句子进行标记得到单词个数为 7 的词库：{ vivian, consetantin, write, review, the, book, paper}

第三步：用 7 维“one-hot”向量表示每个单词，而短语、句子或文档的表示是句子中所包含单词的逻辑或表示，如表 3-1 所示。

表　3-1

	vivian	consetantin	write	review	the	book	paper
vivian	1	0	0	0	0	0	0
consetantin	0	1	0	0	0	0	0
write	0	0	1	0	0	0	0
review	0	0	0	1	0	0	0
the	0	0	0	0	1	0	0
book	0	0	0	0	0	1	0
paper	0	0	0	0	0	0	1

在这个例子中 ，短语“write the book”的独热向量表示为：

Vector (Write) =[0,0,1,0,0,0,0];

Vector (the)　　=[0,0,0 ,0,1 ,0,0];

Vector (book) =[0,0,0 ,0,0,1 ,0];

三个单词的词向量相或后，便得到短语“write the book”的独热向量表示为：

【0，0，1，0，1，1，0】

独热向量有个特点，向量中只有一个分量为 1，其他分量均为 0 。在自然语言处理中，这种编码方式是词向量的最朴素的表示方式，其缺点是当文本序列比较长时，向量的维数会变得非常大。

3.2.2　TF 表示

短语、句子或文档的词频 *TF* 表示即其所组成单词独热向量表示的总和。用公式表示为：

$$TF=\frac{freq_{(i,j)}}{maxlen_{(i)}}$$

$freq_{(i,j)}$ 为词 $w_{(i)}$ 在文档 $d_{(j)}$ 中出现的频率，$maxlen_{(j)}$ 为 $d_{(j)}$ 的长度，$d_{(i)}$ 是文档集合 D 的一个子集 $d_{(1)}, d_{(2)}, d_{(3)}\cdots d_{(n)}$。

延续上一小节中的例子，句子“Vivian review vivian’s book”的词频表示为：

Vector (vivian) =[1,0,0 ,0,0,0,0];

Vector (review)=[0,0,0 ,1 ,0,0,0];

Vector (vivian) =[1,0,0 ,0,0,0,0];

Vector (book) =[0,0,0 ,0,0,1 ,0];

以上四个词向量相加，便获得了句子“Vivian review vivian’s book”的词频表示为：

[2,0,0,1,0,0,0]

向量中每个元素的值都是相应单词在句子中出现次数的累计之和。当一个词在某个文档中出现的次数越高，TF 的值会越大。在自然语言处理中，可以使用 Scikit-Learn 生成独热向量的二进制表示。

“词频”为主题的研究涉及多个学科，其中计算机软件及计算机应用这个学科方向对“词频”主题的研究较为关注；中国语言文学、外国语言文学、心理学、新闻与传媒、互联网技术、高等教育、教育理论与教育管理等学科方向次之；职业教育、管理学、中医学等其他学科零星涉及“词频”相关研究主题。

3.2.3 TF-IDF 表示

TF-IDF（Term Frequency–inverse Document Frequency）词频——逆向文件频率，是一种用于情报检索与文本挖掘的常用加权技术，用以评估一个单词对于一个文件或者一个语料库中的一个领域文件集的重要程度。

IDF（Inverse Document Frequency，逆向文件频率）的主要思想是：如果包含词语 t 的文档越少，则 IDF 越大，说明词语 t 在整个文档集层面上具有很好的类别区分能力。

某一特定词语的 IDF，可以由总文件数除以包含该词语的文件数，再将得到的商取对数得到：

$$\mathrm{idf}_i=\log\frac{|D|}{|\{j:t_i\in d_j\}|}$$

其中 $|D|$ 是语料库中所有文档总数，分母是包含词语的所有文档数。利用 TF-IDF 组成的向量表示一个文档，可以再根据余弦相识度来计算文档之间的相关性。

TF-IDF 法认为一个单词出现的文本频数（包含某个单词的文本数）越小，它区别不同类别文本的能力就越大。因此引入了逆文本频度 IDF 的概念，以 TF 和 IDF 的乘积作为特征空间坐标系的取值测度，并用它完成对权值 TF 的调整，调整权值的目的在于突出重要单词，抑制次要单词。

TF-IDF 其实是一种算法，很多词频工具软件，都是基于 TF-IDF 算法来工作的，如 MyZiCiFreq 字词频率统计工具、ROST WordParser 等，这些工具，都是单纯的词频分析工具，没有什么难度。一般要发布学术论文，其实还是需要用到更多的工具，比如 Bibexcel、CiteSpace 和 SATI 等其他共词分析工具，这些工具都是以词频分析为基础。

3.2.4 计算图表示

图神经网络（Graphical neural network ，GNN）是目前热门的研究方向，在最近的几个月内有多篇优秀的图神经网络论文发布。从技术上来讲，图计算是数学表达式的抽象。图计算增强了神经网络的功能，在监督学习中实现了参数梯度的自动微分，实现起来非常高效。

计算图分为动态计算图和静态计算图两种，静态计算图框架有 Theano、Caffe 和 TensorFlow，在实行之前要求首先声明、编译和执行计算图，在实现过程中会非常麻烦；动态计算图框架主要有：Chainer、DyNet、和 Pytorch 等模型框架，动态计算图实现起来更加灵活，命令式的开发风格，无须在每次执行时进行编译。动态计算图在自然语言处理任务建模中非常有用。

通常，可以将图视为一种「非欧几里得」数据类型，但实际上，正则图只是邻接矩阵的另一种表示方式，如图 3-2 所示。

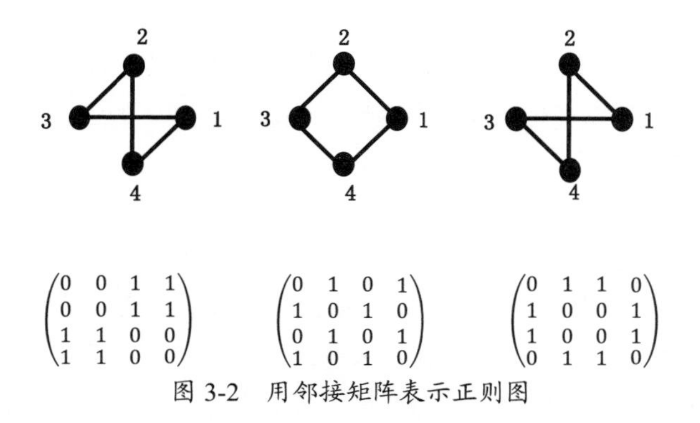

图 3-2　用邻接矩阵表示正则图

在图 3-2 表示过程中，一个节点被表示为矩阵中的一行，图在真正意义上，也是表达为数字向量。

在自然语言处理（NLP）领域，如 Word2Vec、GloVe 这类经典词嵌入模型等大多数问题都可以看成图问题。

GloVe 算法基于词袋矩阵的一种变体运行。它会遍历句子，并创建一个（隐式）共现图，图的节点是词，边的权重取决于这些单词在句子中一同出现的频率。之后，Glove 对共现图的矩阵表示进行矩阵分解，Word2Vec 在数学方面的原理也是相同的，如 BERT 等语言模型也同样可以对任意图进行采样。

将通过直接分解图的邻接矩阵或拉普拉斯矩阵来运行的方法称为“一阶图”，使用拉普拉斯特征映射或采用拉普拉斯的主要组成部分进行图嵌入，那它就是一阶方法，GloVe 是词计算图的一阶方法。高阶方法嵌入了原始矩阵和邻居的邻居连接（第二阶）以及更深的 k 步连接，通过扩展图矩阵的一阶方法生成高阶表示。高阶方法是在图上执行的采样。基于大型邻域采样的 GNN 和 node2vec 等随机游走方法执行的是高阶嵌入。

基于图计算的语言模型在大量 NLP 任务中能达到最优性能，对于很多图而言，简单的一阶方法在图聚类和节点标签预测任务中的性能和高阶嵌入方法差不多。虽然高阶方法会消耗大量算力，造成浪费，但是高阶方法在链接预测任务上有更优的表现。

3.3 改进后的词表征

前面所述内容的中心思想是要为特定语言处理模型和深度学习模型准备文本数据，文本数据表示为数值数据向量，将向量这一数值数据作为输入，输入到特定语言模型中进行处理，这便是词嵌入，词嵌入可以定义为：利用向量的实值形式来表示文本。

3.3.1 词嵌入

在对语料库进行标记化之后，生成词嵌入，具有相似含义的词被映射成相似的向量。词嵌入能够捕捉上下文语境、语义和句法的相似性，单词与其他单词的关系，从而达到高效地训练机器理解自然语言，词嵌入的主要目的：将具有相似含义的单词映射成相似的向量集群。

词嵌入在自然语言处理任务中广为采用，它被称为“自然语言处理的催化剂”，几乎可以在所有 NLP 任务中采用单词嵌入技术，从而大幅度提高任务的性能。

1. 词嵌入的实质

在 3.2.1 节中，读者已经了解到传统的词向量的表示方法是用独热向量来表示单词，利用这种表示方法，向量的维度与词汇表的大小相同，每个向量中，除了一个值为“1”，向量中的其他值均为“0”；当词汇表中的词汇数目巨大时，独热向量表示法中的向量将成为高维稀疏向量，高维稀疏向量的处理会耗费大量的计算资源，处理效率相应低下。为了提高处理速度和效率，需要将高维稀疏的独热向量转变成为较低维度的低维稠密向量，将单词的含义和其他属性分布在此稠密向量的不同维度上，这便是词嵌入的实质。

关于词嵌入的定义，目前尚无标准化的统一定义，在这里，为了方便读者理解，引用了如下定义：

嵌入是用一个低维稠密向量来表示一个对象，使得这个向量能够表达相应对象的某些特征，同时向量之间的距离能反映对象之间的相似性。——王喆《深度学习推荐系统》

对于文本、简介和标签等简单的文本，可以采用基于文本的嵌入方法在已有语料上预训练模型，得到对应的词嵌入向量（如 word2vec 或者 BERT）；此外对于有明确关系的（如单词→文本→标签或关键词）可以采用对关键词 / 标签的向量均值来表示文本的向量。

对于基于内容的嵌入方法，主要是针对文本类型数据（对图像、音视频等多媒体数据嵌入方法，感兴趣的可以自行查阅相关技术）。图 3-3 是从 word2vec 到 BERT 的发展历史，从图 3-3 中可以看出自从 2013 年 word2vec 发行后，文本嵌入方法不断被优化。从开始的静态向量方法（如 word2vec、GloVe 和 FastText）发展为能根据上下文语义实现动态向量化的方法如（ELMo、GPT 和 BERT），其发展历程如图 3-3 所示。

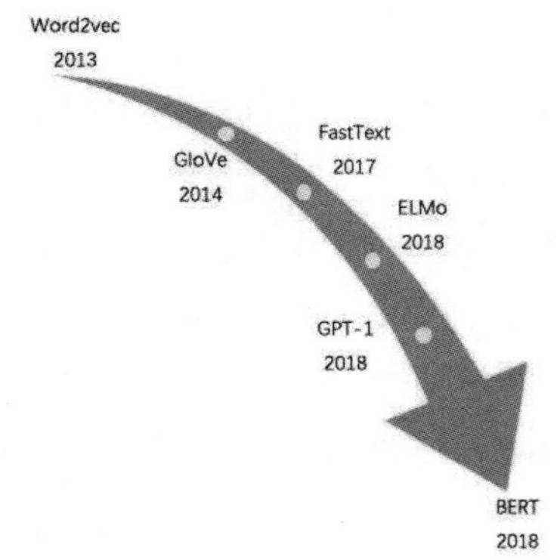

图 3-3 词嵌入方法的发展历程

2. 词嵌入的方法

所有词嵌入的方法均采用监督方法对未标记的单词向量化，在现实项目中，很少需要编程人员重新编写新的词训练算法，在大多数情况下，使用预先训练好的单词嵌入，并针对当前任务进行微调就可以了。通常，利用单词嵌入技术，可以完成以下三种语言处理任务，当然，方法并不局限于本书中所列举的示例：

- 在已知一个单词序列的前提下，预测下一个单词。
- 已知单词序列中前面的和后面的单词，预测中间缺失的单词。
- 给定单词序列，预测在窗口中将要出现的单词。

3. 词嵌入的效率

利用词嵌入能大幅度提高效率。在独热向量表示法中，向量的维度取决于词汇表的大小，在查找和计算的方法中，每个独热向量会与权重矩阵中的元素相乘，并计算每一行的和，权重矩阵的维数必须与独热向量的维数相同。向量维数越大，计算量的开销便越大。而词嵌入在较低维度空间中表示单词，相应的权重矩阵的维数也可以大幅降低，从而可以大幅度降低计算量和硬件开销，提高计算效率。根据相关文献资料的数据，词嵌入的典型维度大小通常为 25~500 维，具体维度限制的数目取决于 GPU 内存的大小。

3.3.2 word2vec 模型

2013 年 9 月，Tomas Mikolov 在其发表的论文“向量空间的单词表示”一文中，提出了 word2vector 模型。word2vector 利用相似向量反映出单词之间的相似性，解决了独热向量在实际应用中出现的问题，采用分布式假设学习词嵌入或单词的向量表示，在自然语言处理领域广为应用。

word2vector 是一个浅层的神经网络，只有两层，不能称其为深度神经网络，其输入为文本语料库，利用语料库生成输出向量，这些向量即为输入语料库中单词的特征向量。word2vector 将语料库中的语料转换成能被深度神经网络理解的数值向量。

word2vector 的目的是理解两个或多个单词同时出现的概率，从而将具有相似含义的单词组合在一起，在向量空间中形成一个聚类，通过从过去的数据和单词中学习，准确地理解出单词上下文的意思。

word2vector 为词汇表中的每一个单词生成唯一的“词嵌入”表示，在这种表示方法中句子中的每个单词的语境仅与其左侧（或右侧）单词的语境相关，是一种单向的模型表示方法。它又分为连续词袋模型（Continuous Bag-of-Words，CBOW）和跳字模型，这两种表示方法都是单向表示的单层神经网络，由一个输入层、一个隐含层和一个输出层构成。

1. 连续词袋模型 CBOW

CBOW 通过上下文的语境，对多个单词的中间词的向量做出预测，设置窗口大小来决定中间词与多大临域内的单词相关，中心词与窗口大小范围内的词共同组成训练样本，将训练样本输入模型中进行训练，从而获得相应的词向量。

CBOW 比 Skip-gram 模型速度更快，对于使用频度比较高的高频单词，生成的词向量更为准确，CBOW 连续词袋模型原理及公式推导在网上均能找到，在此不再赘述。

2. 跳词模型 Skip-gram

Skip-gram 模型使用序列中当前的单词来预测临近域中周围的单词，与 CBOW 的过程正好相反。临近域中周围的单词的得分基于语法关系和单词出现的频次。序列中出现的所有单词作为对数线性分类器的输入，分类器对中心词前后临近域中周围的单词做出预测。单词的选择与计算复杂性之间存在一定关系，单词间的距离越大，与当前词的相关性就越低，将权重指定为到中心词距离的函数，对词间距较小的单词分配较小的权重，来体现单词之间的相关性。跳词模型的原理及公式推导在网上均能找到，在此不再赘述。

3.3.3 Glo Ve

GloVe 是 Jeffrey Pennington 等人在其论文“单词的全局向量 GloVe 表示“（GloVe:Global Vectors for Word Representation”中提出的词向量表示方法，它是一种无监督的学习算法，建立在 Word2vector 的基础之上。如上所述，Word2vector 在生成词嵌入时，会有一个窗口函数，通过聚焦于窗口函数内的单词及其语境来预测单词，这反映出它的致命弱点：无法从全局，即整个语料库中出现的单词词频中学习，而 GloVe 则克服了 Word2vector 的局限性，它使用了全局的语义信息，可以查看到语料库中的全部单词。

GloVe 是一种基于计数的模型，通过对共现计数矩阵降维来学习向量。在处理语料库时，基于词频来构造矩阵，矩阵中的行为文档中出现的单词，列则是段落或独立的文档，矩阵的元素代表单词在文档中出现的频次。如果语料库很大的话，这个矩阵也相应会很大，处理维数巨大的矩阵会耗费大量的时间，占用大量的计算机内存资源，为此，必须进行矩阵的降维处理。降维处理之后，矩阵被分解为维数较小的矩阵，降维之后的新矩阵中，每个单词用一个向量来表示。

GloVe 是斯坦福大学开发的词嵌入技术，它将语境建模方法和矩阵分解二者有机地结合在一起，相比于 word2vec, golve 更容易并行化，所以速度更快。

3.4 句法分析

在介绍完词的表示方法之后，介绍文本中句子的分析和处理方法。众所周知，句子是由单词构成，单词按照主、谓、宾等基本结构构成了句子。句法分析也是自然语言处理中的基础性工作，它分析句子的句法结构（主、谓、宾结构）和词汇间的依存关系（并列、从属等）。通过句法分析，可以为语义分析、情感倾向、观点抽取等 NLP 应用场景打下坚实的基础。

句法分析不是一个自然语言处理任务的最终目标，但它往往是实现最终目标的关键环节。其目的为：

- 确定句子的语法结构。
- 句子中词汇之间的依存关系。

句法分析分为两类，一类是分析句子的主谓宾、定状补的句法结构。另一类是分析词汇间的依存关系，如并列、从属、 比较、递进等。

句法分析的主要任务有以下三种：

- 判断输出的字符串是否属于某种语言。
- 消除输入句子中词法和结构等方面的歧义。
- 分析输入句子的内部结构，如成分构成、上下文关系等。

句法分析有以下两个要素：

- 知识库构建。形式化的语法规则构成的规则库＋存储词条信息的词典或同义词表等，语法形式化属于句法理论研究的范畴，主要包括：上下文无关文法 (CFG) | 基于约束的文法（合一文法）。
- 基于知识库的解析算法。

3.4.1 句法分析的分类

1. 句法结构分析

句法结构分析，识别句子的主、谓、宾、定、状、补，并分析各成分之间的关系。

通过句法结构分析，能够分析出语句的主干，以及各成分间关系。而对于复杂语句，仅仅通过词性分析，不能得到正确的语句成分关系。

句法结构分析的标注如图 3-4 所示。

关系类型	标签	描述	示例
主谓关系	SBV	Subjecy-Verb	她请我吃一顿饭（她 <- 请吃）
动宾关系	VOB	直接宾语	她请我吃一顿饭（请 -> 吃）
间宾关系	IOB	间接宾语	她请我吃一顿饭（请 -> 我）
前置宾语	FOB	前置宾语	他什么活都干（活 <- 干）
兼语	DBL	Double	她请我吃饭（请 -> 饭）
定中关系	ATT	Attribute	黄香蕉（黄 <- 香蕉）
状中结构	ADV	Adverbial	十分完美（十分 <- 完美）
动补结构	CMP	Complement	完成了工作（完 -> 成）
并列关系	COO	Coordinate	黑土和白云（黑土 -> 白云）
介宾关系	POB	Preposition_Object	在创业园内（在 -> 内）
左附加关系	LAD	Left-adjunct	黑土和白云（和 <- 白云）
右附加关系	RAD	Right-adjunct	同学们（同学 -> 们）
独立结构	IS	Independent Structure	两个单句在结构上彼此独立
标点	WP	Punctuation	。
核心关系	HED	head	指整个句子的核心

图 3-4 句法结构分析的标注

2. 语意依存关系分析

语义依存关系分析，可以识别出词汇间的从属、并列、递进等关系，从而获得较深层的语义信息。

词与词之间依存关系描述 可以概括为关联、组合和转位这三大核心。句法关联建立起词与词之间的从属关系，这种从属关系由支配词和从属词联结而成，谓语中的动词是句子的中心并支配别的成分，它本身不受其他任何成分支配。

依存语法的本质是一种结构语法，它主要研究以谓词为中心而构句时由深层语义结构映现为表层语法结构的状况及条件，谓词与体词之间的同现关系，并据此划分谓词的词类。

语义依存关系偏向于介词等非实词的在语句中的作用，而句法结构分析则更偏向于名词、动词、形容词等实词。常用的依存句法结构图示有三种，如图 3-5 所示。

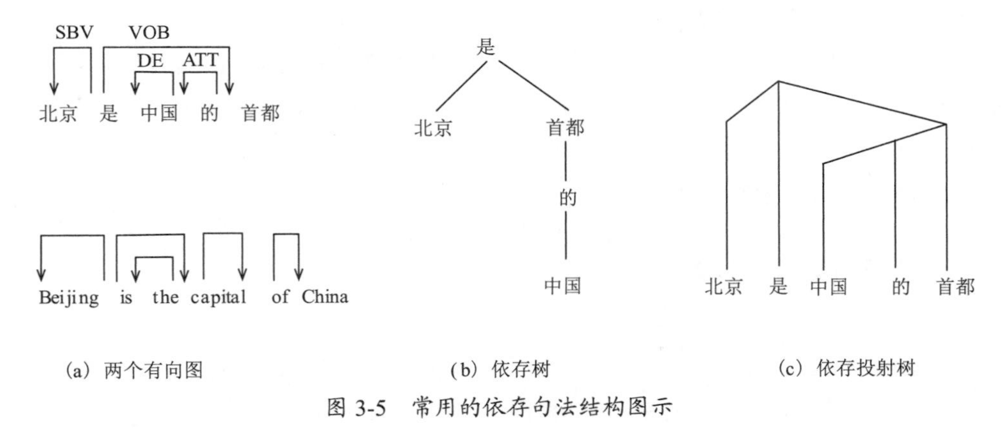

图 3-5 常用的依存句法结构图示

依存句法的四条公理：

- 一个句子只有一个独立的成分；
- 句子的其他成分都从属于某一成分；
- 任何一个成分都不能依存于两个或两个以上的成分；
- 如果成分 A 直接从属于成分 B，而成分 C 在句子中位于 A 和 B 之间，那么，成分 C 或者属于成分 A，或者从属于 B，或者从属于 A 和 B 之间的某一成分。

基于数据驱动的统计依存分析中具有代表性的三种方法：生成式依存分析方法、判别式依存分析方法和确定性依存分析方法。

- 生成性依存分析方法

生成式依存分析方法采用联合概率模型生成一系列依存语法树并赋予其概率分值，然后采用相关算法找到概率打分最高的分析结果作为最后输出。

生成式依存分析模型使用起来比较方便，它的参数训练时只在训练集中寻找相关成分的计数，计算出先验概率。但是，生成式方法采用联合概率模型，在进行概率乘积分解时做了近似性假设和估计，而且，由于采用全局搜索，算法的复杂度较高，因此效率较低，虽然此类算法在准确率上有一定优势。但是类似于 CYK 算法的推理方法使得此类模型不易处理非映射性问题。

- 判别式依存分析方法

判别式依存分析方法采用条件概率模型，避开了联合概率模型所要求的独立性假设（考虑判别模型 CRF 舍弃了生成模型 HMM 的独立性假设），训练过程即寻找使目标函数（训练样本生成概率）最大的参数 θ（类似 Logistic 回归和 CRF）。

判别式方法不仅在推理时进行穷尽搜索，而且在训练算法上也具有全局最优性，需要在训练实例上重复句法分析过程来迭代参数，训练过程也是推理过程，训练和分析的时间复杂度一致。

- 确定性依存方法

确定性依存分析方法以特定的方向逐次取一个待分析的词，为每次输入的词产生一个单一的分析结果，直至序列的最后一个词。

这类算法在每一步的分析中都要根据当前分析状态做出决策（如判断其是否与前一个词发生依存关系），因此，这种方法又称决策式分析方法。

3.4.2 PCFG 介绍

PCFG（Probabilistic Context Free Grammar，概率上下文无关文法，也称短语结构语法）：是把统计方法引入上下文语义无关语法规则系统而形成的语法规则系统。此种方法符合自然语言处理的基本思路：原则一，以形式语言处理的方法，唯有被形式化，才能被计算机计算；原则二，辅以概率侧度模型，不同于形式语言，自然语言具有高度歧义性，如何解决歧义问题呢，答案便是使用统计概率。

基于概率的上下文无关语法（PCFG）是一个五元组，其定义为（T，N，S，R，P）。可以看到，这基本上与 CFG 类似，只是多出来一个元素 p，表示在语料中规则出现的概率。使用 p 可以定义一棵语法树出现的概率为树中所有规则出现概率之积。这样一来，当一个句子在可选的范围内有多棵可能的语法树时，选择先验概率最大的那棵树，这样能最大程度避免解析错误。其中：

N 代表非终结符集合；

T 代表终结符集合；

S 代表初始非终结符；

R 代表产生规则集；

P 代表每个产生规则的统计概率。

基于 PCFG 的句法分析模型，满足以下三个条件。

- 位置不变性：子树的概率不依赖于该子树所管辖的单词在句子中的位置；
- 上下文无关性（Context-free）：子树的概率不依赖于子树控制范围以外的单词；
- 祖先无关性（Ancestor-free）：子树的概率不依赖于推导出子树的祖先节点。

根据上述文法，『He met Jenny with flowers』有两种可能的语法结构，如图 3-6 所示。

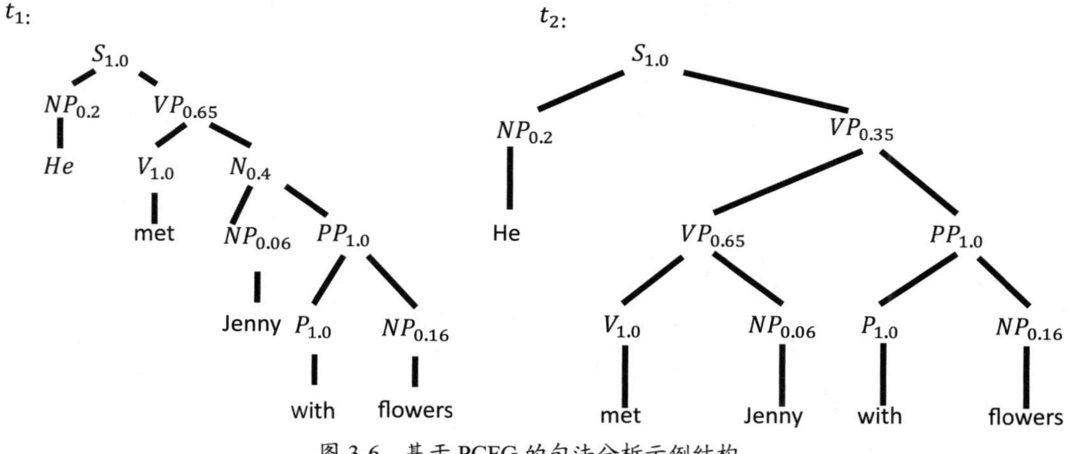

图 3-6　基于 PCFG 的句法分析示例结构

可以通过将树中的所有概率相乘，得到两棵子树的整体概率，从中选择概率更大的子树作为最佳结构。

PCFG 可解决的问题：

- 计算分析树的概率值；
- 对于有多个分析树的句子，可依据概率值对所有分析树进行排序；
- 用于句法排歧，在多个分析结果中选择概率值最大的。

PCFG 存在的问题：

- 给定上下文无关文法 G，如何计算句子 S 的概率，即如何求 *P*(*S*|*G*)，利用内向和外向算法解决；
- 给定上下文无关文法 G 以及句子 S，如何选择最佳句法树，即如何计算 argmaxTP (T/S,G)，使用 Viterbi 算法解决；
- 如何为文法规则选参数，从而使训练句子的概率最大，即如何计算 argmaxGP(S/G)，使用 EM 算法解决。

PCFG 模型不完全合理，比如初始非终结符的选取实际和上下文有关，基于此又提出了 PCFG_LA 算法，即带隐含标记的 PCFG 算法，*x* 就是隐含标记，取值范围一般是人为设定的，一般取 1 ～ 16 的整数，而且 PCFG-LA 也类似于 HMM 模型，原始非终结符对应 HMM 模型中的观察输出，而隐含标记对应 HMM 模型中的隐含状态。

3.4.3 CKY 算法

在计算机科学领域，CYK 算法（也称为 Cocke-Younger-Kasami 算法）是一种用来对上下文无关文法（CFG，Context Free Grammar）进行句法分析的算法。该算法最早由 John Cocke, Daniel Younger 和 Tadao Kasami 分别独立提出 CYK 算法是基于动态规划思想设计的一种自底向上语法分析算法。

CYK 算法为一个 CFL L 的 CNF 文法 G=(V,T,P,S)，输入是文本 T 中的字串 w=a_1 a_2...a_*n* 该算法在 O(n3) 时间内构造出一个表明 w 是否属于 L 的表。表的结构如图 3-7 所示。水平轴对应串 w=a_1 a_2...a_*n* 中的位置，图 3-7 中假定 *n*=5。x_ij 是满足 A⇒˙a_i˙a_(i+1)...a_j 的变元 A 的集合。特别地，如果 S 属于集合，那么 w 就属于 L，如图 3-7 所示。

x_{15}				
x_{14}	x_{25}			
x_{13}	x_{24}	x_{35}		
x_{12}	x_{23}	x_{34}	x_{43}	
x_{11}	x_{22}	x_{33}	x_{44}	x_{55}
a_1	a_2	a_3	a_4	a_5

图 3-7　CYK 算法查找表

为了填写这个表，可以一行一行，自下而上地处理。每一行对应一种长度的子串。最下面一行对应长度为1的子串，倒数第二行对应长度为2的子串，依此类推。最上面一行就对应长度为n的子串，即w本身。计算该表的任何一个表项的方法如下：

（1）对于最下面一行的表项，是使得A→a是G产生的变元A的集合。

（2）对于不在最下一行的表项，我们要找到符合以下条件的变元A的集合：

- 整数k满足$i \leqslant k<j$：
- B属于：
- C属于：
- A→BC是G的产生式。

以下是CYK算法的核心函数。整个程序还包含实现乔姆斯基范式的类、从文件读取乔姆斯基范式等关键功能的实现，由于篇幅原因不方便在此文中全部展示。

```
1   //**********************************************************************
2   //Use CYK aLgorithw to judge whether the string str is in the Chomsky normal form CFG
3   bool CYK(string str, const CNF& cnf) {
4       //Get each word in the string str
5       vector<string> sentence = split(str, ' ');
6       int wordCount » sentence.size();

        //ALLocate memory for CYKMat, a matrix of set storing all the parsing conditions of str[i..j]
        set<Variable>** CYKMat = new; set<Variable>*[wordCount + 1];
10      for (int i = 0; i <= wordCount; i++) {
11          CYKMat[i] = new set<Variable>[wordCount + 1];
12      }
14              //Preprocess the words, get the CYKMat[i][i]
15      for (int i = 1; i <=wordCount; i++) {
16          CYKMat[i][i] * cnf.produce(sentence[i - 1]);
17      }
        //CalcuLate the rest part of CYKMat
        //For each Length
20      for (int length = 2; length <= wordCount; length++) {
21          //For each starting position
            for (int i = 1; i <= wordCount - length + 1; i++) {
23              //For each MiddLe point of str[i..i+Length-1]
24              for (int k = I, k < i + length - 1; k++) {
                    //Get the set of variables that CYKMat[i][k] and CYKMat[k+1][i+Length-1] can
                    //produce
26              set<Variable>    tmp = cnf.produce(CYKMat[i][k], CYKMat[k + 1][i + length - 1]);
27                  //Union
28                  CYKMat[i][i + length - 1].insert(tmp.begin(), tmp.endO);
```

本章小结

在本章中对常用的文本表示技术做了全面的描述，从自然语言处理的n元模型（n-gram）和序列模型两个角度，描述文本的表示方法；在单词的表示方法中，介绍了独热向量、TF表示、TF-IDF表示和计算图表示四种常见的单词表示方法；最后，介绍了词嵌入、Word2Vec和GloVe三种词表征技术，由于篇幅的限制，只对各种技术做了综述性的简要描述，对这些技术有意做深入研究的读者，可以访问网络链接，对模型原理和实现代码做进一步的解读和研计。此外，简单描述了句法分析中的短语结构语法 PCFG 和 Cocke-Younger-Kasami 算法。

思考题

1. 自然语言处理领域有哪些典型的基于序列的语言模型？
2. 独热向量表示法的优缺点有哪些？
3. 计算图表示法的实质内容是什么？
4. 词嵌入的实质是什么？
5. 比较一下 word2vec 和 Glo Ve 的不同之处和各自的优缺点。
6. 简单描述句法分析的分类。
7. PCFG 算法存在哪些主要问题？

第二篇　自然语言处理中的深度学习算法

第 4 章　自然语言处理与深度学习

在前两章，描述了词的表示方式，即用词向量来表示单词，并把句子视为单词序列，在接下来的章节中，重点描述用当前先进的计算机处理技术，对词向量进行处理，通过各种不同的技术手段（包括算法和模型）提取出词向量的特征向量（特征向量中包含单词的各种特征信息），从而完成特定的自然语言处理任务。

在自然语言处理领域，当前各种技术层出不穷，各有千秋，举不胜举，在这里，从简单的神经网络开始，到深度神经网络的兴起，重点介绍基于卷积神经网络 CNN 的自然语言处理模型、基于循环神经网络 RNN 的自然语言处理模型和基于 LSTM 模型的自然语言处理模型，在这三种模型的基础上，引出本书的主题 BERT 模型。

纵观各种词处理模型和技术，其主要思路都是对词向量的处理，对词向量实现各种向量运算，如卷积、 内积或 Softmax，从而提取出特征向量。从本质上说，自然语言处理技术是向量的处理技术，将词向量映射为特征向量，实现文字特征提取，进一步完成诸如文本分析、关键字提取、情感分析、机器应答和文本生成等特定任务。

4.1　神经网络概述

在机器学习和自然语言处理领域，神经网络特指人工神经网络，人工神经网络计算模型的灵感来自动物的中枢神经系统（尤其是脑），并且用于估计依赖于大量的输入的未知近似函数。人工神经网络通常呈现为相互连接的“神经元”，它可以从输入计算出特征值，并且能够实现机器学习以及模式识别。

4.1.1　什么是神经网络

神经网络是一种由生物学启发的技术，受到人脑中发现的生物神经网络的启发，用数学的方法构建出类似人脑生物神经元的数学框架，以神经元为节点，从而构成神经网络，能够从文本、图像和其他事物中学习，执行特定学习任务并对文本做出准确预测。

最简单的神经网络模型由单个神经元组成， Star-Trek 将之命名为感知器。它包括一个简单的神经元，利用数学函数求出输入的加权和（在生物神经元中是枝状突起），并输出其结果（输出将等同于生物神经元的轴突）。感知器的输出是神经元输入的函数，在图 4-1 所示的神经元中，有三个输入 x_1、x_2 和 x_3;，每个输入对应各自的权重 w_1、w_2 和 w_3（权重 Weight

表示该输入的重要程度），输入 x_i 乘以各自的权重 w_i，神经元将函数应用于输入的加权和并输出结果，这就是神经网络的构成和主要原理，如图 4-1 所示。

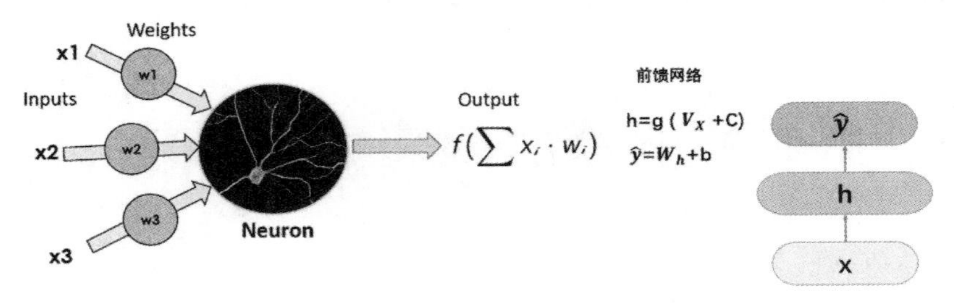

图 4-1　神经网络构成

4.1.2　神经网络的架构

神经网络的架构是指构成神经网络的主要构件，虽然不同种类的神经网络的具体构成各不相同，但其基本结构和主要组成基本不变。

人工神经网络主要架构是由多个神经元组成，神经元由输入层、隐含层和输出层三个部分组成。整个人工神经网络包含一系列基本的神经元、通过权重相互连接。神经元是人工神经网络最基本的单元。单元以层的方式组合，每一层的每个神经元和前一层、后一层的神经元连接，共分为输入层、输出层和隐含层，三层连接形成一个神经网络。

输入层只从外部环境接收信息，由输入单元组成，这些输入单元可接收样本中各种不同的特征信息。该层的每个神经元相当于自变量，不完成任何计算，只为下一层传递信息；隐含层介于输入层和输出层之间，这些层完全用于分析，其函数联系输入层变量和输出层变量，使其更适配数据。而最后，输出层生成最终结果，每个输出单元会对应到某一种特定的分类，为网络送给外部系统的结果值，整个网络由调整链接强度的程序来达成学习的目的，如图 4-2 所示。

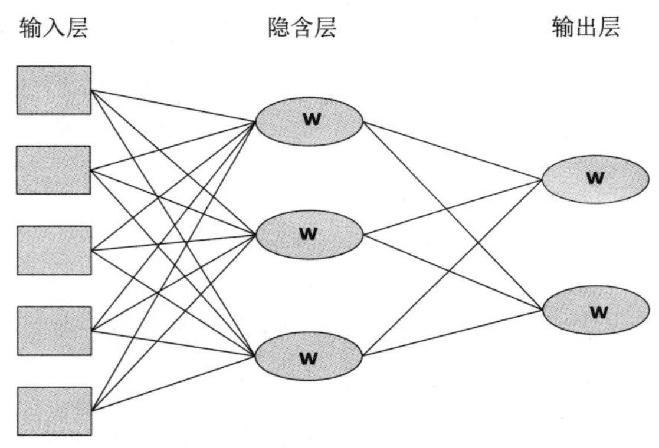

图 4-2　神经元的分层结构

通常，按照结构不同，有多种类型的神经网络型，在其研究报告“基于神经网络模型的自然语言处理入门”中，介绍了四种不同结构类型的神经网络。它们分别是：

- 全连接前馈神经网络，例如多层感知网络；

- 带有卷积和池化层的网络，例如卷积神经网络；
- 循环神经网络，例如长短时记忆网络；
- 递归神经网络。

在本章中，将分别对其做详细介绍。

4.1.3　训练神经网络

首先，将输入提供给输入层，然后，对输入层进行加权之后发送给隐含层的激活节点，激活节点将输入与各自的权重相乘，得到全部输入的加权和，同时计算出加权和的偏置。激活函数根据加权和生成激活值，将其传递给下一层的节点。如果下一层是另一个隐含层，则利用来自前一层的激活值作为输入，重复激活过程。如果处理层是输出层，则提供神经网络的输出。

1. 权重计算

权重是神经网络的训练过程中的一个重要概念，输入权重的变化直接影响神经网络的输出，如何找出最佳权重？神经网络通过自学习，能够找出最佳权重。为了更好地理解这一点，以线性回归为例，做一个详细说明。

线性回归是一种有监督的机器学习算法，适用于解决简单的回归问题。该算法假设输入和输出之间存在着线性关系，那么，可以认为：输入和输出变量之间存在着一条最佳拟合线，用这条拟合线对输入和输出做出精确的描述。通过这条拟合线，对下一步的输出做出预测。在只有一个输入的情况下，这条拟合线的等式可以表示为：

$$y=C+Mx$$

其中：y 为模型的目标输出；C 为 y 的截距；M 为模型系数；x 为输入。

模型系数是输入的附加值，它是决定输出的重要参数，这即是神经网络的权重，在神经网络的训练过程中，应确保权重系数的正确性，才能获得正确的预期结果，如何能够找出最佳权重？可以通过构造损失函数和梯度下降算法来实现。

2. 损失函数

损失函数又称为成本函数对于回归问题，损失函数计算实际值与预测值之间的误差，实际值与预测值之间的误差越小，即损失函数值越小，模型估计值越准确。从某种意义上说，利用定义损失函数，可以实现模型性能的自我评估。

在上述线性回归的拟合等式表示中，不同的模型系数 M，会直接影响输出的预测值，模型训练的目的：通过不断地调整不同的模型系数，找出使得损失函数最小的那个模型系数，便找到了模型的最优解。一旦损失函数达到了最小值，则在该点的模型系数被线性回归算法保存起来，作为算法线性预测的最优解。

损失函数有多种不同的定义方法，常见的有最小均方误差（用于回归问题）和对数损失（用于分类问题）。

均方误差函数计算实际值和预测值之间的均方差，即对实际值和预测值之间的差值求平方，然后对整个数据集求平均值，该函数的数学表达式如下：

$$\text{MSE}=\frac{1}{n}\sum_{i=1}^{n}[y_i-f(x_i)]^2$$

式中：n 为数据点的个数；y_i 为第 i 个实际值；x_i 为输入；$f()$ 为对输入执行的，产生输出的函数；$f(x_i)$ 为模型的预测值。

对数损失函数即对数似然损失，也称逻辑斯谛回归损失或交叉熵损失，是在概率估计上定义的损失函数，它常用于逻辑斯谛回归和神经网络，以及一些期望极大算法的变体，用于评估分类器的概率输出。

对数损失通过惩罚错误的分类，实现对分类器的准确度的量化，最小化对数损失基本等价于最大化分类器的准确度。为了计算对数损失，分类器必须提供对输入的所属的每个类别的概率值，对数损失函数的计算公式如下：

$$L[Y,P(Y|X)]=-\log P(Y|X)=-\frac{1}{N}\sum_{i=1}^{N}\sum_{j=1}^{M}y_{ij}\log(p_{ij})$$

式中：Y 为输出变量；X 为输入变量；L 为损失函数；N 为输入样本量；M 为可能的类别数，y_{ij} 为一个二值指标，表示类别 j 是否是输入实例 x_i 的真实类别；p_{ij} 为模型或分类器预测输入实例 x_i 属于类别 j 的概率。

3. 梯度下降算法

通过损失函数评估模型性能的过程也就是更新和最终选择模型系数的不断迭代过程，这个过程也就是利用梯度下降算法，寻求使得损失函数最小的最优化模型系数解的过程。

假设这样一个场景：一个人需要从山的某处开始下山，尽快到达山底。在下山之前他需要确认两件事：

（1）下山的方向；

（2）下山的距离。

这是因为下山的路有很多，他必须利用一些信息，找到从该处开始最陡峭的方向下山，这样可以保证他尽快到达山底。此外，这座山最陡峭的方向并不是一成不变的，每当走过一段规定的距离，他必须停下来，重新利用现有信息找到新的最陡峭的方向。通过反复进行该过程，最终抵达山底。

这一过程形象地描述了梯度下降法求解无约束最优化问题的过程，下面将例子中的关键信息与梯度下降法中的关键信息对应起来：山代表需要优化的函数表达式；山的最低点就是该函数的最优值，也就是我们的目标；每次下山的距离代表后面要解释的学习率；寻找方向利用的信息即为样本数据；最陡峭的下山方向则与函数表达式梯度的方向有关，之所以要寻找最陡峭的方向，是为了满足最快到达山底的限制条件；细心的读者可能已经发现上面还有一处加粗的词组：某处——代表了我们给优化函数设置的初始值，算法后面正是利用这个初始值进行不断的迭代求出最优解。

这就是梯度算法的基本原理，通过将损失函数与模型系数和 y 截距的可能值进行比较，从模型系数的指定值开始，计算此点的梯度。这个梯度告诉模型应该向哪个方向移动来更新系数，以便更接近全局最小值。通过梯度下降法找到移动方向之后，向这个方向移动一小步，得到新的模型系数。如此这般，每一次更新模型系数后，计算梯度，得到下一步的移动方向和步长；每走一步，都会检查此步是否提供了最陡的下降；每走一步，都会得到更新后的模型系数，并计算出该点的梯度。重复这一过程，直到梯度值在多次迭代中不再改变，这意味着该算法已经达到全局最小值并已经收敛，此时得到的模型系数即为线性方程组中的最优化模型系数，如图 4-3 所示。

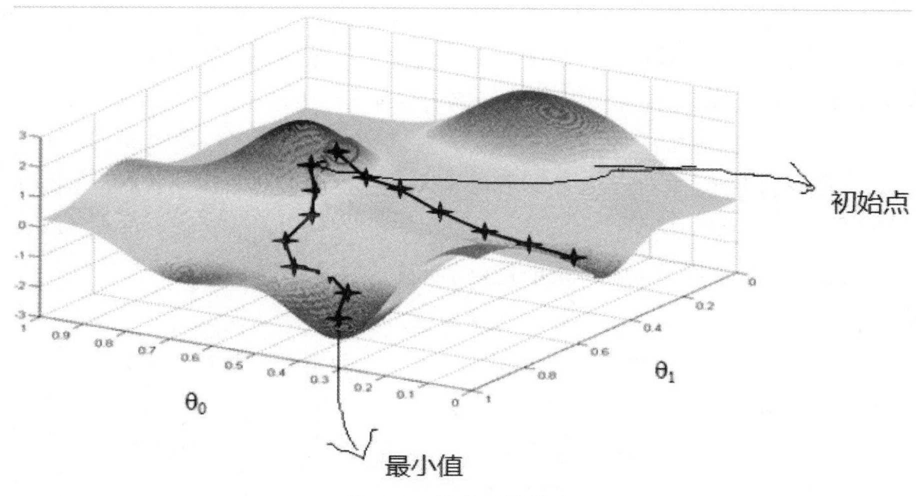

图 4-3　梯度下降算法

梯度下降法的算法可以用代数法和矩阵法（也称向量法）两种方法表示，如果对矩阵分析不熟悉，则代数法更加容易理解。不过矩阵法更加简洁，且由于使用了矩阵，实现逻辑更加一目了然。其中内容涉及数学公式，这里不再详细列出，算法代码也更容易在网上找到。

在使用梯度下降时，需要进行调优。哪些地方需要调优呢？

- 算法的最优步长选择。在前面的算法描述中，提到取步长为 1，但是实际上取值取决于数据样本，可以多取一些值，从大到小，分别运行算法，看看迭代效果，如果损失函数在变小，说明取值有效，否则要增大步长。如果步长太大，会导致迭代过快，甚至有可能错过最优解；步长太小的话，迭代速度太慢，很长时间算法都不能结束。所以算法的步长需要多次运行后才能得到一个较为优的值。
- 算法参数的初始值选择。 初始值不同，获得的最小值也有可能不同，因此梯度下降求得的只是局部最小值；当然如果损失函数是凸函数则一定是最优解。由于有局部最优解的风险，需要多次用不同初始值运行算法，关键是根据损失函数的最小值，来选择损失函数最小化的初值。
- 归一化。由于样本不同特征的取值范围不一样，可能导致迭代很慢，为了减少特征取值的影响，可以对特征数据归一化，也就是对于每个特征 x，求出它的期望 $\bar{x}$ 和标准差 $std(x)$，然后转化为：$\frac{x-\bar{x}}{std(x)}$。

这个特征的新期望为 0，新方差为 1，迭代速度可以大大加快。

4. 反向传播

线性回归是最基本的神经网络，它没有隐含层，只有激活函数（线性函数），学习过程即上述过程——利用梯度下降法不断更新权重，找出使损失函数最小的那个模型系数，通过求出损失函数的全局最小值来最小化误差。

当处理更大，更为复杂的非线性神经网络时，计算出的损失会通过网络返回每一层，之后再开始权重更新过程。模型损失向后传播，因此称为反向传播（Back Propagation，BP）。

深度神经网络中的神经元由输入数据和激活函数组成，激活函数决定激活节点所需的值。神经元的激活值是由几个分量计算出来的，这些分量是输入的加权和，权重和输入值取决于用于计算激活节点的索引。反向传播过程决定了模型训练过程的最终决策，进而决定这些决策中的错误，通过对比网络的输出 / 决策和网络的预期 / 期望输出来计算误差。

一旦计算出网络决策中的错误，信息就会通过网络反向传播，网络的参数也随之改变。用于更新网络权值的方法基于微积分，特别是基于链式规则。然而，理解微积分并不是理解反向传播的必要条件。只需知道，当一个神经元提供一个输出值时，输出值的斜率是通过传递函数计算出来的，从而产生一个导出的输出。

当操作输出层的神经元时，类值被用作期望值。计算出网络误差后，必须更新网络中的权重。“梯度下降”是更新权重以降低错误率的过程。利用反向传播方法预测神经网络参数与误差率之间的关系，建立梯度下降网络。训练一个具有梯度下降的网络，需要通过前向传播计算权值，反向传播误差，然后更新网络权值。反向传播函数的表达式如下：

$$F(x)=X\ \{Y[Z(x)]\}$$

其中，X、Y、Z 为激活函数；$F(x)$ 为一个复合函数。

反向传播算法的核心是，通过定义神经元误差这个特殊变量。从输出层开始将神经元误差逐层反向传播神经元误差。再通过公式利用神经元误差计算出权重和偏置的偏导数。

梯度下降是手段，目的是解决损失函数求最小值的问题；而反向传播算法，是计算梯度的手段，主要是为了简化导数计算，使用输出层的误差反向计算出之前层的误差。

梯度下降是解决最小值问题的一种方式，而反向传播是解决梯度计算的一种方式。反向传播的过程即是利用梯度下降算法和损失函数更新权重的过程。

4.1.4 深度神经网络

深度神经网络的概念源于人工神经网络的研究。通常，含多个隐含层的多层感知器就是一种深度学习结构。深度神经网络通过组合低层特征形成更加抽象的高层表示属性、类别或特征，以发现数据的分布式特征表示。

多层神经网络是指单计算层感知器只能解决线性可分问题，而大量的分类问题是线性不可分的。克服单计算层感知器这一局限性的有效办法：在输入层与输出层之间引入隐含层（隐含层个数可以不小于 1）作为输入模式的“内部表示”，从而将单计算层感知器变成多（计算）层感知器，如图 4-4 所示。

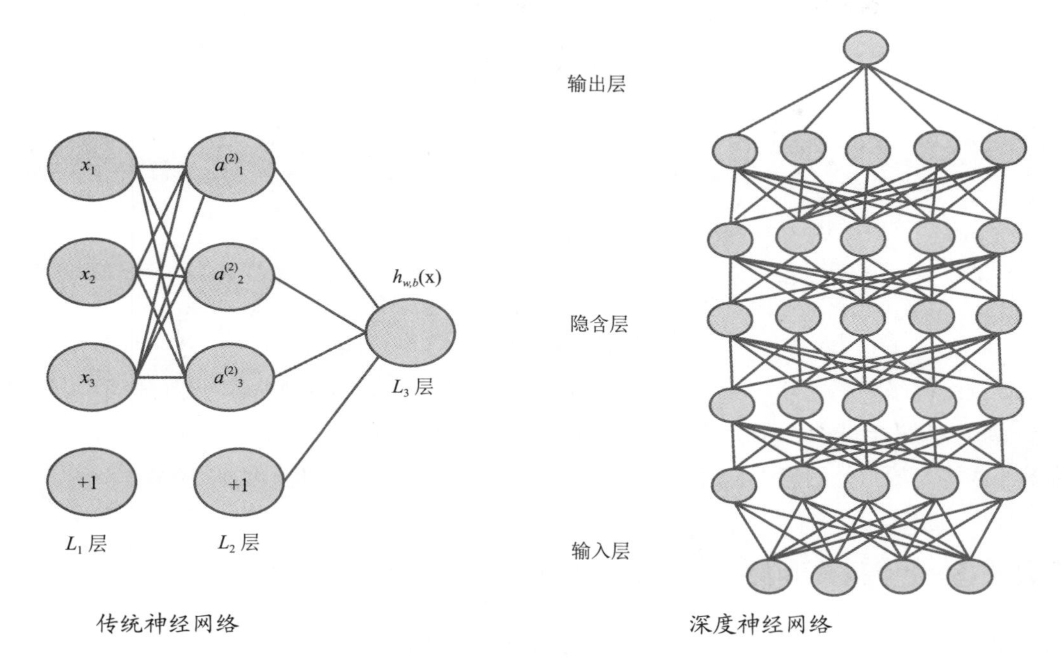

图 4-4　传统神经网络和深度神经网络的对比

深度学习是基于深信度网 (DBN) 提出非监督贪心逐层训练算法，为解决深层结构相关的优化难题带来了希望，随后提出多层自动编码器深层结构。此外，Lecun 等人提出的卷积神经网络是第一个真正多层结构学习算法，它利用空间相对关系减少参数数目以提高训练性能。

深度学习是机器学习研究中的一个新的领域，其动机在于建立、模拟人脑进行分析学习的神经网络，它模仿人脑的机制来解释数据，例如图像、声音和文本。深度学习下实现的算法模拟人脑中的激励信号与神经元之间的关系，从而实现计算机视觉、语言翻译、语音识别等方面的特定任务。

绝大多数深度学习算法基于神经网络的概念，如今大量的数据集和丰富的计算资源使得深度神经网络的训练更加方便，随着数据规模的不断扩大，深度学习的性能也在不断提高。

深度神经网络和普通神经网络本质上具有相似的结构，深度神经网络的“深”字是指神经网络结构的深度，与普通神经网络相比，深度神经网络采用多个隐含层（N>3 层）的神经网络，辅之以反向传播方式。在人工智能的自然语言处理领域，可以用图 4-5 来形象地描述深度学习和神经网络之间的关系。

在本小节中，介绍了神经网络和深度神经网络的基本概念。神经网络是类似于人脑神经元生物网络的人工表示，具有多层感知器隐含层的神经网络称为深度神经网络，这两种技术相结合，引领着自然语言处理技术的新发展方向，已广泛地应用于机器翻译、智能应答和文件检索等多个领域。

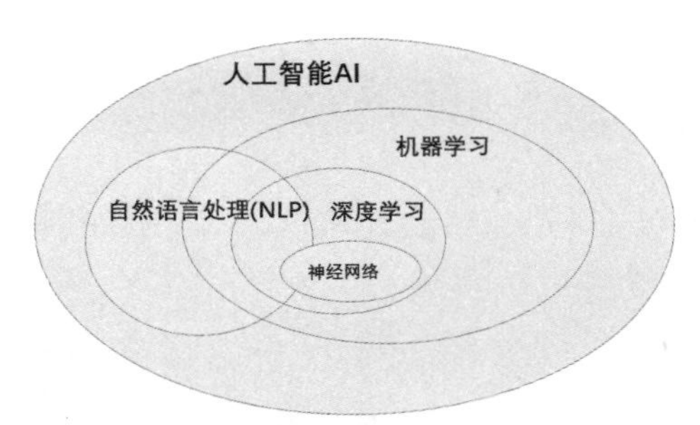

图 4-5　深度学习和神经网络的关系

在神经网络训练部分，同时介绍了损失函数、梯度下降算法和反向传播等基础知识，在下一小节中将进一步介绍基于卷积神经网络 CNN、基于循环神经网络 RNN 和基于 LSTM 模型等不同类型的神经网络，它们各自的原理、架构、特点以及在自然语言处理领域的应用。

4.2　基于卷积神经网络 CNN 的自然语言处理模型

2015 年，卷积神经网络在数字图像处理领域取得成功之后，带动了在自然语言处理领域的应用，在自然语言处理领域，涌现出诸多卷积神经网络应用的论文。在本小节中，对卷积神经网络的原理及其在自然语言处理领域的应用做了概述。

4.2.1　CNN 概述

卷积神经网络的灵感来自神经科学家在研究哺乳动物的视觉皮层时，发现视觉皮层由多层神经元组成，这些层以分层结构排列，从而组成复杂的神经元。

卷积神经网络是一种带有卷积结构的深度神经网络，包含一个或多个“卷积”层，卷积结构可以减少深层网络占用的内存量，它包括三个关键的操作：一是局部感受野；二是权值共享；三是池化层。这三个操作有效地减少了网络的参数个数，缓解了模型的拟合问题。

卷积神经网络是一种多层的监督学习神经网络，隐含层的卷积层和池采样层是实现卷积神经网络特征提取功能的核心模块。该网络模型通过采用梯度下降法求最小化损失函数，对网络中的权重参数逐层反向调节，通过频繁的迭代训练提高网络的精度。卷积神经网络的低层由卷积层和最大池采样层交替组成，高层是全连接层对应传统多层感知器的隐含层和逻辑回归分类器。第一个全连接层的输入是由卷积层和子采样层进行特征提取得到的特征值，最后一层输出层是一个分类器，可以采用逻辑回归 Softmax 回归甚至是支持向量机对输入进行分类。

卷积神经网络结构包括卷积层、池化层、全链接层。每一层有多个特征图，每个特征图通过一种卷积滤波器提取输入的一种特征，每个特征图有多个神经元。

4.2.2　CNN 架构

基础的 CNN 由卷积、激活和池化三种结构组成。CNN 输出的结果是每幅图像的特定特征空间。当处理图像分类任务时，我们会把 CNN 输出的特征空间作为全连接层或全连接神经网络（Fully Connected Neural Network，FCN）的输入，用全连接层来完成从输入图像到标签集的映射，即分类。当然，整个过程最重要的工作就是如何通过训练数据迭代调整网络权重，也就是后向传播算法。目前主流的卷积神经网络（CNN），比如 VGG、ResNet 都是由简单的 CNN 调整、组合而来。

图 4-6 显示的是 CNN 的基础结构，卷积神经网络的隐含层包含卷积层、池化层和全连接层 3 类常见构筑。在一些更为现代的算法中可能有 Inception 模块、残差块等复杂结构。在常见的架构中，卷积层和池化层为卷积神经网络所特有。卷积层中的卷积核包含权重系数，而池化层不包含权重系数。现在大型深层的卷积神经网络 (CNNs, 请注意这里是复数) 通常由多个上述结构前后连接、层内调整组成，根据功能不同，称这些前后连接的结构处于不同阶段。虽然在主流 CNNs 中，不同 Stage 里 CNN 会有不同的单元和结构，比如卷积核大小可能不同，激活函数可能不同，Pooling 操作可能不存在，图 4-6 中所示的 CNN 结构应当能够包含所有的情况。

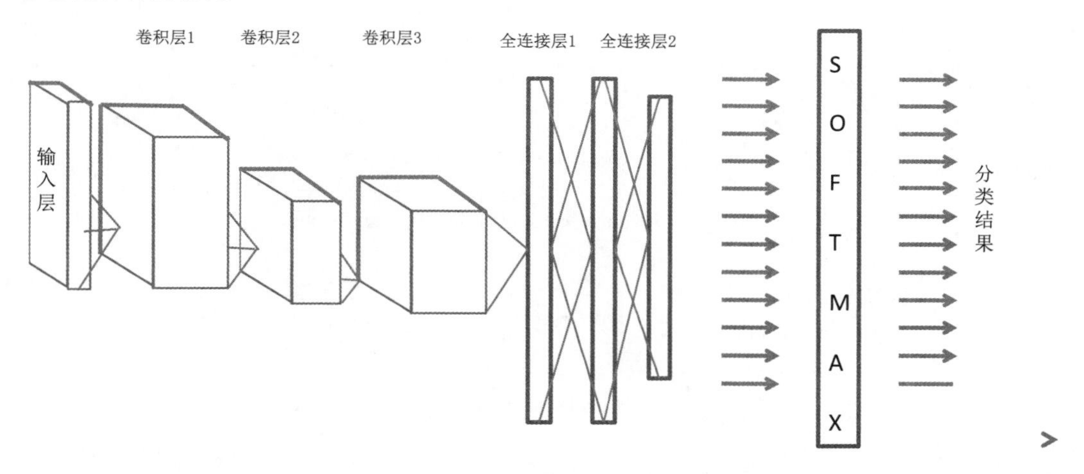

图 4-6　卷积神经网络的基础架构

一个 Stage 中的一个 CNN，通常会由三种映射空间组成。

- 输入映射空间；
- 特征映射空间；
- 池化映射空间；

循环卷积神经网络首先是对输入进行特征提取，在特征提取过程中，模型试图了解输入的哪些特征能与其他类别区别开来，特征提取通过一组重复多次的三个操作来实现。

- 卷积操作；
- 激活函数（利用 ReLU 函数实现非线性）；
- 池化。

（1）卷积

卷积神经网络中最基础的操作是卷积运算，卷积运算是卷积神经网络与其他神经网络相区别的一种运算，再精确一点，基础 CNN 所用的卷积是一种 2-D 卷积。

卷积操作通过一个称为“卷积核”的窗口函数对输入进行过滤和特征提取，卷积核是一个维度更小的窗口函数，通过卷积核在二维空间的上下平移，计算出卷积核覆盖区域的点乘积，卷积的结果称为特征图或激活图。

卷积操作通常用星号表示，写作：

$$s_{(t)}=(x \times w)_{(t)}$$

在实际使用中，经常在多个轴上使用卷积，因此上式也需要根据实际情况进行修改。例如，如果使用二维图像作为输入，会用到二维内核 K，如图 4-7 所示。

$$S(i,j)=(K \times I)(i,j)=\sum_m \sum_n I(i-m,j-n)K(m,n)$$

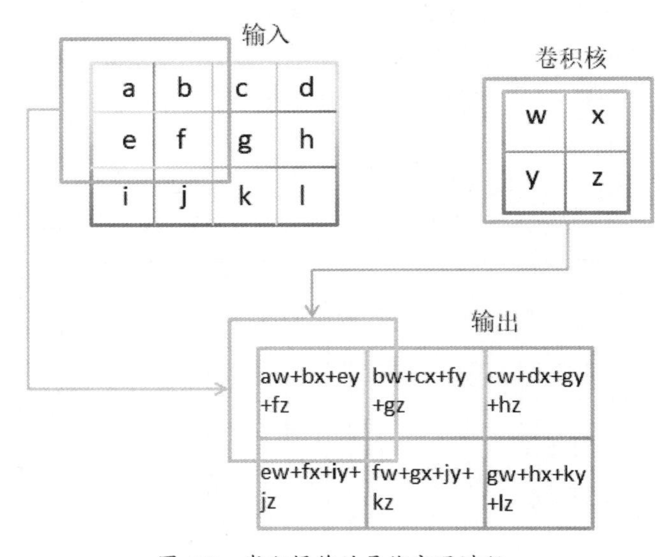

图 4-7　卷积操作的具体实现过程

卷积核的大小被定义为超参数，可以将卷积核的大小视为神经元可以“看到”的输入区域，区域的大小取决于卷积核的大小，称为神经元的“感受野”，其含义可类比视觉皮层细胞的感受野，卷积核在工作时，会有规律地扫过输入特征，在感受野内对输入特征做矩阵元素乘法求和并叠加偏差量。

卷积层参数包括卷积核大小、步长和填充，三者共同决定了卷积层输出特征图的尺寸，是卷积神经网络的超参数。其中卷积核大小可以指定为小于输入图像尺寸的任意值，卷积核越大，可提取的输入特征越复杂。

卷积步长定义了卷积核相邻两次扫过特征图时位置的距离，卷积步长为 1 时，卷积核会逐个扫过特征图的元素，步长为 n 时会在下一次扫描跳过 $n-1$ 个像素。

由卷积核的交叉相关计算可知，随着卷积层的堆叠，特征图的尺寸会逐步减小，例如 16×16 的输入图像在经过单位步长、无填充的 5×5 的卷积核后，会输出 12×12 的特征图。

为此，填充是在特征图通过卷积核之前人为增大其尺寸以抵消计算中尺寸收缩影响的方法。常见的填充方法为按 0 填充和重复边界值填充。填充依据其层数和目的可分为四类。

- 有效填充：即完全不使用填充，卷积核只允许访问特征图中包含完整感受野的位置。输出的所有像素都是输入中相同数量像素的函数。使用有效填充的卷积被称为“窄卷积”。
- 相同填充 / 半填充：只进行足够的填充来保持输出和输入的特征图尺寸相同。相同填充下特征图的尺寸不会缩减，但输入像素中靠近边界的部分相比于中间部分对于特征图的影响更小，即存在边界像素的欠表达。使用相同填充的卷积被称为“等长卷积”。
- 全填充：进行足够多的填充使得每个像素在每个方向上被访问的次数相同。步长为 1 时，全填充输出的特征图尺寸为 $L+f-1$，大于输入值。使用全填充的卷积被称为“宽卷积”。
- 任意填充：介于有效填充和全填充之间，人为设定的填充，较少使用。

（2）ReLU 激活函数

卷积之后，通常会加入偏置，并引入非线性激活函数，这里定义偏置为 b，激活函数是 $h()$，经过激活函数后，得到如下结果：

$$z_{x,y}=h(\sum_{i=1}^{p\times q} w_i v_i+b)$$

类似于其他深度学习算法，卷积神经网络通常使用修正线性单元（Rectified Linear Unit，ReLU），其他类似 ReLU 的变体包括有斜率的 ReLU（Leaky ReLU，LReLU）、参数化的 ReLU（Parametric ReLU，PReLU）、随机化的 ReLU（Randomized ReLU，RReLU）、指数线性单元（Exponential Linear Unit，ELU）等。在 ReLU 出现以前，通常利用 Sigmoid 函数和双曲正切函数作为激活函数。

- 修正线性单元 (ReLU): $h(z)=\max(0, z)$
- Sigmoid 函数：$h(z)=1/(1+e^{-z})$
- tanh 函数：$h(z)=\tanh(z)$

在实际项目中，可以对 ReLU 进行可视化操作，预期输出如图 4-8 所示。

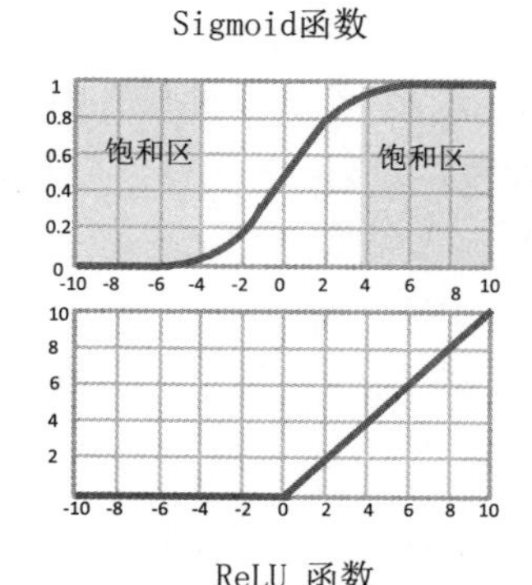

图 4-8　ReLU 激活函数的可视化

（3）池化

池化，是一种降采样操作，主要目标是降低特征映射空间的维度，即高维空间到低维空间的降维，或者可以认为是降低特征映射的分辨率。由于特征映射参数太多，不利于高层特征的抽取，池化操作可以降低卷积层的空间复杂性，降低学习的权重，从而加快训练的时间。

历史上，曾经使用过不同的池化技术，如图 4-9 所示，主要的池化操作有以下几个方面。

- 最大值池化：如图 4-9 所示，2×2 的最大值池化就是取 4 个像素点中最大值保留。
- 平均值池化：如图 4-9 所示，2×2 的平均值池化就是取 4 个像素点中平均值值保留。
- L2 池化：即取均方值保留。

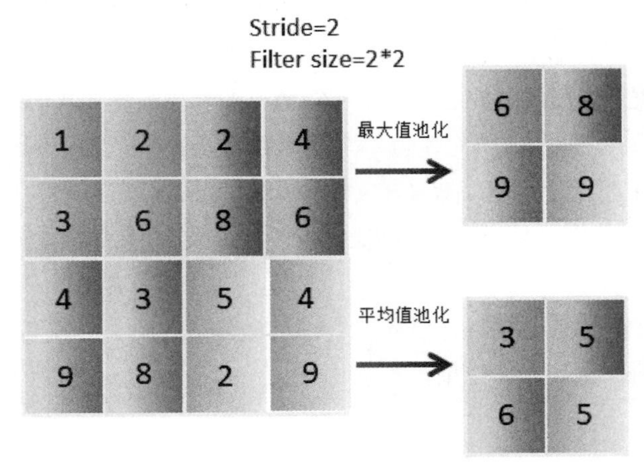

图 4-9　三种不同的池化技术

通常，最大值池化是首选的池化技术，池化操作会减少参数，降低特征图的分辨率，在计算力足够的情况下，这种强制降维的技术是非必需的，只有一些大型的 CNN 网络会用到池化技术。

（4）全连接层

如果卷积网络输入是 224×224×3 的图像，经过一系列的卷积层和池化层（因为卷积层增加深度维度，池化层减小空间尺寸），尺寸变为 7×7×512，之后需要输出类别分值向量，计算损失函数。假设类别数量是 1 000（ImageNet 是 1 000 类），则分值向量可表示为特征图 1×1×1 000。如何将 7×7×512 的特征图转化为 1×1×1 000 的特征图呢？最常用的技巧是全连接方式，即输出 1×1×1 000 特征图的每个神经元（共 1 000 个神经元）与输入的所有神经元连接，而不是局部连接。每个神经元需要权重的数量为 7×7×512=25 088，共有 1 000 个神经元，所以全连接层的权重总数为：25 088×1 000=25 088 000，参数如此之多，很容易造成过拟合，这是全连接方式的主要缺点。

全连接层的实现方式有两种：一种方式是把输入 3D 特征图拉伸为 1D 向量，然后采用常规神经网络的方法进行矩阵乘法；另一种方式是把全连接层转化成卷积层，这种方法更常用，尤其是在物体检测中。

全连接层和卷积层中的神经元都是计算点积和非线性激活，函数形式是一样的，唯一的差别在于卷积层中的神经元只与输入数据中的一个局部区域连接，并且采用参数共享；而全连接层中的神经元与输入数据中的全部区域都连接，并且参数各不相同。因此，两者是可能相互转化的。

4.2.3　CNN 的优缺点

- 具有一些传统技术所没有的优点：良好的容错能力、并行处理能力和自学习能力，可处理环境信息复杂、背景知识不清楚、推理规则不明确情况下的问题，允许样品有较大的缺损、畸变，运行速度快，自适应性能好，具有较高的分辨率。它是通过结构重组和减少权值将特征抽取功能融合进多层感知器，省略识别前复杂的图像特征抽取过程；
- 泛化能力要显著优于其他方法，卷积神经网络已被应用于模式分类、物体检测和物体识别等方面。利用卷积神经网络建立模式分类器，将卷积神经网络作为通用的模式分类器，直接用于灰度图像；
- 一个前馈式神经网络，能从一个二维图像中提取其拓扑结构，采用反向传播算法来优化网络结构，求解网络中的未知参数；
- 一类特别设计用来处理二维数据的多层神经网络。CNN 被认为是第一个真正成功地采用多层层次结构网络的鲁棒深度学习方法。CNN 通过挖掘数据空间上的相关性，来减少网络中可训练参数的数量，达到改进前向传播网络的反向传播算法效率，因为 CNN 需要非常少的数据预处理工作，所以也被认为是一种深度学习的方法。在 CNN 中，图像中的小块区域（也叫作“局部感知区域”）被当作层次结构中的底层输入数据，信息通过前向传播经过网络中的各个层，在每一层中都由过滤器构成，以便能够获得观测数据的一些显著特征。因为局部感知区域能够获得一些基础的特征，比如图像中的边界和角落等，这种方法能够提供一定程度对位移、拉伸和旋转的相对不变性；
- CNN 中层次之间的紧密联系和空间信息使得其特别适用于图像的处理和理解，并且能够自动地从图像抽取出丰富的相关特性；
- CNN 通过结合局部感知区域、共享权重、空间或者时间上的降采样来充分利用数据本身包含的局部性等特征，优化网络结构，并且保证一定程度上的位移和变形的不变性；
- CNN 是一种深度的监督学习下的机器学习模型，具有极强的适应性，善于挖掘数据局部特征，提取全局训练特征和分类，它的权值共享结构网络使之更类似于生物神经网络，在模式识别各个领域都取得了很好的成果；
- CNN 可以用来识别位移、缩放及其他形式扭曲不变性的二维或三维图像。CNN 的特征提取层参数是通过训练数据学习得到的，所以其避免了人工特征提取，而是从训练数据中进行学习；其次同一特征图的神经元共享权值，减少了网络参数，这也是卷积网络相对于全连接网络的一大优势。共享局部权值这一特殊结构更接近于真实的生物神经网络使 CNN 在图像处理、语音识别领域有着独特的优越性，另一方面权值共享同时降低了网络的复杂性，且多维输入信号（语音、图像）可以直接输入网络的特点避免了特征提取和分类过程中数据重排的过程；
- CNN 的分类模型与传统模型的不同点在于其可以直接将一幅二维图像输入模型中，接着在输出端即给出分类结果。其优势在于不需复杂的预处理，将特征抽取，模式分类完全放入一个黑匣子中，通过不断的优化来获得网络所需参数，在输出层给出所需分类，网络核心就是网络的结构设计与网络的求解，这种求解结构比以往多种算法性能更高；

• 隐含层的参数个数和隐含层的神经元个数无关，只和滤波器的大小和滤波器种类的多少有关。隐含层的神经元个数和原图像，也就是输入的大小（神经元个数）、滤波器的大小和滤波器在图像中的滑动步长都有关。

4.2.4 CNN 在自然语言处理领域的应用

在自然语言处理领域，最适合卷积神经网络（CNNs）的莫过于分类任务，如语义分析、垃圾邮件检测和话题分类。卷积运算和池化会丢失局部区域某些单词的顺序信息，因此纯 CNN 的结构框架不太适用于 PoS Tagging 和 Entity Extraction 等顺序标签任务。本小节以文本分类为例，介绍卷积神经网络在 NLP 领域的一个基本使用方法。

所谓文本分类，就是使用计算机将一篇文本分为 a 类或者 b 类，属于分类问题的一种，同时也是 NLP 中较为常见的任务。

一般来说一篇文本可以被视为一个词语序列的组合，比如有篇文本内容是 '改革创新，合作共赢'。可以将其转换为（'改革'，'创新'，'合作'，'共赢'）这样一个文本序列，显然这个序列是一个一维的向量，不能直接使用 CNN 进行处理。

但是如果使用词向量的方式将其展开，假设在某词向量 '改革' =（1.1,2.1）、'创新' =（1.5,2.9）、'合作' =（2.7,3.1）、'共赢' =（2.9,3.5），那么（'改革'，'创新'，'合作'，'共赢'）这个序列就可以改写成（（1.1,2.1）、（1.5,2.9）、（2.7,3.1）、（2.9,3.5））、显然原先的文本序列是 4×1 的向量，改写之后的文本可以表示为一个 4×2 的矩阵。推而广之任何以文本序列都可以表示为 $m \times d$ 的数组，m 维文本序列的词数，d 维词向量的维数。

本书前一章介绍了词向量、卷积神经网络等概念，提出可以将文本转换成一个由词序列和词向量嵌套而成的二维矩阵，通过卷积神经网络 CNN 对其进行处理，下面以文本分类任务为例，举例说明如何设计该神经网络的架构。

整个过程主要分为以下 3 步，如图 4-10 所示。

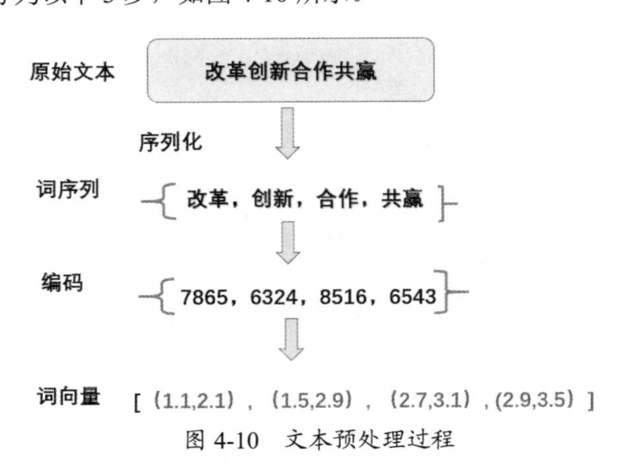

图 4-10 文本预处理过程

（1）将原始文本分词并转换成词序列；

（2）将词序列转换成以词编号（每个词表中的词都有唯一编号）为元素的序列；

（3）将词的编号序列中的每个元素（某个词）展开为词向量的形式。

图 4-10 以“改革创新，合作共赢”这一文本为例，介绍了将其转换成词向量为元素的序

列表示，最后得到了一个 2 维矩阵，该矩阵可用于后续神经网络的训练等操作，如图 4-11 所示。

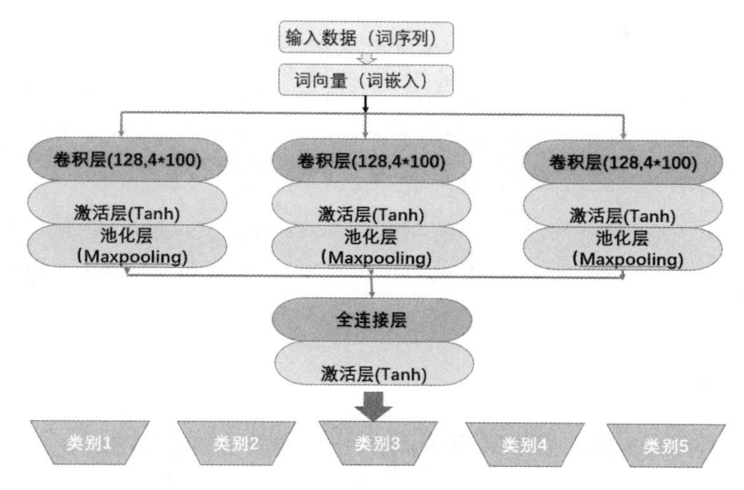

图 4-11　卷积神经网络的训练过程

在图 4-11 中，第一层为数据输入层，将文本序列展开成词向量的序列，之后连接卷积层、激活层、池化层，这里的卷积层因为卷积窗口大小不同，平行放置了三个卷积层。之后是全连接层和激活层，激活层采用 Softmax 并输出该文本属于某类的概率。

编程实现所需的框架和数据集如下。

- 框架：采用 keras 框架来编写神经网络，关于 keras 的介绍请参见 keras 中文文档；
- 数据集：文本训练集来自 20_newsgroup, 该数据集包括 20 种新闻文本；
- 词向量：虽然 keras 框架已经有 embedding 层，但是本文采用 glove 词向量作为预训练的词向量。

部分代码展示如图 4-12 所示。

```
1  '''本程序将训练得到一个20类的文本分类器，数据来源是 20 Newsgroup dataset
2  GloVe词向量的下载地址如下：
3  http://nlp.stanford.edu/data/glove.6B.zip
4
5  20 Newsgroup数据集来自于：
6  http://www.cs.cmu.edu/afs/cs.cmu.edu/project/theo-20/www/data/news20.html
7  '''
8
9  from __future__ import print_function
10 import os
11 import numpy as np
12 np.random.seed(1337)
13
14 from keras.preprocessing.text import Tokenizer
15 from keras.preprocessing.sequence import pad_sequences
16 from keras.utils.np_utils import to_categorical
17 from keras.layers import Dense, Input, Flatten
18 from keras.layers import Conv1D, MaxPooling1D, Embedding
19 from keras.models import Model
20 from keras.optimizers import *
21 from keras.models import Sequential
22 from keras.layers import Merge
```

图 4-12　卷积神经网络部分代码展示

4.3 基于循环神经网络 RNN 的自然语言处理模型

循环神经网络（Recurrent Neural Network，RNN）是一类以序列数据（数据模式随时间变化的时变序列）为输入，在序列的演进方向进行递归且所有节点（循环单元）按链式连接的神经网络 。通常，与时序数据无关的问题可以用卷积神经网络 CNN 来解决，而与时序数据相关的大部分问题可以通过循环神经网络来处理。

对循环神经网络的研究始于 20 世纪 80—90 年代，并在 21 世纪初发展为深度学习算法之一，其中双向循环神经网络和长短期记忆网络（Long Short-Term Memory Networks，LSTM）是常见的循环神经网络。

4.3.1 RNN 概述

RNN 之所以称为循环神经网路，是因为一个序列当前的输出与前面的输出相关。具体的表现形式为网络会对前面的信息进行记忆并应用于当前输出的计算中，即隐含层之间的节点不再无连接而是有连接的，并且隐含层的输入不仅包括输入层的输出还包括上一时刻隐含层的输出。

循环神经网络用于处理随时间变化的时变序列数据，循环神经网络随着时间的推移而展开，在每一个时间节点，循环网络将前一个时间状态的数据作为输入，并将其应用于输出。在每一时刻 t，RNN 结合该时刻的输入 x 和当前模型的状态 h 给出一个输出 y，同时更新模型的状态。模块 A 中的运算和变量在不同时刻是相同的。如果说卷积神经网络是在不同的空间位置共享参数的，那么 RNN 就是在不同的时间位置共享参数。

循环神经网络具有反馈回路，其中，来自前一时间点 T 处的输出被当作下一时间点 T+1 处的输入，这种特性适合应用于时间序列，广泛应用于机器翻译、基于上下文语义预测下一个单词等自然语言处理任务。

循环神经网络的种类可以有多种，大致分类如下：

- 编码循环神经网络；
- 生成循环神经网络；
- 广义循环神经网络。

4.3.2 RNN 架构

RNN 出现的目的是来处理序列数据的。RNN 之所以称为循环神经网路，是因为一个序列当前的输出与前面的输出有关。具体的表现形式为网络会对前面的信息进行记忆并应用于当前输出的计算中，即隐含层之间的节点不再无连接而是有连接的，也就是说隐含层的输入不仅包括输入层的输出还包括上一时刻隐含层的输出。理论上，RNN 能够对任何长度的序列数据进行处理。但是在实践中，为了降低复杂性往往假设当前的状态只与前面的几个状态相关，图 4-13 所示为一个典型的 RNN。

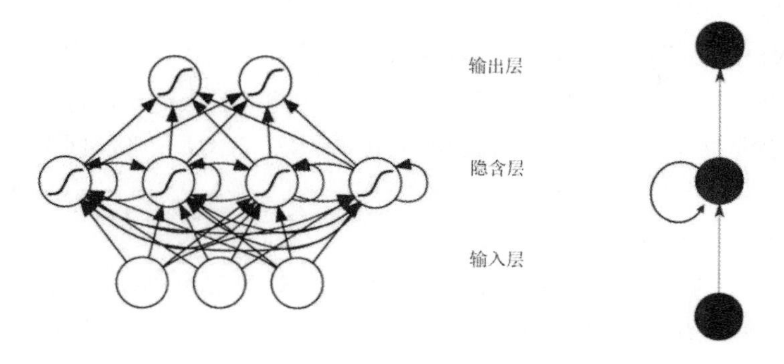

图 4-13　循环神经网络的架构

RNN 包含输入单元、输出单元和隐含单元。输入为数据序列，得到隐含层和输出层的数据。

如图 4-14 中右图所示，隐含单元往往最为主要，在图 4-14 中：有一条单向流动的信息流是从输入单元到达隐含单元的，与此同时另一条单向流动的信息流从隐含单元到达输出单元。在某些情况下，RNN 会打破后者的限制，引导信息从输出单元返回隐含单元，这些被称为「BACK PROJECTIONS」，并且隐含层的输入还包括上一隐含层的状态，即隐含层内的节点既可以自连也可以互连。

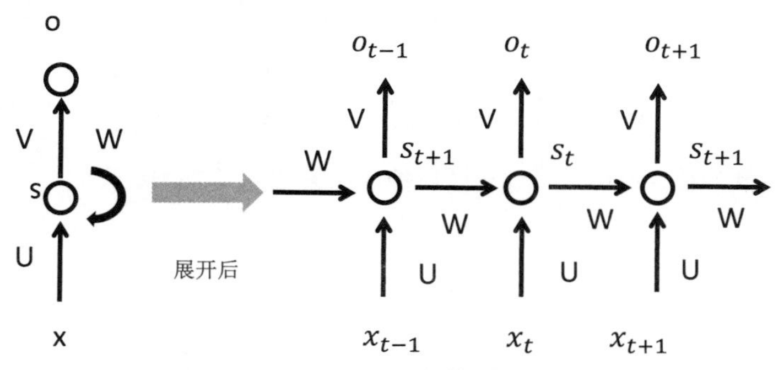

图 4-14　循环神经网络的架构展开

为了更简单地理解，把循环神经网络进一步展开成一个全神经网络。例如，对一个包含 3 个单词的语句，那么展开的网络便是一个有 3 层神经网络，每一层代表一个单词。对于该网络的计算过程如下：表示第 t 步的输入 , 为隐含层的第 t 步的状态，它是网络的记忆单元。根据当前输入层的输出与上一步隐含层的状态进行计算。其中 f 一般是非线性的激活函数，如 tanh 或 ReLU，在计算时，即第一个单词的隐含层状态，需要用到 $s-1$，但是其并不存在，在实现中一般置为 0 向量；是第 t 步的输出，如下个单词的向量表示。

需要注意的是：在 RNN 中，每输入一步，每一层各自都共享参数 U,V,W。其反映着 RNN 中的每一步都在做相同的事，只是输入不同，因此大大地降低了网络中需要学习的参数。图 4-14 中每一步都会有输出，但是每一步都要有输出并不是必需的。比如，需要预测一条语句所表达的情绪，仅仅需要关系最后一个单词输入后的输出，而不需要知道每个单词输入后的输出。同理，每步都需要输入也不是必需的。记住：RNN 的关键之处在于隐含层，隐含层能够捕捉序列的信息。

对于 RNN，参数可以看成是语法结构或者一般规律，而下一个单词的预测必须是上一个单词和一般规律或者语法结构相结合的。语法结构和一般规律在语言当中是共享的，所以，参数自然就是共享的！ CNN 是在空间上共享参数，RNN 是在时间上（顺序上）共享参数。

以下是常用到的 RNN 的几种架构：

图 4-15 中从左到右为 a、b、c、d、e 五种常见的 RNN 循环神经网络的架构，图 a 是普通的单个神经网络；图 b 是把单一输入转化为序列输出；图 c 是把序列输入转化为单个输出；图 d 是把序列转化为序列，也就是 seq2seq 的做法；图 e 是无时差的序列到序列转化，可以作为普通的语言模型。

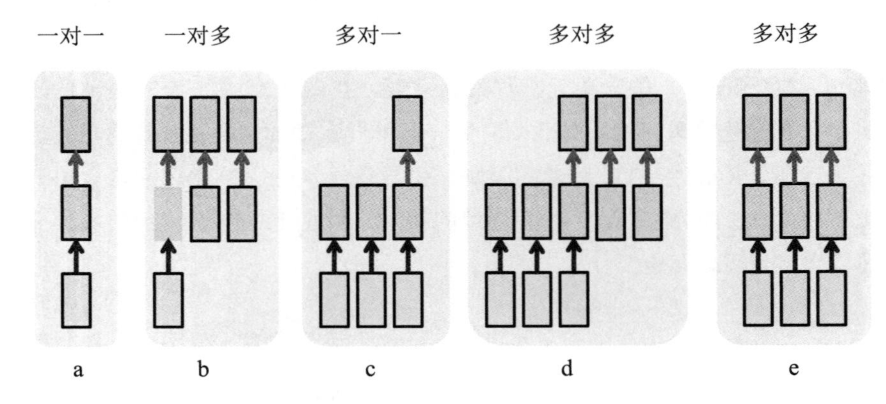

图 4-15　五种常见的 RNN 循环神经网络的架构

（1）普通的单个神经网络：一对一循环神经网络如图 4-16 所示。

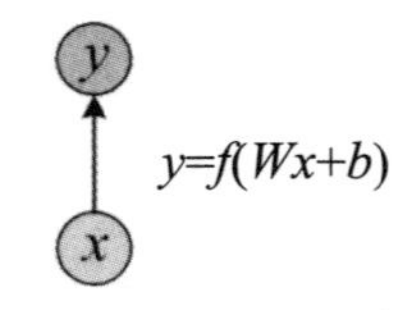

图 4-16　一对一循环神经网络

这是最基本的单层网络，输入是 x，经过变换 $Wx+b$ 和激活函数 f 得到输出 y。

（2）把单一输入转化为序列输出：一对多

输入不是序列而输出为序列的情况，只在序列开始进行输入计算：

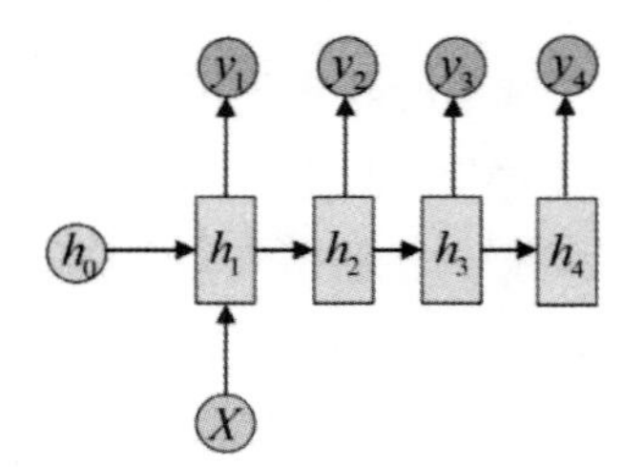

图 4-17　一对多循环神经网络

图 4-17 中所示中记号的含义：

- 圆圈或方块表示的是向量。
- 一个箭头就表示对该向量做一次变换。如图 4-17 中 h_0 和 x 分别有一个箭头连接，就表示对 h_0 和 x 各做了一次变换。

这种一对多的结构可以处理的问题有以下几个方面。

- 从图像生成文字，此时输入的 x 就是图像的特征，而输出的 y 序列就是一段句子，就像看图说话等。
- 从类别生成语音或音乐等。

（3）把序列输入转化为单个输出：多对一

要处理的问题输入是一个序列，输出是一个单独的值而不是序列，应该怎样建模呢？实际上，我们只在最后一个 h 上进行输出变换就可以了，如图 4-18 所示。

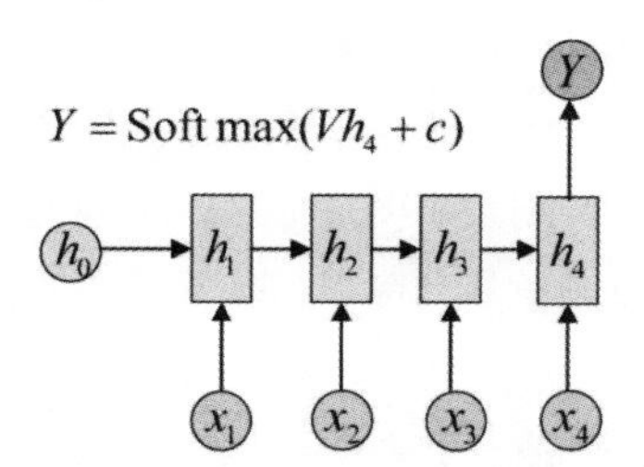

图 4-18　多对一循环神经网络

这种结构通常用来处理序列分类问题。如输入一段文字判别它所属的类别，输入一个句子判断其情感倾向，输入一段视频并判断它的类别等。

（4）把序列转化为序列：多对多

最经典的 RNN 结构，输入、输出都是等长的序列数据；假设输入为 $X=(x_1, x_2, x_3, x_4)$，每个 x 是一个单词的词向量。

为了建模序列问题，RNN 引入了隐含状态 h 的概念，h 可以对序列形的数据提取特征，接着再转换为输出。先从计算开始看：

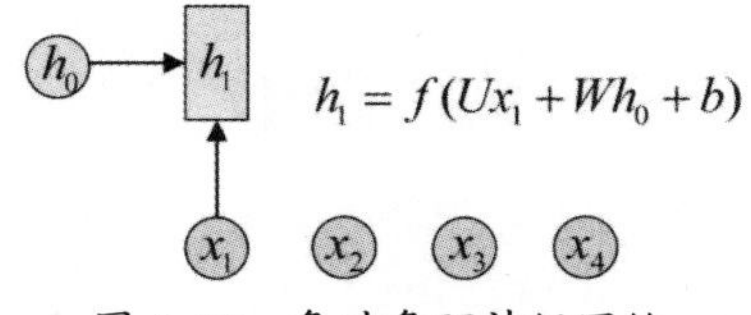

图 4-19　多对多环神经网络

h_2 的计算和 h_1 类似，要注意的是，在计算时，每一步使用的参数 U、W、b 都是一样的，也就是说每个步骤的参数都是共享的，这是 RNN 的重要特点，如图 4-20 所示。

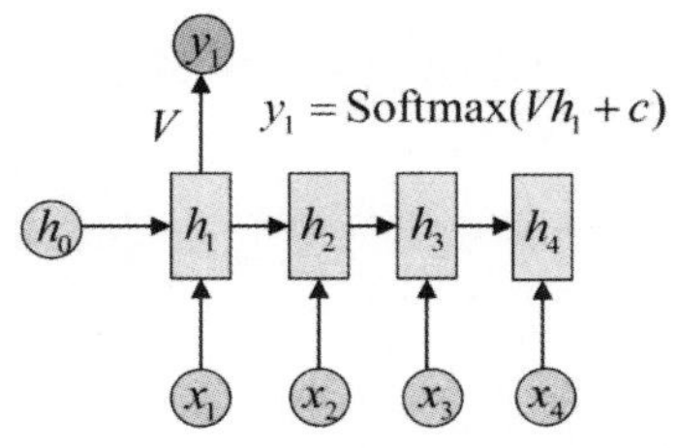

图 4-20　多对多环神经网络展开

这里为了方便起见，只画出序列长度为 4 的情况，实际上，这个计算过程可以无限地持续下去。得到输出值的方法就是直接通过 h 进行计算。

这就是最经典的 RNN 结构，它的输入是 $x_1, x_2, \cdots x_n$，输出为 $y_1, y_2, \cdots y_n$，也就是说，输入和输出序列必须要是等长的。由于这个限制的存在，经典 RNN 的适用范围比较小，但也有一些问题适合用经典的 RNN 结构建模，例如：

- 计算视频中每一帧的分类标签。因为要对每一帧进行计算，因此输入和输出序列等长。
- 输入为字符，输出为下一个字符的概率。这就是著名的 Char RNN。

4.3.3 RNN 的优缺点

RNN 主要用来解决序列问题，强调的是先后顺序，在 NLP 中引申出上下文语义的概念，一个翻译问题，这个词的含义可能和前后的单词形成的这个组合有联系（跳字模型 Skip-gram），也可能是它之前的所有单词都有联系（注意力 Attention），并且，借助 RNN 的 State 这样的记忆单元，使得一个序列位置的输出在数学上和之前的所有序列的输入都是有关系的。当然原始的 RNN 由于梯度的乘性问题，前面的序列的影响近乎为 0，这个后面又用 LSTM 来修正为加性问题。RNN 的数学基础可以认为是马尔科夫链，认为后续的值是由前者和一些参数的概率决定的。

循环神经网络模型（RNN）是一种节点定向连接成环的人工神经网络，是一种反馈神经网络，RNN 利用内部的记忆来处理任意时序的输入序列，并且在其处理单元之间既有内部的反馈连接又有前馈连接，这使得 RNN 可以更加容易处理不分段的文本。但是由于 RNN 只能对部分序列进行记忆，所以在长序列上表现远不如短序列，造成了一旦序列过长便使得准确率下降的结果。

- 梯度消失：在神经网络中，当前面隐含层的学习速率低于后面隐含层的学习速率，即随着隐含层数目的增加，分类准确率反而下降了。这种现象叫作梯度消失。
- 梯度爆炸：在神经网络中，当前面隐含层的学习速率低于后面隐含层的学习速率，即随着隐含层数目的增加，分类准确率反而下降了。这种现象叫作梯度爆炸。

4.3.4 RNN 在自然语言处理领域的应用

循环神经网络（RNN）在自然语言处理领域有着广泛的应用。在语音识别中，有研究使用双向 LSTM 对英语文集 TIMIT 进行语音识别，其表现超过了同等复杂度的隐马尔可夫模型（Hidden Markov Model, HMM）和深度前馈神经网络 。循环神经网络（RNN）是机器翻译（Machine Translation, MT）的核心算法，并形成了区别于“统计机器翻译”的“神经机器翻译”方法 。有研究使用端到端学习的 LSTM 成功对法语—英语文本进行了翻译 ，也有研究将卷积 n 元模型与 RNN 相结合进行机器翻译。有研究认为，按编码器—解码器形式组织的 LSTM 能够在翻译中考虑语法结构 。

基于上下文连接的 RNN 被用于语言建模问题 。有研究在字符层面的语言建模中，将 RNN 与卷积神经网络相结合 。RNN 也是语义分析的工具之一，被应用于文本分类、社交网站数据挖掘等场合。

在语音合成领域，有研究将多个双向 LSTM 相组合建立了低延迟的语音合成系统，成功将英语文本转化为接近真实的语音输出 。RNN 也被用于端到端文本—语音（Text-To-Speech, TTS）合成工具的开发，例子包括 Tacotron、Merlin 等。

RNN 同时也可以用于与自然语言处理有关的异常值检测问题，例如社交网络中虚假信息 / 账号的检测等。

4.4　基于 LSTM 网络的自然语言处理模型

为了有效解决 RNN 的梯度爆炸和梯度消失问题，研究人员专门设计了长短期记忆人工神经网络，用于处理和预测序列文本中间隔和延迟比较长的任务。

4.4.1　LSTM 概述

长短期记忆人工神经网络（Long-Short Term Memory, LSTM）是一种时间递归神经网络（RNN）。它解决了 RNN 中长时间序列的信息保留问题，由于独特的设计结构，LSTM 适合于处理和预测时间序列中间隔和延迟非常长的重要事件。

LSTM 的结构和 RNN 很相似，它将单一的激活函数换成更为复杂的结构，是处理与序列分类有关问题的唯一选择。在上一小节中，RNN 对于较长序列的训练存在着梯度消失和梯度爆炸问题，在基础版本的 RNN 中，每一时刻的隐含状态不仅由该时刻的输入决定，还取决于上一时刻的隐含层的值，如果一个句子很长，到句子末尾时，它将记不住这个句子的开头的详细内容，LSTM 通过它的“门控装置”有效地缓解了这个问题，这也就是为什么我们现在都在使用 LSTM 而非普通 RNN。

LSTM 体系结构有助于对长序列模型进行训练，有助于保留输入及模型先前时间步长的记忆。在理想状况下，通过引入额外的输入门和遗忘门，解决了梯度消失和梯度爆炸问题，输入门和遗忘门确定保留什么信息和遗忘什么信息，从而实现对梯度的控制，控制对当前记忆状态的信息访问，从而能够更好地保留“远程依赖关系”。

LSTM 将信息存放在循环网络正常信息流之外的门控单元中。信息可以像计算机内存中的数据一样存储、写入单元，或者从单元中读取。单元通过打开和关闭的门来决定存储什么，以及何时允许读取、写入和忘记。与计算机上的数字存储器不同，这些门是模拟的，通过在 0~1 的 Sigmoid 函数的逐元素相乘来实现。门类似于神经网络的节点，会根据它们接收到的信号决定开关，根据信息的强度和重要性来阻止或传递信息，然后用它们自己的权重过滤这些信息。也就是说，记忆单元学习会通过猜测、反向传播误差和梯度下降法调整权重的迭代过程，来决定何时允许数据进入、离开或删除。不同的权重集对输入信息进行过滤，决定是否输出或遗忘。遗忘门被表示为一个线性恒等式函数，因为如果门是打开的，那么记忆单元的当前状态就会被简单地乘以 1，从而向前传播一个时间步。

4.4.2　LSTM 架构

LSTM 网络采用链状结构，四个神经网络层以一种非常特殊的方式相互作用。其网络结构如图 4-21 所示。

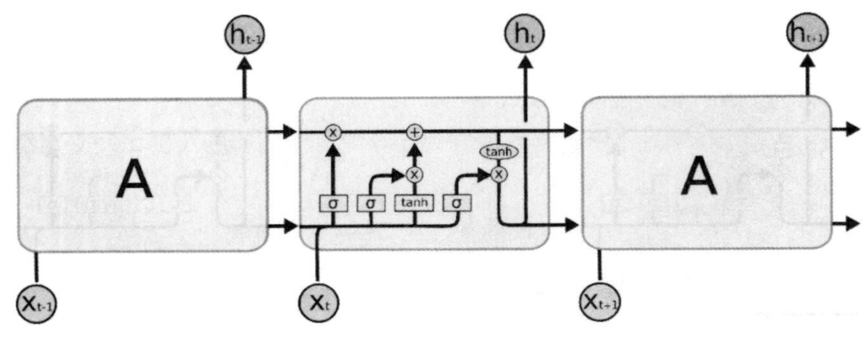

图 4-21 LSTM 网络

LSTM 的关键是单元状态，即图 4-22 中 LSTM 单元上方从左贯穿到右的水平线，它像传送带一样，将信息从上一个单元传递到下一个单元，和其他部分只有很少的线性的相互作用。

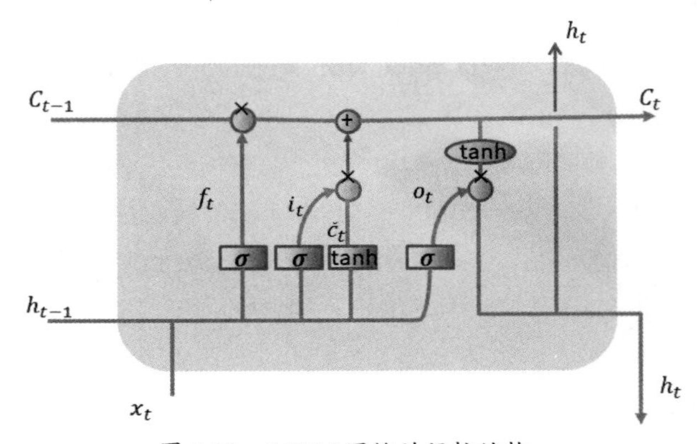

图 4-22 LSTM 网络的门控结构

LSTM 通过“门”来控制丢弃或者增加信息，从而实现遗忘或记忆的功能。“门”是一种使信息选择性通过的结构，由一个 Sigmoid 函数和一个点乘操作组成。Sigmoid 函数的输出值在 [0,1] 区间，0 代表完全丢弃，1 代表完全通过。门是实现选择性地让信息通过，通过一个 Sigmoid 神经层和一个逐点相乘的操作来实现。一个 LSTM 单元有三种类型的门，分别是遗忘门、输入门、输出门。

- 输入门：控制有多少来自新输入的信息进入记忆，如图 4-23 所示。

其中 x_t 表示在时间步长 t 的输入，h_{t-1} 表示在时间步长 t-1 的隐含状态，i_t 表示输入层在时间步长 t 的输出，C_t 是指在时间步长 t 时要添加到输入门的输出中的候选值，b_i 和 b_c 分别表示输入门层和候选值的计算偏差，W_i 和 W_c 分别表示输入门层和候选值的计算权重。

输入门一共有两步：Sigmoid 层决定哪些信息需要更新；一个 tanh 层生成一个向量，将值推到 (−1,1)，也就是备选的用来更新的内容，两部分结合共同构成输入门。

输入门的作用：决定单元状态中保存哪些新信息。

- 遗忘门：遗忘门是以上一单元的输出中的每一项产生一个在 [0,1] 内的值，来控制上一单元状态被遗忘的程度，控制将该值保留在记忆体中，如图 4-24 所示。

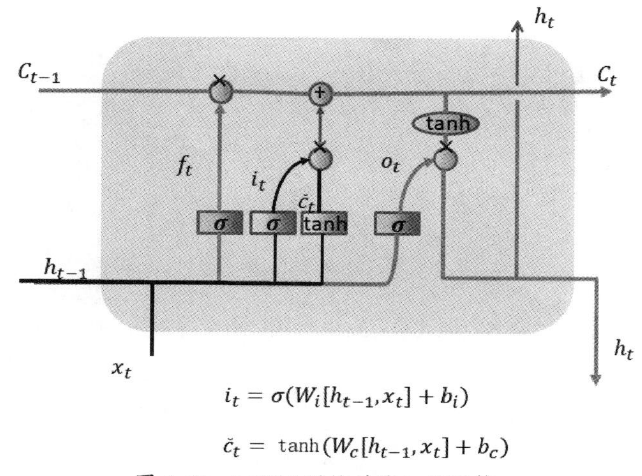

$$i_t = \sigma(W_i[h_{t-1}, x_t] + b_i)$$

$$\check{c}_t = \tanh(W_c[h_{t-1}, x_t] + b_c)$$

图 4-23　LSTM 网络的输入门结构

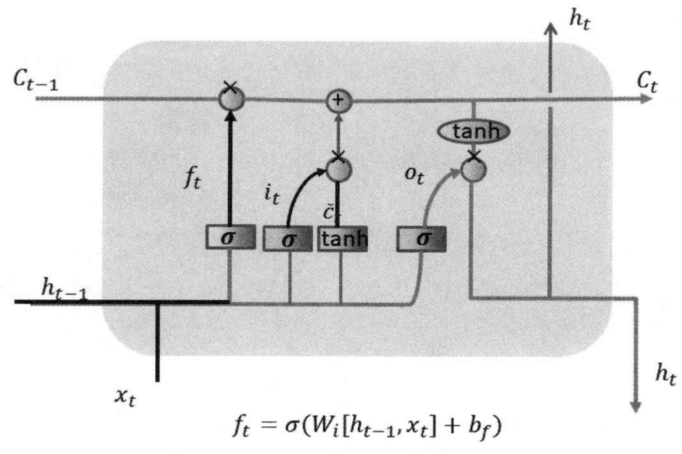

$$f_t = \sigma(W_i[h_{t-1}, x_t] + b_f)$$

图 4-24　LSTM 网络的遗忘门结构

这里，f_t 表示时间步长 t 的遗忘状态，w_f 和 b_f 分别表示在时间步长 t，遗忘状态的权重和偏差。

为什么要使用 sigmoid 函数，可以换成其他函数吗？回答是否定的，因为门是控制开闭的，0 代表完全抛弃，1 代表完全保留，0-1 代表部分保留，而 Sigmoid 函数的值域为 0-1，因此选取 Sigmoid 函数。

遗忘门的作用：决定哪些信息从单元状态中抛弃。例如，我喜欢篮球，他喜欢足球，当第二个主语出现，选择性的抛弃我这个主语。

- 输出门：输出门用来控制当前的单元状态有多少被过滤掉。先将单元状态激活，输出门为其中每一项产生一个在 [0,1] 内的值，控制单元状态被过滤的程度，如图 4-25 所示。

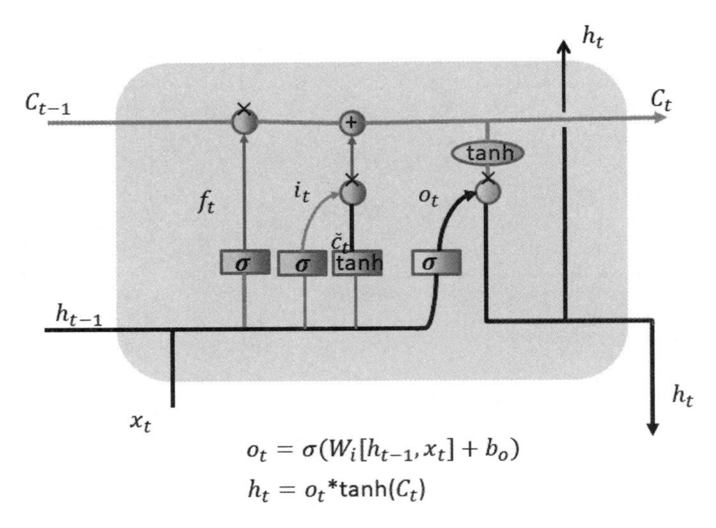

图 4-25　LSTM 网络的输出门结构

这里 o_t 表示在时间步长 t 输出门的输出 w_0 和 b_0 分别表示在时间步长 t 的输出门的权重和偏差。

LSTM 的第一步就是决定单元状态需要丢弃哪些信息。这部分操作是通过一个称为忘记门的 Sigmoid 单元来处理的。它通过查看 h_{t-1} 和 x_t 信息来输出一个 0–1 的向量，该向量里面的 0 ～ 1 值表示单元状态 c_{t-1} 中的哪些信息保留或丢弃多少。0 表示不保留，1 表示都保留。

下一步是决定给单元状态添加哪些新的信息。这一步又分为两个步骤，首先，利用 h_{t-1} 和 x_t 通过一个称为输入门的操作来决定更新哪些信息。然后利用 h_{t-1} 和 x_t 通过一个 tanh 层得到新的候选单元信息 c-t，这些信息会被更新到单元信息中。

接下来将更新旧的单元信息，变为新的单元信息。更新的规则就是通过忘记门选择忘记旧单元信息的一部分通过输入门选择添加候选单元信息，得到新的单元信息。

更新完单元状态后需要根据输入的 h_{t-1} 和 x_t 来判断输出单元的哪些状态特征，这里需要将输入经过一个称为输出门的 Sigmoid 层得到判断条件，然后将单元状态经过 tanh 层得到一个 –1 ～ 1 值的向量，该向量与输出门得到的判断条件相乘就得到了最终该 RNN 单元的输出。

4.4.3　LSTM 的优缺点

LSTM 是 RNN 的一个优秀的变种模型，继承了大部分 RNN 模型的特性，同时解决了梯度反传过程由于逐步缩减而产生的梯度消失问题。具体到语言处理任务中，LSTM 非常适合用于处理与时间序列高度相关的问题，例如机器翻译、对话生成、编码 / 解码等。

虽然在分类问题上，至今看来以 CNN 为代表的前馈网络依然有着性能的优势，但是 LSTM 在长远的更为复杂的任务上的潜力是 CNN 无法媲美的。它更真实地表征或模拟了人类行为、逻辑发展和神经组织的认知过程。尤其从 2014 年以来，LSTM 已经成为 RNN 甚至深度学习框架中非常热点的研究模型，得到大量的关注和研究。

LSTM 网络随后被证明比传统的 RNNs 更加有效，尤其当每一个时间步长内有若干层时，整个语音识别系统能够完全一致地将声学转录为字符序列。目前 LSTM 网络或者相关的门控单元同样用于编码和解码网络，并且在机器翻译中表现良好。

1．LSTM 的优点

（1）传统 RNN 在反向传播过程中会出现梯度消失问题，也就是说，当计算梯度更新权重时，涉及偏导数的级联，而且每一个偏导数都包含一个 Sigmoid 层，所以会出现梯度消失问题。由于每个 Sigmoid 导数的值可能小于 1，从而使得整体梯度值无法进一步更新权重，此时，意味着模型将终止学习。在 LSTM 网络中，如果设置遗忘门的输出 f=1，梯度就不会衰减，此时，过去的全部输入都将记忆在单元中。在训练过程中，遗忘门决定哪些信息是重要信息，需要保存，哪些信息可以删除。f_t 表明了模型对历史信息的依赖性，即是历史梯度的保留程度，所以 LSTM 能较好地解决梯度消失 / 爆炸问题，在训练 LSTM 时，只需要直接使用 Adam 自适应学习优化器，无须人为对梯度做出调整。

（2）LSTM 改善了 RNN 中存在的长期依赖问题；LSTM 的表现通常比时间递归神经网络及隐马尔科夫模型（HMM）更好；作为非线性模型，LSTM 可作为复杂的非线性单元用于构造更大型深度神经网络。

2．LSTM 的缺点

（1）RNN 的梯度问题在 LSTM 及其变种里面得到了一定程度的解决，但还是不够。它可以处理 100 个量级的序列，而对于 1 000 个量级，或者更长的序列则依然会显得很棘手。

（2）计算费时。每一个 LSTM 的单元里面都意味着有 4 个全连接层（MLP），如果 LSTM 的时间跨度很大，并且网络又很深，这个计算量会很大，会很耗时。

（3）LSTM 对硬件的要求非常高，在训练这些快速网络时，需要耗费大量计算资源。同样在云中运行 LSTM 模型也需要很多资源，因为它们在计算时需要很高的存储带宽，最终限制了 LSTM 的适用性。简而言之，LSTM 需要在每个序列时间步长中运行 4 个线性层（MLP 层）单元，需要占用大量的存储带宽来计算，通常系统往往没有足够的存储带宽来满足计算单元。因此，RNN/LSTM 及其变种不是硬件加速的最佳选择。

（4）由于需要处理长序列问题，LSTM 往往比其他模型运行起来更慢一些，而在最新的研究中，一种称为注意力机制的新机制正日渐流行起来，在接下来的第 5 章中，将详细讨论注意力机制的原理。

4.4.4　LSTM 在自然语言处理领域的应用

LSTM 具有反馈连接。它不仅可以处理单个数据点（如图像），还可以处理整个数据序列（如语音或视频）。例如，LSTM 适用于未分段、连接的手写识别、语音识别、网络流量或 IDSs（入侵检测系统）中的异常检测等任务。LSTM 在自然语言处理领域可以应用于语言翻译，结合语境使得翻译后的内容更贴切；语音助手，更加“人性化”地与人交流；动态视频识别，能够根据视频中人物前后动作预测人物的意图等。

4.5 基于 BERT 的自然语言处理模型

BERT 的全称是基于变换器的双向编码器表示技术，它是一种基于深度学习的新型自然语言处理模型。BERT 提出了一种新的预训练目标：屏蔽字语言模型（Masked Language Model，MLM），与从左到右的语言模型预训练不同，MLM 目标允许表征融合左右两侧的语义，从而预训练一个深度双向 Transformer。BERT 一经问世，便有了不俗的表现，在机器阅读理解顶级水平测试中，它在各项衡量指标上超越了人类，还在 11 种不同 NLP 测试中创出最佳成绩。BERT 为 NLP 带来了里程碑式的改变，也是 NLP 领域发展过程中一大进展。BERT 从诞生到今天不到 3 年时间里，得到了广泛的应用，它在屏蔽词预测、关键词提取、下一句预测等多种自然语言处理任务中均有不俗的表现，因为 BERT 代表了 NLP 新技术，具有一定的先进性。

在此举几个数字来说明这一点，问答任务测试如图 4-26 所示。

SQuAD v1.1 Leaderboard (Oct 8th 2018)	Test EM
1st Place Ensemble - BERT	**87.4**
2nd Place Ensemble - nlnet	86.0
1st Place Single Model - BERT	**85.1**

图 4-26　BERT 在问答任务中的测试结果

其他自然语言推理任务的评分如图 4-27 所示。

System	MultiNLI	Question NLI	SWAG
BERT	**86.7**	**91.1**	**86.3**
OpenAI GPT (Prev. SOTA)	82.2	88.1	75.0

图 4-27　BERT 在推理任务中的测试结果比较

还有许多其他任务的评测结果，BERT 均名列前茅，在此不再赘述，这些数据都是在具体任务的神经网络结构设计评测中获得。

4.5.1 BERT 概述

BERT 是预训练语言的一种表示方法，即用它在大型语料库（如维基百科）来训练一个通用的“理解语言”的模型，然后利用该模型完成下游的自然语言处理（NLP）任务，如问答系统。由于它是第一个无监督，深度双向预训练 NLP 系统，与其他方法相比较，BERT 具备很大的优势：

（1）只使用纯文本语料库，无须对语料库进行标注，无监督预训练模式下 BERT 便能实现预训练，这便是它的优势所在，因为在公开的网络上便能找到大量多种语言的纯文本数据。

（2）预训练表示可以与语境无关，也可以与语境相关，表示方式可以是单向，也可以是双向。像 word2vec 或 GloVe 等与语境无关的语言模型为词汇表中的每一个单词生成唯一的“词嵌入”表示，在这里，“词嵌入”表示与语境无关，即 bank deposit（银行存款）和 river bank（河岸）中的 bank 一词将具有相同的表示形式。与语境相关的模型为不同句子中的单词生成基于句子的表示。

近期 BERT 致力于预训练与语境相关的表示方法：包括半监督序列学习，预训练模型如 ELMO 和 ULMFit 等，这些模型都是单向或者浅双向。句子中的每个单词的语境仅与其左侧（或右侧）单词的语境相关。例如，在句子“I made a bank deposit.（我去银行存款。）”中，单词 bank 的单向表示仅与“I made a（我去）”相关，而与“deposit（存款）”无关。以前也做了一些相关的工作，将独立的左语境表示方式和右语境表示方式相结合，但这种方式还比较“粗浅”。BERT 模型同时从左语境和右语境双向来表示单词 bank（银行），即“I made a … deposit （我去存款）”，从神经网络最底部开始实现双语境相关，所以它是一种深度双向的模型表示方法。

利用这种简单的方法：在屏蔽掉输入句子 15% 的单词的情况下，运行深度双向 Transformer 编码器，对屏蔽字进行预测。例如：

输入句子为：the man went to the [MASK1] . he bought a [MASK2] of milk.

标签：[MASK1] = store; [MASK2] = gallon

此外，BERT 模型还可以学习句子之间的关系，从任何单语语料库生成这样一个简单的任务：已知 A 和 B 两句话， 判别出句子 B 是 A 句子的真正下一句，还是语料库中的一个随机的句子？

句子 A： the man went to the store.

句子 B：he bought a gallon of milk .

标签：IsNextSentence

句子 A：the man went to the store .

句子 B：penguins are flightless .

标签：NotNextSentence

然后，在大型语料库（维基百科 + BookCorpus ）上训练模型（12 层至 24 层的）Transformer，更新 1M 步长 , 这便是 BERT。

使用 BERT 分两个阶段：预训练和微调。

预训练相当费时（在 4 ～ 16 个云 TPU 上运行 1 ～ 4 天），每种语言都有这个一次性过程（当前模型仅支持英语，不久的将来会发布多语种模型）。绝大多数 NLP 研究人员无须从头开始预训练模型。

微调相对来说耗时要少一些：从完全相同的预先训练的模型开始，最多花费 1 个小时的时间即可在云 TPU 上重现实验结果 , 在 GPU 上花费几个小时的时间重现实验结果。例如，SQuAD 可在单个云 TPU 约训练 30 分钟，实现 Dev F1 分数为 91.0%，这是最先进的系统。

BERT 的另一个重要方面是，它可以很容易地适用于多种类型的 NLP 任务，在句子级（例如 SST-2）、句对级（如 MultiNLI）、单词层（如 NER）和 SQuAD 任务中，可获得先进的结果。

4.5.2 BERT的优缺点

从创新的角度来看，BERT其实并没有过多的结构方面的创新点，其和GPT一样均是采用的Transformer的结构，相对于GPT来说，BERT是双向结构的，而GPT是单向的。

1．BERT优点

（1）Transformer Encoder因为有Self-attention机制，因此BERT自带双向功能；

（2）因为双向功能以及多层Self-attention机制的影响，使得BERT必须使用Cloze版的语言模型Masked-LM来完成标签级别的预训练；

（3）为了获取比词更高级别的句子级别的语义表征，BERT加入了下一句预测来和屏蔽字预测LM一起做联合训练；

（4）为了适配多任务下的迁移学习，BERT设计了更通用的输入层和输出层；

（5）微调成本小。

2．BERT缺点

（1）随机遮挡策略略显粗犷；

（2）屏蔽字标记在实际预测中不会出现，训练时用过多使用屏蔽字会影响模型表现；

（3）每个批次数据只有15%的标记被预测，所以BERT收敛得比left-to-right模型要慢（它们会预测每个token）；

（4）BERT对硬件资源的消耗巨大（大模型需要16个TPU；更大的模型需要64个TPU。

3．BERT的改进措施

为了改善硬件资源的消耗巨大而引起的内存不足问题，采取了许多应对措施，使得在资源有限的GPU上处理批次更大的数据：

（1）梯度积累：小批次中的样本独立与梯度计算（不包括批处理归一化，此处未使用），这意味着在执行权重更新之前，可以累积多个较小批次样本的梯度，这完全等同于单个大批次的更新。

（2）梯度检查点：在DNN训练期间，GPU/TPU内存的主要用途是激活缓存前通道，这是后向高效计算所必需的。“梯度检查点”通过重新计算激活来节省内存。

本章小结

在本章中探讨了神经网络和深度神经网络，重点介绍了卷积神经网络CNN、循环神经网络RNN、长短期记忆网络LSTM等，在此基础上，引出了本书的重点：预训练语言模型BERT，并对BERT进行简要的概述，在第5章，对BERT预训练模型进行详细的解读。

思考题

1．简述卷积神经网络 CNN 的优缺点以及在自然语言处理领域的应用。

2．简述循环神经网络的架构。

3．长短记忆网络 LSTM 是如何改善梯度消失问题的？

4．简述预训练模型 BERT 的优缺点。

第5章　BERT模型详解

BERT提出了一种新的预训练目标：屏蔽字语言模型（Masked Language Model，MLM），与从左到右的单向语言模型预训练不同，MLM目标允许表征融合左右两侧的语义，从而预训练一个深度双向Transformer。BERT一经问世，便有了不俗的表现，在机器阅读理解顶级水平测试中，它在各项衡量指标上超越了人类，还在11种不同NLP测试中创出最佳成绩。BERT为NLP带来了里程碑式的改变，也是NLP领域发展过程中一大进展。BERT从诞生到今天，得到了广泛的应用，它在屏蔽词预测、关键词提取、下一句预测等多种自然语言处理任务中均有不俗的表现，因为BERT代表了NLP新技术，具有一定的先进性。

在本章中，从Seq2Seq架构开始，到Attention机制、Transformer，详细解读了BERT预训练模型的技术路径。

5.1　Seq2Seq架构

序列到序列（Seq2Seq）模型用于聊天机器人、语音识别、对话系统和问答系统等多个场景。Seq2Seq的输入是和时间相关的序列，输入序列随时间的变化而变化，所以它处理的是带有时间元素的信息。

Seq2Seq由两个独立的RNN组成，即编码器和解码器，编码器将多个时间步长的信息输入到网络中去，并将输入序列编码为上下文语义向量，解码器获取稳定状态将其解码为输出序列。

很多自然语言处理任务，比如聊天机器人、机器翻译、自动文摘、智能问答等，传统的解决方案都是检索式(从候选集中选出答案)，这对素材的完善程度要求很高。Seq2Seq模型突破了传统的固定大小输入问题框架。采用序列到序列的模型，在NLP中是文本到文本的映射如图5-1所示。其在各主流语言之间的相互翻译以及语音助手中诸如人机短问快答的应用中有着不俗的表现。

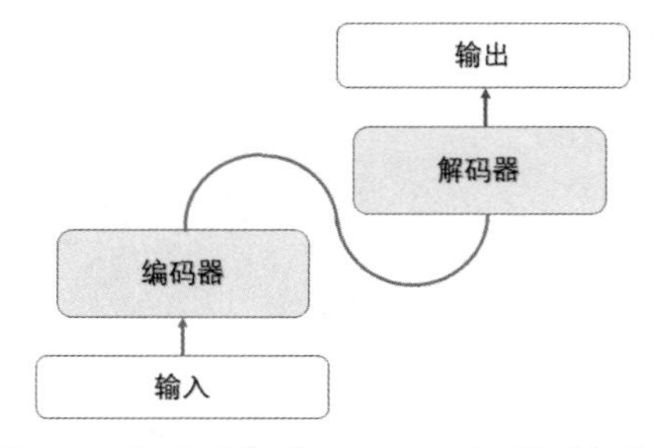

图5-1　序列到序列（Seq2Seq）模型架构

编码器和解码器一般都是 RNN，通常为 LSTM 或者 GRU。

5.1.1 编码器

Encoder RNN 可以是任意一个 RNN，比如朴素 RNN、LSTM 或者 GRU。Encoder RNN 负责对源语言进行编码，学习源语言的隐含特征。Encoder RNN 的最后一个神经元的隐状态作为 Decoder RNN 的初始隐状态。

- 输入的数据（文本序列）中的每个元素（词）通常会被编码成一个稠密的向量，这个过程为词嵌入过程。
- 经过循环神经网络（RNN），将最后一层的隐含层输出作为上下文向量。
- Encoder 和 Decoder 都会借助于循环神经网络（RNN）这类特殊的神经网络完成，循环神经网络会接受每个位置（时间点）上的输入，同时经过处理进行信息融合，并可能会在某些位置（时间点）上输出，如图 5-2 所示。

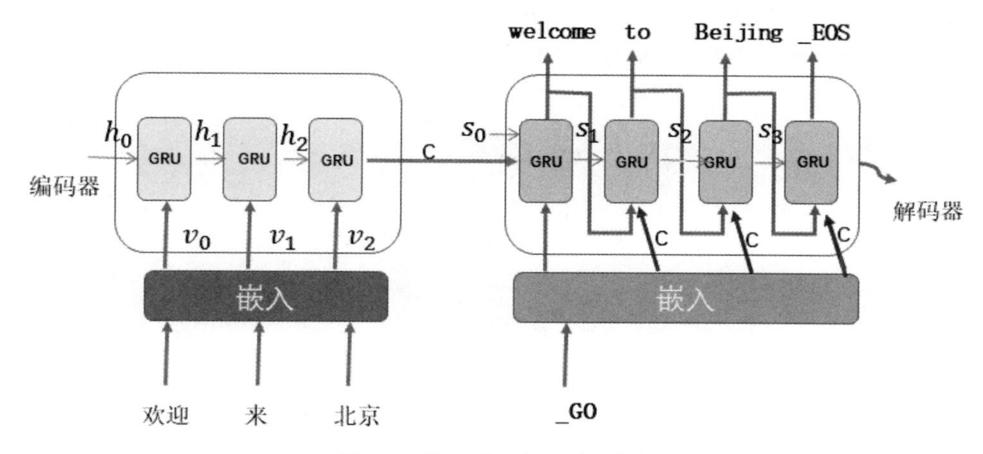

图 5-2　编码器—解码器结构

在 Encoder 中，“欢迎 / 来 / 北京”这些词转换成词向量，也即是词嵌入，用 v_i 来表示，与上一时刻的隐含状态 h_{i-1} 按照时间顺序进行输入，每一个时刻输出一个隐含状态 h_i，用函数 f 表达 RNN 隐含层的变换：$h_i=f(v_i, h_{i-1})$ 。假设有 t 个词，最终通过 Encoder 自定义函数 q 将各时刻的隐含状态变换为向量 $\boldsymbol{C}$： $c=(h_0, h_1,\cdots,h_t)$，相当于从“欢迎 / 来 / 北京”这几个单词中提炼出来的语义，包含了这句话的含义。

1. 双向编码器

在双向编码器中，有一组 LSTM，覆盖向前方向的文本，另一组 LSTM，在前一组 LSTM 的上方，覆盖向后方向的文本，如图 5-3 所示，此时，权重即隐含状态，对于双向编码器来说，有两个隐含状态：一个来自前向，一个来自后向。双向编码器网络使得网络能够从文本中学习，并获得上下文语义的完整信息。

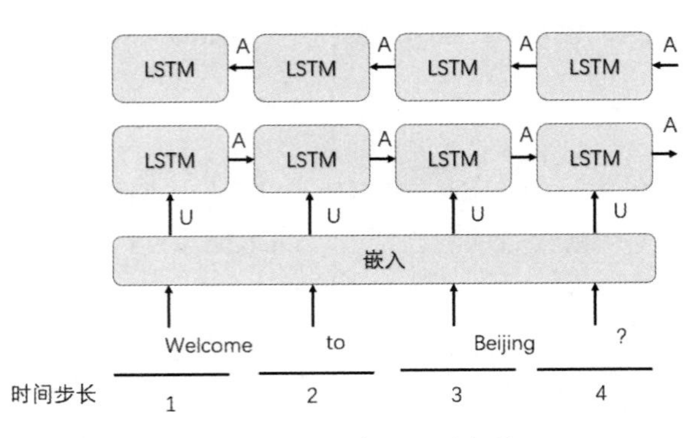

图 5-3 双向编码器架构

对于自然语言处理任务来说，双向 LSTM 的性能比单向 LSTM 模型的性能要好得多。添加双向 LSTM 的层数越多，得到的结果就越好。

2. 堆叠双向编码器

堆叠双向编码器如图 5-4 所示，包含两个双向 LSTM ，即四层（对于更为复杂的结构，要想获得更佳的性能，最多可以堆叠 6 个双向 LSTM）。

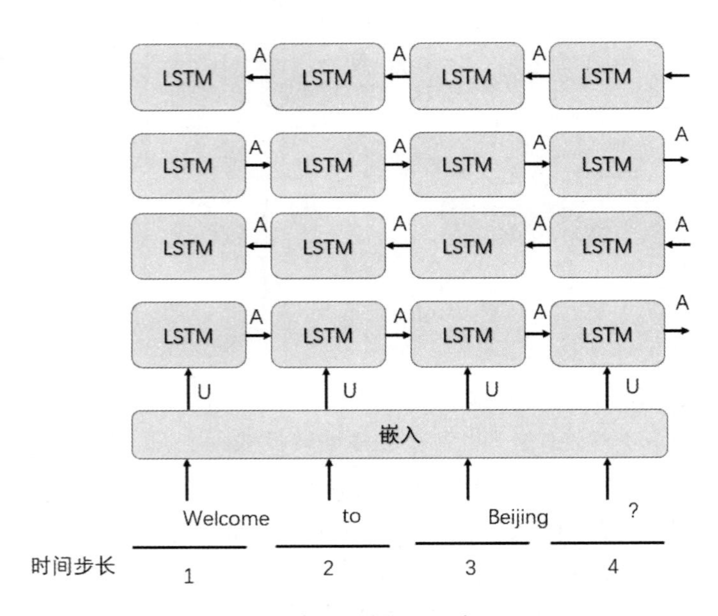

图 5-4 堆叠的双向编码器架构

每一层 LSTM 内部都有各自的权重，它们独立学习，同时也受到前面层权重的影响。

对于给定的输入序列，随着时间的推进，遇到来自输入序列的新信息，会生成一个能体现整个文本中所有内容的隐含状态。

5.1.2 解码器 Decoder

编码器输出上下文语义向量 C, 该向量为整个序列的快照，上下文语义向量 C 传递给解码器，用于预测输出。

在解码器中，与普通神经网络一样，带有一个 Softmax 层，并且随时间的推移分布，即每一个时间步长均有一个 Softmax 层。

编码器输出的上下文语意向量 C 编码了整个输入序列 $x_1, \cdots, x_T$ 的信息。给定训练样本中的输出序列 $y_1, y_2, \cdots, y_T$，对每个时间步 t'（符号与输入序列或编码器的时间步长 t 有区别），解码器输出 $y_{t'}$ 的条件概率将基于之前的输出序列 $y_1, \cdots, y_{t'-1}$ 和上下文语义向量 C，即：

$$P(yt' | y_1,\cdots, y_{t'-1},c)$$

为此，使用另一个循环神经网络作为解码器。在输出序列的时间步 t'，解码器将上一时间步长的输出 $y_{t'-1}$ 以及上下文语意向量 C 作为输入，并将它们与上一时间步的隐含状态 $s_{t'-1}$ 变换为当前时间步的隐含状态。因此，可以用函数 g 表达解码器隐含层的变换：

$$s_{t'} = g(y_{t'-1}, c, s_{t'-1})$$

有了解码器的隐含状态后，以使用自定义的输出层和 Softmax 运算来计算 $P(y_{t'} | y_1, \cdots, y_{t'-1}, c)$，例如，基于当前时间步的解码器隐含状态 $s_{t'}$、上一时间步长的输出 $s_{t'-1}$ 以及语义变量 c 来计算当前时间步输出 $y_{t'}$ 的概率分布，如图 5-5 所示。

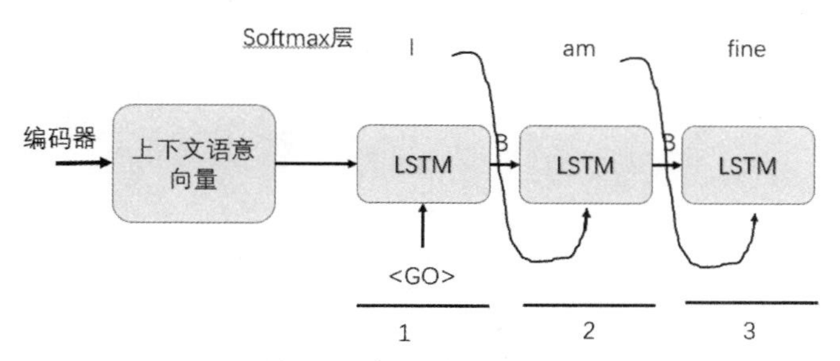

图 5-5　解码器 Decoder 结构

在普通的编码器—解码器模型中，有一个很大的局限性。那就是上下文语义变量对于 Decoding 阶段每个时间步长都是一样的，这可能是模型性能的一个瓶颈。我们希望不同时间步长的解码能够依赖于与之更相关的上下文信息，换句话说，Decoding 并不需要整个输入序列的信息，而是要有所侧重。于是，Bengio 团队的 Bahdanau 在 2014 年首次在编码器—解码器模型中引入了注意力（Attention）机制。

5.2　Attention 机制

针对普通编解码器的局限性，研究人员提出了一种解决问题的办法，提出了 Attention 机制。Attention 机制通过模仿人类的注意力，从大量信息中快速筛选出有价值的信息。

1. 概述

注意力机制模仿了生物观察行为的内部过程，即一种将内部经验和外部感觉对齐从而增加部分区域的观察精细度的机制。例如，人的视觉在处理一张图片时，会通过快速扫描全局图像，获得需要重点关注的目标区域，也就是注意力焦点。然后对这一区域投入更多的注意力资源，以获得更多所需要关注的目标的细节信息，并抑制其他无用信息。

Attention 机制就是对输入的每个元素考虑不同的权重参数，从而更加关注与输入的元素相似的部分，抑制其他无用的信息。本质上说它模拟的是人脑的注意力模型，比如观赏一幅画时，虽然我们可以看到整幅画的全貌，人脑对整幅图的关注并不是均衡的，是有一定的权重区分的，Attention 机制可以灵活地捕捉全局和局部的联系。它先是进行序列的每一个元素与其他元素的对比，在这个过程中每一个元素间的距离都是唯一，因此它比时间序列 RNN 的一步步递推得到长期依赖关系好得多。Attention 机制每一步计算不依赖于上一步的计算结果，因此可以进行并行处理。

带有 Attention 机制的 Encoder-Decoder 模型要从序列中学习到每一个元素的重要程度，然后按重要程度将元素合并。因此，注意力机制可以看作是 Encoder 和 Decoder 之间的接口，它向 Decoder 提供来自每个 Encoder 隐含状态的信息。通过该设置，模型能够选择性地关注输入序列的有用部分，从而学习它们之间的“对齐”。这就表明，在 Encoder 将输入的序列元素进行编码时，得到的不再是一个固定的语义编码 C，而是存在多个语义编码，且不同的语义编码由不同的序列元素以不同的权重参数组合而成。一个简单地体现 Attention 机制运行的示意如图 5-6 如示。

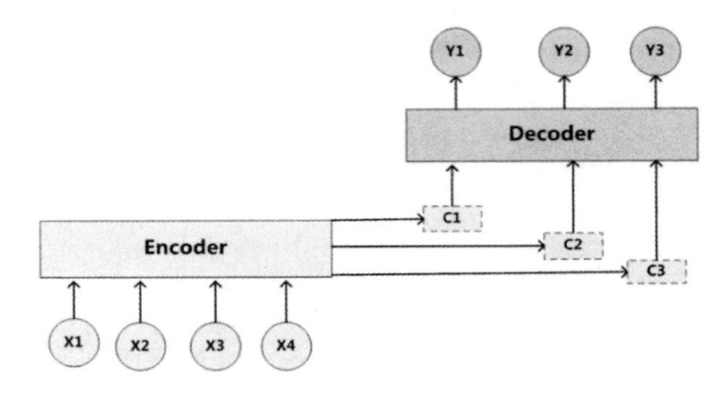

图 5-6 Attention 机制运行

2. Attention 机制的原理

在 Attention 机制下，语义编码 C 就不再是输入序列 X 的直接编码了，而是各个元素按其重要程度加权求和得到的，即

$$C_i=\sum_{j=0}^{T_x} a_{ij}f(x_j) \tag{5-1}$$

在上述公式中，参数 i 表示时刻，j 表示序列中的第 j 个元素，T_x 表示序列的长度，$f\,()$ 表示对元素 x_j 的编码 a_{ij} 可以看作是一个概率，反映了元素 x_j 对 C_i 的重要性，使用 Softmax 表示如下：

$$a_{ij}=\frac{\exp(e_{ij})}{\sum_{k=1}^{T_x}\exp(e_{ik})} \tag{5-2}$$

这里 e_{ij} 反映了待编码的元素和其他元素之间的匹配度，当匹配度越高时，说明该元素对其的影响越大，则 a_{ij} 的值也就越大。

因此，得出 a_{ij} 的过程如图 5-7 所示。

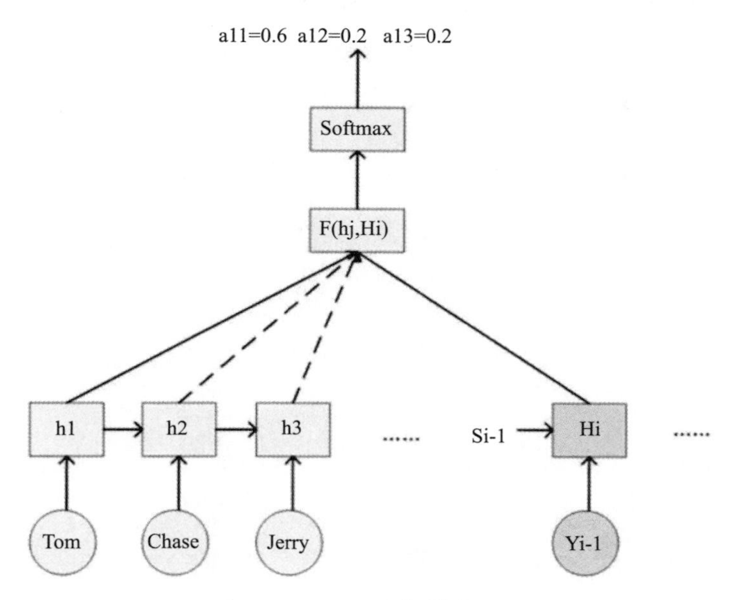

图 5-7　Attention 机制的原理

其中，h_i 表示 Encoder 的转换函数，$F(h_j, \mathrm{H}_i)$ 表示预测与目标的匹配分值函数。将以上过程串联起来，则注意力模型的结构如图 5-8 所示。

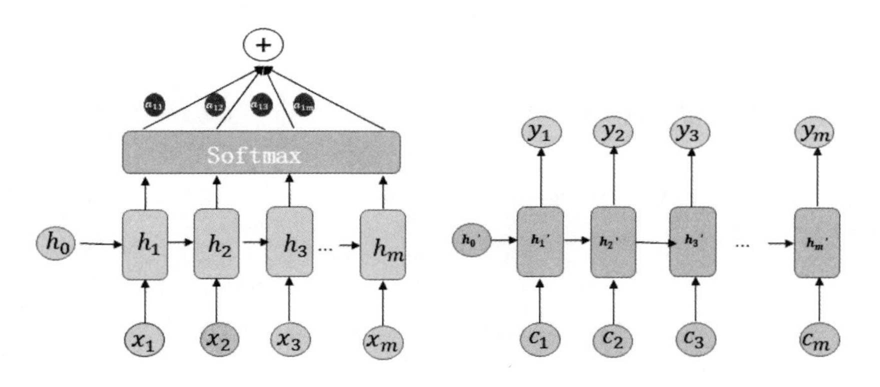

图 5-8　Attention 模型的结构

Attention 机制的重点是获得 Attention Value，即机器翻译中的语义编码 C_i。在上一节中我们知道该值是通过输入元素按照不同的权重参数组合而成的，所以我们可以将其定义为一个 Attention 函数，比较主流的 Attention 函数的机制是采用键值对查询的方式，其工作实质如图 5-9 所示。

在自然语言任务中，往往 Key 和 Value 是相同的。需要注意的是，计算出来的 Attention Value 是一个向量，代表序列元素 x_j 的编码向量，包含了元素 x_j 的上下文关系，即同时包含全局联系和局部联系。全局联系很好理解，因为在计算时考虑了该元素与其他所有元素的相似度计算；而局部联系则是因为在对元素 x_j 进行编码时，重点考虑与其相似度较高的局部元素，尤其是其本身。

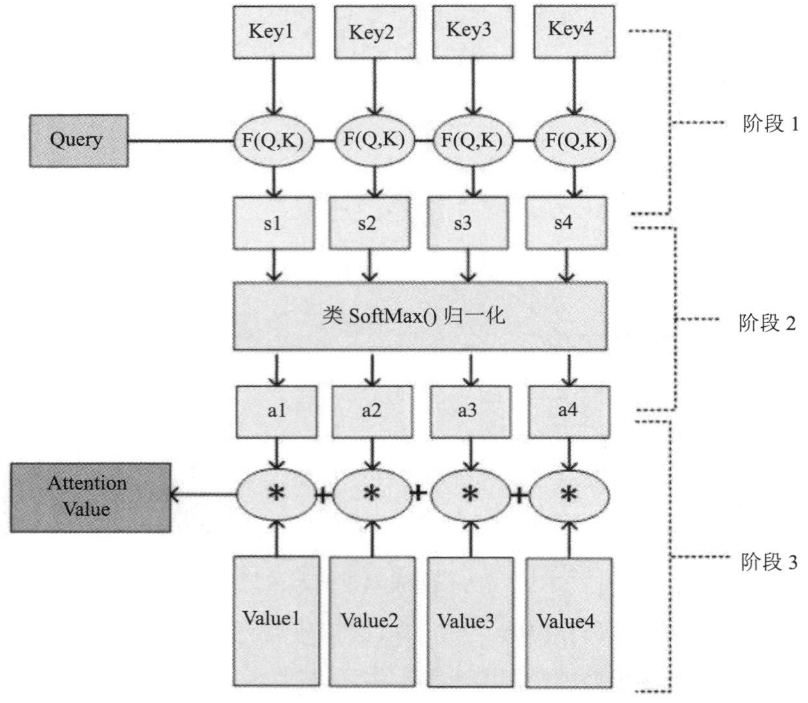

图 5-9　采用键值对查询方式的主流 Attention 函数

3. Attention 机制的实现步骤

注意力机制可以看作是神经网络架构中的一层神经网络，注意力层的实现可以分为以下六个步骤。

第一步：准备隐含状态，首先准备所有可用的 Encoder 隐含层状态和第一个 Decoder 的隐含层状态；

第二步：求出每一个 Encoder 隐含状态的得分，分值由 Score 函数来获得，最简单的方法是直接用 Decoder 隐含状态和 Encoder 中的每一个隐含状态进行点积。

假设 Decoder 中的隐含状态为 [5, 0, 1]，分别与 Encoder 中的每个隐含状态做点积，得到第二个隐含状态的分值最高，说明下一个要解码的元素将受到当前这种隐含状态的严重影响，如图 5-10 所示。

```
decoder_hidden = [10, 5, 10]
encoder_hidden score
---------------------
    [0, 1, 1]     15 (= 10×0 + 5×1 + 10×1, the dot product)
    [5, 0, 1]     60
    [1, 1, 0]     15
    [0, 5, 1]     35
```

图 5-10　求解每一个 Encoder 隐含状态的得分

第三步：将所有得分送入 Softmax 层，该部分实质上就是对得到的所有分值进行归一化，这样 Softmax 之后得到的所有分数相加为 1。而且能够使得原本分值越高的隐含状态，其对应的概率也越大，从而抑制那些无效或者噪声信息。

通过 Softmax 层后，可以得到一组新的隐含层状态分数，其计算方法即为式（5-2），注意，此处得到的分值应该是浮点数，但是由于无限接近于 0 和 1，所以做了近似。

第四步：用每个 Encoder 的隐含状态乘以 Softmax 之后的得分，通过将每个编码器的隐含状态与其 Softmax 之后的分数（标量）相乘，得到对齐向量或标注向量。加权求和之后可以得到新的一组与 Encoder 隐含层状态对应的新向量，由于之后第二个隐含状态的分值为 1，而其他的为 0，所以得到的新向量也只有第二个向量有效。

第五步： 将所有对齐的向量进行累加，对对齐向量进行求和，生成上下文语义向量 。上下文语义向量是前一步的对齐向量的聚合信息。该步骤其实就对应式（5-1），得到最终的编码后的向量来作为 Decoder 的输入，其编码后的向量为 [5, 0, 1]。

第六步：把上下文语义向量送到 Decoder 中，通过将上下文语义向量和 Decoder 的上一个隐含状态一起送入当前的隐含状态，从而得到解码后的输出。

最终得到完整的注意力层结构如图 5-11 所示。

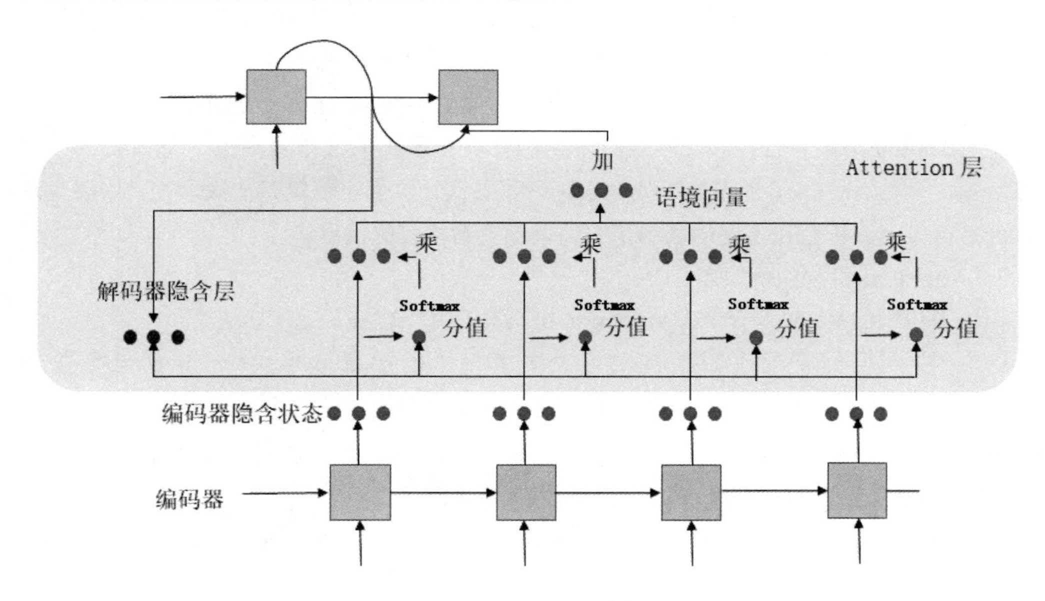

图 5-11　完整的注意力层结构

4. 多头 Attention 机制

Attention is all you need 中提出了多头 Attention 机制，该论文模型的整体结构如图 5-12 所示，还是由编码器和解码器组成，在编码器的一个网络块中，由一个多头 Attention 子层和一个前馈神经网络子层组成，整个编码器栈式搭建了 N 个块。类似于编码器，解码器的一个网络块中多了一个多头 Attention 层。为了更好地优化深度网络，整个网络使用了残差连接和对层进行了规一化。

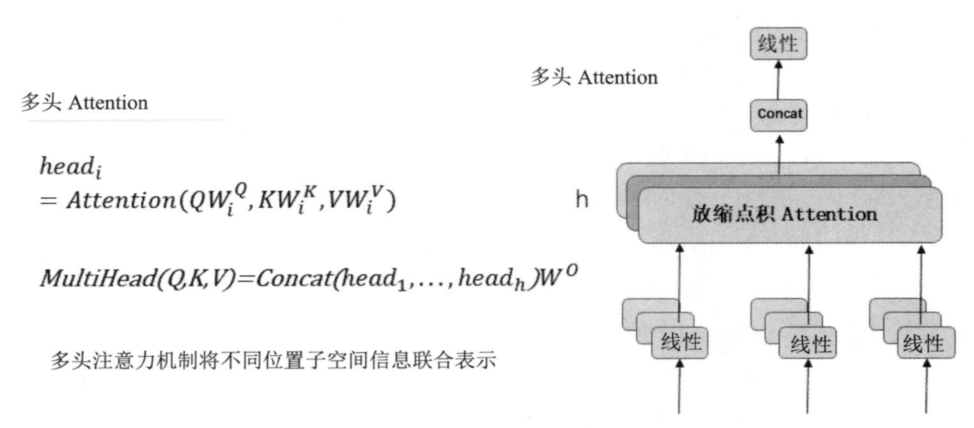

图 5-12　多头注意力机制架构

多头 Attention（Multi-head attention）结构如图 5-12 所示，Query，Key，Value 首先经过一个线性变换，然后输入到放缩点积 Attention，注意这里要做 h 次，其实也就是所谓的多头，每一次算一个头。而且每次 Q，K，V 进行线性变换的参数 W 是不一样的。然后将 h 次的放缩点积 Attention 结果进行拼接，再进行一次线性变换得到的值作为多头 Attention 的结果。可以看到，多头 Attention 的不同之处在于进行了 h 次计算而不仅仅算一次，论文中说到这样的好处是可以允许模型在不同的表示子空间里学习到相关的信息。

5. Attention 机制的优缺点

相比于传统的 RNN 和 CNN，Attention 机制具有如下优点：

- 一步到位的全局联系捕捉，且关注了元素的局部联系；Attention 函数在计算 Attention Value 时，将序列的每一个元素和其他元素的对比，在这个过程中每一个元素间的距离都是唯一；而在时间序列 RNNs 中，元素的值是通过一步步递推得到的长期依赖关系获取的，而越长的序列捕捉长期依赖关系的能力就会越弱；
- 并行计算减少模型训练时间；Attention 机制每一步的计算都不依赖于上一步的计算结果，因此可以并行处理；
- 模型复杂度小，参数少。

Attention 机制的缺点也比较明显，因为是对序列的所有元素并行处理的，所以无法考虑输入序列的元素顺序，这在自然语言处理任务中比较糟糕。因为在自然语言中，语言的顺序包含了十分多的信息，如果缺失了该部分的信息，则得到的结果往往会大打折扣。

Attention 机制是对输入的每个元素考虑不同的权重参数，更加关注与输入的元素相似的部分，从而抑制其他无用的信息。其最大的优势就是能一步到位的考虑全局联系和局部联系，且能并行化计算，这在大数据的环境下尤为重要。同时，需要注意的是 Attention 机制作为一种思想，并不是只能依附在 Encoder-Decoder 框架下的，而是可以根据实际情况和多种模型进行结合。

5.3　Transformer 模型

到目前为止，主流的序列到序列模型是基于编码器—解码器的循环或卷积神经网络，注意力机制的提出，优化了编解码器的性能，从而使得网络性能达到最优。利用注意力机制构建出新的网络架构 Transformer, 完胜了循环或卷积神经网络。Transformer 可以并行训练，训练时间更短。在 WMT 2014 英德翻译任务中，Transformer 获得了 28.4 BLEU 分值；在 WMT 2014 英法翻译任务中，Transformer 模型在 8GPU 上训练 3.5 天之后，获得了 41.8BLEU 分值。Transformer 在其他英语类分析任务中也有不俗的表现。

当前先进的序列到序列建模方法包括循环神经网络、长短期记忆和门控神经网络等，这些建模方法在语言建模和机器翻译等领域的表现相当出色，科学家们正在不断努力，推动编码器—解码器架构的语言模型的不断演化进步。

循环神经网络对输入和输出序列的符号位置进行计算，在计算时间时，将位置信息和时间步长对齐，生成序列的隐含态 , 隐含态是当前时间 t 的输入和前一个时间步长 t–1 时刻的隐含态的函数。这种固有的顺序特性阻碍了训练示例时的并行化，在训练长序列时，这一弱点尤为突出。由于硬件内存的约束，限制了跨示例的批处理，虽然通过条件式分解技巧处理，显著提高了计算效率，从而提高了模型性能。但是，循环神经网络固有的弱势依然存在。

注意力机制提出之后，已成为序列语言模型不可分割的部分，注意力机制只对依赖关系进行建模，不考虑输入序列和输出序列之间的距离。除了少数特殊情况之外，可以将注意力机制与循环网络结合起来使用。

与此同时，提出了 Transformer 架构，Transformer 架构完全依赖于注意力机制来构建输入和输出之间的全局依赖关系，它允许更多的并行化，在 8 个 P100　GPU 上训练了短短 12 个小时后，可以使翻译质量达到最新水平。

自注意力，又称为内部注意力，是一种与序列位置相关联的序列表示向量的计算方法，自注意力已成功地应用于阅读理解、摘要提取、文本隐含和学习任务无关的句子表示等多种自然语言处理任务，由于自注意力机制需要对注意力位置信息做平均，无疑降低了模型的有效分辨率，这种影响可以采用多头注意力机制进行抵消。

Transformer 是第一个完全依赖于自注意力机制来计算其输入和输出的表示的转换模型。

5.3.1　Transformer 的模型架构

富有竞争力的序列到序列模型采用的是编码器—解码器结构，编码器将输入序列（x_1, x_2,···, x_n）映射成符号表示 z=（z_1, z_2···,z_n），根据给定的 Z，解码器生成输出序列（y_1, y_2,···, y_m），在每一个步长里，模型利用前一个步长中生成的向量和该步长的输入，生成输出符号。

Transformer 模型架构如图 5-13 所示，编码器—解码器结构采用堆叠的多头注意力机制加全连接层，图 5-13 中左边的是编码器结构，右边的是解码器结构：

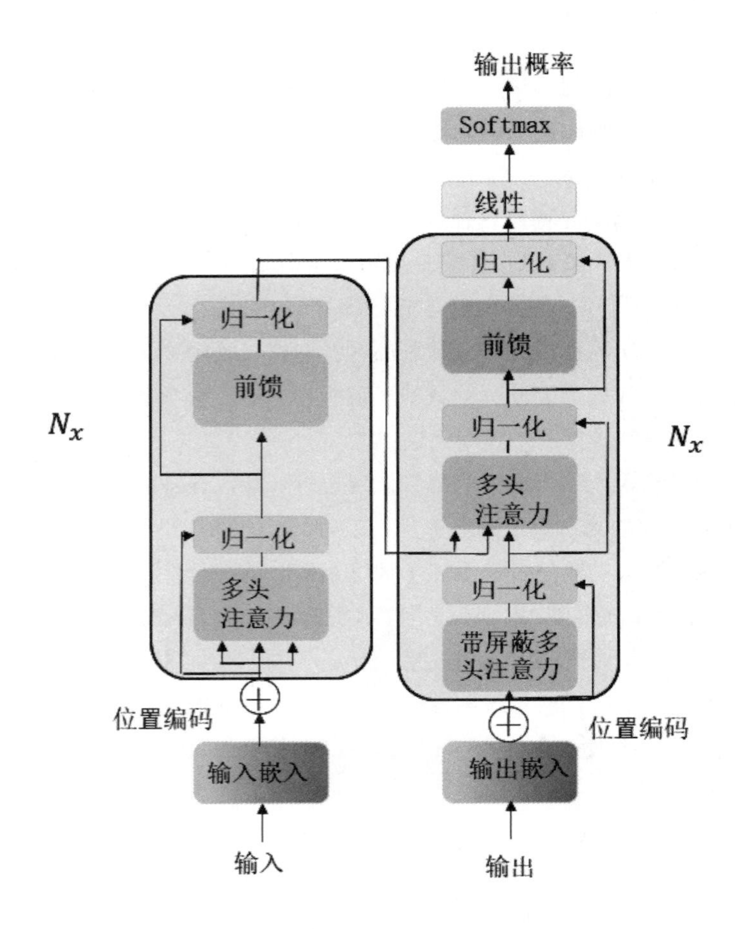

图 5-13　堆叠的编码器—解码器结构

编码器：编码器由 6 个相同的块结构堆叠而成 N=6，每个块结构进一步分成两个子层：即一个多头的自注意力机制和一个前馈网络全连接层，在块中的每一个子层之后，增加一个归一化层，每个子层的输出均为归一化的 LayerNorm(x + Sublayer(x))，包括词嵌入层，模块中所有子层的输出的维数均为 512，即 d_{model}= 512。

解码器：同理，解码器也由 6 个相同的块结构堆叠而成 N=6，每个块结构在编码器两个子层的基础之上，增加了第三个子层，即增加了一个多头注意力子层。与编码器类似，在块中的每一个子层之后，增加一个归一化层。在解码器端，对解码器堆栈中的注意力子层进行了修改，以防止位置编码和后续位置编码相关，通过这种掩蔽，确保了对位置 i 的预测只能依赖于小于 i 的位置的已知输出。

5.3.2　Self-attention 自注意力机制

Attention 函数将三元组 Q(Query)、K(Key)、V(Value) 映射成输出，其中三元组 Q(Query)、K(Key)、V(Value) 和输出均为向量，输出是 V(Value) 的加权和，其中的权重是 Q(Query) 和 K(Key) 对应的组合计算出来的数值。

1. 带缩放的点积注意力机制

带缩放的点积注意力机制的公式如下：

$$\text{Attention}(Q, K, V)=\text{softmax}\left(\frac{QK^T}{\sqrt{\text{d}_\text{k}}}\right)V$$

式中：Q 和 K 中的向量维度都是 d_k，V 的向量维度是 d_v，计算所有 K 向量和 Q 向量的点积，分别除以 $\sqrt{\text{d}_\text{k}}$ ，并应用一个 Softmax 函数来获得这些值的权重。实际上在 Self-attention 中，$d_k=d_v=d_{wordEmbedding/numHeads}$，为了方便将 Attention 的计算转化为矩阵运算，论文中采用了点积的形式求相似度。常见的计算方法除了点积还有 MLP 网络，但是点积能转化为矩阵运算，计算速度更快。

两个最常用的注意力函数是：加注意力函数和点积注意力函数。除了$\sqrt{d_k}$ 的缩放因子外，带缩放的点积注意力机制采用的是点积注意力函数，加注意力函数使用具有单个隐含层的前馈网络来计算兼容性函数。虽然这两者在理论复杂度上相似，但点积注意力函数更快，更节省空间，因为它可以使用高度优化的矩阵乘法码来实现。而对于 d_k 较小的值，这两种机制的性能相似，但在不加大更大的 d_k 值的情况下，加注意力函数优于点积注意力函数。对于较大的 d_k 值，点积相应变大，将 Softmax 函数推到梯度极小的区域。为了抵消这种影响，我们通过$\sqrt{\text{dk}}$ 来缩放点积。

Transformer 模型在三处采用了多头注意力机制：

- 在编码器—解码器注意力层，Q 值来自上一个解码器层，K 值和 V 值来自编码器的输出，从而使得解码器的每一个位置信息均和输入序列的位置信息相关，这种架构模仿了序列到序列模型编解码器注意力机制。
- 编码器中包括自注意力层，在自注意力层中，Q 值、K 值和 V 值均来自编码器上一层的输出，编码器中的位置信息参与到前一层的位置编码中去。
- 同理，解码器中的自注意力机制使得解码器中的位置信息均参与到所有位置信息的解码中去。

2. 全连接前馈网络

在 Transfomer 编码器—解码器架构的每一块中，除了包含多头注意力机制外，还包含一个全连接前馈网络，全连接前馈网络层包含两次 ReLU 激活函数的线性变换。

$$FFN_{(x)}=\max(0, xw_1+b_1)w_2+b_2$$

不同层之间的全连接前馈网络的参数各不相同，模型输入输出的维度是 512 d_{model}= 512，层内部的维度是 2 048 ，即 d_{ff}= 2048。

3. 嵌入和 Softmax 函数

和其他序列到序列的模型相类似，Transformer 模型利用词嵌入技术将输入标记和输出标记转化为维度为 d_{model} 的向量，采用可训练的线性变换和 Softmax 函数，将解码器的输出变换成待预测的下一个标记的概率。在 Transformer 模型中，两个嵌入层和 Softmax 层之间共享权重矩阵。

5.3.3 位置编码 Positional Encoding

由于 Transformer 模型中既没有递归，也没有卷积，需要获得输入序列精准的位置信息的话，必须插入位置编码。位置编码精准地描述了输入序列中各个单词的绝对和相对位置信息，即在编码器 - 解码器的底部输入嵌入中注入“位置编码”，位置编码和输入嵌入有相同的维度 d_{model}，所以二者可以实现相加运算，位置编码方式可以有多种，在 Transformer 模型中采用的是频率不同的三角函数：

$$PE_{(pos,\,2i)}=sin(pos/10\,000^{2i/d_{model}})$$

$$PE_{(pos,\,2i+1)}=cos(pos/10\,000^{2i/d_{model}})$$

其中 pos 是位置，i 是维数，也就是说，位置编码的每个维数都对应于一个正弦曲线。波长从 2π 到 $10\,000\cdot2\pi$ 的几何变化。之所以选择这个函数是因为假设它使得模型很容易地学习相对位置，对于任何固定偏移量 k，$PEpos+k$ 可以表示为 $PEpos$ 的线性函数。

自注意力机制

首先，将自注意力机制和循环卷积网络（RNN ）和卷积神经网络（CNN）进行对比 , 比较它们在变长序列（$x_1, x_2,\cdots,x_n$）映射成为（$z_1, z_2,\cdots,z_n$），$x_i,z_i \in R^d$, 从三个因素来考量采用自注意力机制：首先，每一层计算的复杂程度；其次，可以并行计算的计算量，用对序列操作的最小数目表示；最后，网络中最长相关路径的长度。在序列学习任务中，对长序列相关性的学习是关键性的难点问题，前向和后向信号路径的长度往往是影响学习效率的关键因素，输入和输出序列之间的位置越短，前向和后向信号路径则越短，更容易学习到长序列的依赖关系，通过对比网络中输入输出序列位置的最长通路路径，来回答为什么采用自注意力机制来搭建 Transformer 模型。

如表 5-1 所示：不同层序列操作的最大路径长度、每层的复杂性和最小操作数。n 是序列长度，d 是表示维数，k 是卷积的核大小，r 是受限自注意力中的邻域的大小。层类型复杂性每层顺序最大路径。

表 5-1　不同层序列操作的最大路径长度、每层的复杂性和最小操作数

Layer Type	Complexity per Layer	Sequential Operations	Maximum Path Length
Self-Attention	$O(n^2\cdot d)$	$O(1)$	$O(1)$
Recurrent	$O(n\cdot d^2)$	O(w)	$O(n)$
Convolutional	$O(k\cdot n\cdot d^2)$	$O(1)$	$O(log_k(n))$
Self-Attention(restricted)	$O(r\cdot n\cdot d)$	$O(1)$	$O(n/r)$

在表 5-1 中，自注意力机制通过操作 $O_{(1)}$ 将序列的位置信息关联起来，而 RNN 则需要对序列进行 $O_{(n)}$ 次操作。从计算的复杂程度来看，当序列长度 n 小于表示向量的维度 d 时，在机器翻译任务中性能能达到最优。为了提高超长输入序列的计算性能，限制自注意力中的邻域 r 的大小，从而会使得最长相关路径的长度变为 $O_{(n/r)}$。

卷积核维度为 k 的单卷积层无法实现所有输入和输出位置信息的连接，所以要求有 $O_{(n/k)}$ 层卷积层堆叠，使得最长相关路径的长度变长。通常，CNN 的训练成本比 RNN 的训练成本要高。

从表 5-1 中的对比还可以看出，自注意力机制在复杂程度、并行计算的计算量和网络中最长相关路径的长度三方面均占有优势。

5.3.4 Transformer 模型的训练

1．训练数据和批次大小

在标准的 WMT2014 英语—德语数据集上进行训练，这个数据集包括约 450 万个句子数据对。句子采用字节对编码进行编码，源—目标词汇表中共享约 37 000 个标记。对于英语—法语，使用了更大的 WMT2014 英语—法语数据集，由 3 600 万个句子组成，并将标记分割为 32 000 词汇。句子对按近似的序列长度排列在一起。每个训练批都包含一组句子对，其中包含大约 25 000 个源标记和 25 000 个目标标记。

2．硬件配置

使用 8 NVIDIAP100 GPU 上训练了 Transfomer 模型，使用超参数的基本模型，每个训练步长大约需要花费 0.4 秒的时间，对基本模型总共训练了 10 万步或 12 个小时。对于大模型，步长时间为 1.0 秒，大模型训练了 30 万步（3.5 天）。

3．优化器

采用 Adam 优化器，参数设置为 β1 = 0.9, β2 = 0.98，并依据下述公式调整学习率：

$$lrate= d_{model}^{-0.5} \cdot \min(step\_num^{-0.5}, step\_num \cdot warmup\_steps^{-1.5})$$

对应于第一个 warmup_steps 训练步长，学习率线性增加，在后续步长中，学习率随着步长的平方根成正比例下降，其中，warmup_steps =4 000。

4．正则化

在训练过程中采用了三种正则化方法：

残差 Dropout：在添加子层的输入和归一化之前，将 Dropout 机制应用于每个子层的输出，同时在编码器—解码器堆叠的嵌入过程和位置编码过程中加入 Dropout 机制，P_{drop}= 0.1。

5．训练结果

机器翻译

在 WMT2014 英德翻译任务中，Transformer (big) 比之前报告的最佳模型（包括集成）高出 2.0 多个 BLEU，获得 BLEU 分数为 28.4。该模型的配置列于表 5-2 的底部。在 8 个 P100 GPU 上进行训练需要 3.5 天。甚至基本模型也超过了所有之前发布的模型和集合，训练成本也大幅度缩减。

在 WMT2014 年英法翻译任务中 Transformer (big) 获得了 BLEU 分值为 41.0 分，优于之前发布的所有其他模型，训练成本降低 1/4。

表 5-2 同时将翻译质量和训练成本与其他模型架构的翻译质量和训练成本进行了比较。通过比较训练时间、所使用的 GPU 的数量以及对每个 GPU 5 的持续单精度浮点容量来估计用于训练模型的浮点操作的数量。

表 5-2　Transformer 模型的 BLUE 分值和其他模型 BLUE 分值的对比

Model	BLEU		Training Cost (FLOPs)	
	EN-DE	EN-FR	EN-DE	EN-FR
ByteNet [18]	23.75			
Deep-Att + PosUnk [39]		39.2		$1.0 \cdot 10^{20}$
GNMT + RL [38]	24.6	39.92	$2.3 \cdot 10^{19}$	$1.4 \cdot 10^{20}$
ConvS2S [9]	25.16	40.46	$9.6 \cdot 10^{18}$	$1.5 \cdot 10^{20}$
MoE [32]	26.03	40.56	$2.0 \cdot 10^{19}$	$1.2 \cdot 10^{20}$
Deep-Att + PosUnk Ensemble [39]		40.4		$8.0 \cdot 10^{20}$
GNMT + RL Ensemble [38]	26.30	41.16	$1.8 \cdot 10^{20}$	$1.1 \cdot 10^{21}$
ConvS2S Ensemble [9]	26.36	**41.29**	$7.7 \cdot 10^{19}$	$1.2 \cdot 10^{21}$
Transformer (base model)	27.3	38.1	$\mathbf{3.3 \cdot 10^{18}}$	
Transformer (big)	**28.4**	**41.8**	$2.3 \cdot 10^{19}$	

英文选区解析：

为了评估 Transformer 模型是否可以推广到其他任务，在英语选区解析上进行了实验。这个任务提出了具体的挑战：输出受到强大的结构约束，且长度远远长于输入。此外，RNN 序列对序列模型还无法在小数据体系中获得最为先进的结果。

通过在《×× 日报》的数据集上训练了约 40K 句子，数据模型为 =1 024 的 4 层 Transformer。此外，还在半监督设置下训练它，使用更大的高置信度和伯克利解析器语料库，大约 1 700 万语句。对《×× 日报》的设置使用了 16K 标记词汇，对半监督的设置使用了 32K 标记词汇。

结论：Transformer 是采用自注意力机制的序列到序列模型，在编码器 - 解码器架构的神经网络中，用多头自注意力机制取代了 RNN 层。

对于翻译任务，Transformer 的训练速度可以比基于循环层或卷积层的体系架构要快得多。关于 2014WMT 英德语和 WMT2014 英法翻译任务，实现了不错的性能。在前一项任务中，Transformer 模型的性能甚至优于之前报告的所有其他模型。

5.4　BERT：深双向 Transformers 预训练语言理解模型

BERT 是预训练模型的典型代表，它基于变换器的双向编码器结构，实现了双向的语言表征，可以方便地应用于多种下游任务。接下来，将对 BERT 的预训练和微调流程做进一步详细解读。

5.4.1　概述

BERT 的全称是 Bidirectional Encoder Representations from Transformers，即基于变换器（Transformers）的双向编码器表示技术。BERT 从左右两方向共同训练无标签的文本，深度训练出文本的上下文语义表示。预训练之后的 BERT 模型可以进一步微调，用于实现问答系统、语言推理等多种任务。

BERT 的理念非常简单，获得了不错的效果。在多个自然语言处理任务中，它获得了优越的结果，GLUE 得分为 80.5%（提高了 7.7% 个点），MultiNLI 精度为 86.7%（提高了 4.6%），SQuAD v1.1 问答测试 F1 分值为 93.2（提高 1.5 点），SQuAD v2.0 测试 F1 分值为 83.1（提高了 5.1 点）。

实践证明，BERT 语言预训练模型能有效地提高多种自然语言处理的任务的性能。BERT 能有效地完成句子级别的任务，例如自然语言推理和释义，通过分析输入句子的历史关系来预测句子之间的关系；在标记级别任务，如命名实体识别和问题回答任务中，BERT 可以在标记级别生成细粒度输出表示。

通常有两种策略将预训练语言表示应用于下游任务：基于特征的和微调。基于特征的方法，如 ELMO，根据任务的需求采取具体架构，将预先训练表示作为附加的特征。微调的方法，如 OpenAI GPT，引入最小量的任务具体参数，在预训练参数基础上，通过简单的微调训练下游任务。这两种方法在预训练期间，共享相同的目标函数，用单向语言模型来实现通用语言表示。

目前上述两项技术限制了预训练的性能，特别是对微调方法，主要的限制是标准的语言模型是单向的，这限制了可以在预训练中使用的架构的选择。例如，在 OpenAI GPT，采用了从左到右的结构，其中标记仅可以参与到 Transformer 自注意力层的前一个标记。对于句子级的任务来说，这一限制是次优的，当采用微调的办法处理标记级别的任务，如问答系统时，尤为有害。所以，从左到右和从右到左两个方向结合上下文语义的表示显得至关重要。

利用 BERT 可以改进微调的基础方法：即采用基于变换器（Transformers）的双向编码器表示技术。受到完形填空任务的启发，BERT 采用了“屏蔽语言模型”缓解了前面提到的预训练目标的单向约束（MLM）。屏蔽语言模型随机屏蔽了部分输入标记，目标是根据上下文语义来预测屏蔽词汇的 ID。

与从左到右的预训练语言模型不同，MLM 融合了输入标记左右两边的上下文语义，来预训练深度双向变换器（Transformers）。除了屏蔽语言模型之外，还使用了一个“下一个句子预测”任务，它联合预置训练文本对表示。BERT 的贡献如下：

（1）BERT 充分证明了语双向预训练对语言表示的重要性。与传统的单向语言模型不同，BERT 利用了左右两个方向的双向上下文语义实现预训练，利用屏蔽语言模型启用预训练的深度双向表示。这与仅从从左到右或从右到左的单向浅层连接的表示方法形成了鲜明的对比。

（2）BERT 预训练模型降低了特定训练语言任务模型架构的复杂程度。BERT 是第一个基于微调的表示模型，它在大量句子级和标记级任务上实现了最先进的性能，性能优于许多其他任务的具体架构。

首先，简要回顾一下预训练语言表示的悠久历史和广泛使用的一般方法。

（1）无监督基于特征的方法

在最近的几十年里，科学家和研究人员对单词表示的学习研究做了大量深度和细致的工作，其中既包括神经网络算法模型，又包括非神经网络算法模型方。在自然语言处理（NLP）的生态系统中，预训练词嵌入技术是现代 NLP 系统的发展过程中进展迅猛，日渐成为该领域的一个重要组成部分。为了预训练词嵌入向量，使用了从左到右语言模型来建模，目的是要区分出单词左右两边不正确的上下文语义。

这些方法已经被推广到较粗粒度的自然语言处理任务中，如句子的嵌入或段落的嵌入。为了训练句子表示，先前的工作中包括对下一个句子进行排序、在给出前一个句子的前提下从左到右生成下一个句子或自动编码去噪衍生等相关任务模型。

ELMo 和它的前身通过不同的维度对传统的文字嵌入进行了深入研究，通过从左到右和从右到左的语言模型提取出上下文语义敏感的特征，每个标记的上下文语义表示从左到右的表示和从右到左的表示相串联。在将上下文单词嵌入与现有任务特定架构集成时，ELMo 推进了一些主要 NLP 基准，包括问题回答、情感分析和命名实体识别等。Melamud 等人提出通过一项任务来学习上下文语义表示，采用 LSTM，通过从左到右的上下文语义来预测单词。与 ELMo 相似，Melamud 的模型采用基于特征的方法，没有采用深度双向的架构。

（2）无监督微调的方法

与基于特征的方法类似，无监督微调方法同样从无标签的文本中预训练字嵌入。

最近，有许多方法实现从未标记文本中预训练，利用编码器生成上下文标记来表示句子或文档，并针对有监督的下游任务进行微调。这些方法的优点是，无须从头开始学习参数。至少部分由于这一优势，OpenAI GPT 在 GLUE 基准测试的多个句子级任务上取得了最先进的结果。这些模型当中，在预训练过程中，普遍采用了从左到右的单向语言模型和自动编码技术。

（3）从带监督的数据中迁移学习

还有大量的研究工作关注于实现大数据集监督任务的有效迁移，如自然语言推理和机器翻译。计算机视觉研究也同样证实了从大型预训练模型中迁移学习的重要性，其中一个比较有效的方法是对预训练好的 ImageNet 进行微调。

5.4.2 BERT

在本小节中引进 BERT 的概念及其具体实现，其中包括框架中两个步骤：预训练和微调。在预训练过程中，模型对不同预训练任务上的未标记数据进行训练，用于微调的 BERT 模型首先对 BERT 模型使用预先训练的参数进行初始化，而所有的参数都使用来自下游任务标记数据进行微调。每个下游任务有独立的微调模式，即它们具有相同的预训练参数进行初始化。图 5-14 所示为 BERT 的一个运行实例。

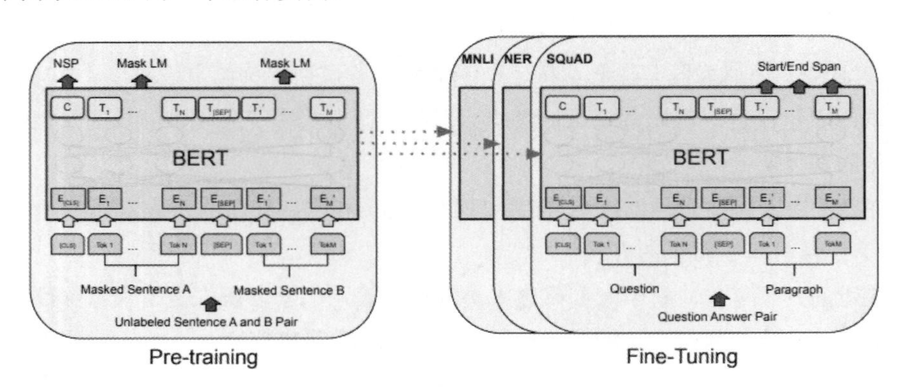

图 5-14　BERT 的预训练和微调流程

BERT 的一个显著特点是它在不同的任务中采用的是统一架构，预训练的架构与最终下游架构之间的差别也不大。

（1）模型架构

BERT 模型架构是一种基于多层双向变换器（Transformers）的编码器架构，在 tensor2tensor 库框架下发布。由于在实现过程当中采用了 Transformers，BERT 模型的实现几乎与 Transformers 一样，由于在先前小节中已经对 Transformers 架构做了详细的描述，在此将忽略模型架构的详尽背景描述，读者可以参考 5.3.1 节中 Transformers 架构的详细说明。

在这里，将 Transformers 块的数目表示为层数 L，隐含状态的大小为 H，和自注意力头数为 A，在两个不同大小的 BERT 模型即：$BERT_{BASE}$（L = 12，H = 768，A = 12，总参数 = 110M）和 $BERT_{LARGE}$（L = 24，H = 1 024，A = 16，总参数 = 340M）进行训练。

将 $BERT_{BASE}$ 与 OpenAI GPT 进行对比的话，$BERT_{BASE}$ 与 OpenAI GPT 大小基本相同，然而，关键的是 BERT 的 Transformers 采用双向自注意力机制，而 GPT 的 Transformers 采用带约束的自注意力机制，其中每个标记只能关注其左边的上下文语义。

（2）输入 / 输出序列的表示

为了使 BERT 能够处理各种下游的任务，首先要求将带标记输入序列明确表示为一个单句或句子对（例如，问题 / 回答任务），此时，“句子”可以是任意长连续的文本。此时此刻，所谓的“序列”是指输入到 BERT 中的标记序列，可以是一个简单的句子或将两个句子包装在一起的句子对。

采用的 WordPiece 对 30 000 标记词汇进行词嵌入，每个序列的第一个标记始终是一个特殊的分类记号（[CLS]），对应于该标记的最后隐含状态当作分类任务的总序列表示。将句子对包装在一起成为单个序列，可以用两种方式来区分句子：首先，用一个特殊的标记 [SEP] 将句子分开；其次，为每一个标记添加一个嵌入，指示是否属于句子 A 或句子 B。将输入嵌入表示为 Ë ，将 [CLS] 标记的最终隐含向量表示为 C, C $\in R^H$ 个输入标记最终隐含向量表示为 T_i, $T_i \in R^H$。

对于给定的标记，其输入表示由相应的标记，文本段和位置嵌入的总和构成，这种结构的可视化可以在图 5-15 中看到。

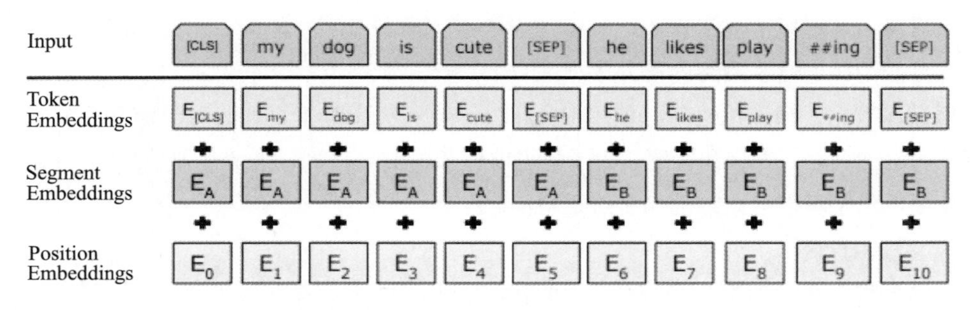

图 5-15　BERT 的输入表示为相应的标记，文本段和位置嵌入的总和

1．BERT 的预训练

BERT 预训练模型没有采用传统的从左到右或从右到左的单向语言模型进行预训练，而是采用从左到右和从右到左的双向语言模型进行预训练，在这里详细描述了两个无监督的训练任务。

任务 1: 屏蔽语言模型 MLM。

直观地说，深度双向模型从严格意义上来讲要比从左到右的模型或从左到右的单向浅连接模型更加强大。不过，标准条件语言模型只能从左到右或者从右到左进行单向训练，而 BERT 这一双向模型可以实现左到右和从右到左双方向进行训练，每个字可以间接地“看到自己”，所以 BERT 模型可以预测多层上下文语义下的目标屏蔽词。

为了训练出深厚的双向表示，按一定比例将输入序列简单地进行屏蔽，然后让模型预测这些屏蔽标记，称这个过程为“屏蔽语言模型”（MLM），也可以称为完形填空任务。在这种情况下，与屏蔽标记对应的最终隐含向量通过词汇表被输入到 Softmax 输出中。在实验中，随机地将 WordPiece 标记序列中 15% 的字段设为屏蔽字。与自动编码器去噪相比，MLM 只预测被屏蔽的单词，而不是重新构造整个输入序列。

虽然 BERT 是一个双向的预训练模型，但它也并非完美无缺，其最大的缺点之一：预训练和微调之间的不匹配，因为在微调过程中，不会出现屏蔽字标记 [MASK]。为了缓解这一矛盾，避免总是用 [MASK] 标记替换“屏蔽”单词，训练数据对随机选择的 15% 的屏蔽字实现预测。如果选定了第 i 个标记作为屏蔽词，那么，在 80% 的时间里，用第 i 个标记取代 [MASK] 标记；在 10% 的时间里，用一个随机标记取代 [MASK] 标记；在 10% 的时间里，保持第 i 个标记不变。然后，利用来预测原标记的交叉熵损失函数。

任务 2：下一个句子预测（NSP）。

许多重要的下游任务，如问答系统（QA）和自然语言推理（NLI）等任务，均基于理解两句话之间的关系的基础上来实现的，而句子对之间的关系并非直接由语言模型来捕获。为了训练出能够理解句子之间关系的模型，对一个二值化的下一句预测任务进行了预训练，训练的句子对可以从任何单语言语料库中获得。

对一个二值化的下一句预测任务进行预训练过程中，可以从任何单语语料库中轻易产生任务。具体而言，从语料库随机选取，句子对选择句子对 A 和 B 作为预训练的输入示例，其中 50% 的概率下，句子 B 是句子 A 的实际下一个句子（标记为 isNext）； 50% 的概率下，句子 B 不是句子 A 的实际下一个句子（标记为 NotNext）。如图 5-14 中所示，用向量 C 来实现下一个句子预测（NSP）。NSP 预训练对于问答系统（QA）和自然语言推理（NLI）等任务非常有益。在以前的工作中，只有句嵌入被传递到下游的任务中，而 BERT 将所有初始化后的参数均传递给了最终的任务模型。

预训练数据、预训练语料，使用 BooksCorpus 和英文维基百科。对于维基百科提取文本段落，而忽略列表、表格和标题。为了能提取较长的文本序列，关键是要使用文档级语料库，而非使用如亿字基准等改组的句子级语料库。

2. 微调 BERT

可以直接对模型微调，因为在 Transformers 中的自注意力机制允许 BERT 建模许多下游任务，无论它们是否涉及单个文本或文本对，均通过交换适当的输入和输出来实现。涉及文本对的应用中，传统的模式是在双向交叉注意力之前对文本进行独立编码。而 BERT 则是使用自注意机制将这两个阶段统一起来，利用自注意力机制对两个句子之间的双向交叉注意力进行编码。

对于特定的任务，只需将任务特定的输入和输出传输给 BERT，对所有参数进行端到端的微调。可以在输入端对句子 A 和句子 B 的关系进行模拟：① 二者可以是在同一段落中的句子对；② 二者可以是在蕴含假设前提下的句子对；③ 还可以是在问答任务中的问题和答案对；④在文本分类或序列标记中的文本对。在输出端，在任务标记的表示被送入标记级的输出层的同时，[CLS] 表示同时也被送入输出层进行分类，从而实现语义蕴含和语义分析。

分析：与高昂的预训练成本相比，微调的成本相对来说比较便宜。本文中所有的结果在单一的云 TPU 上最多训练 1 小时便可获得，或者在 GPU 上训练几个小时，可获得微调结果。

5.4.3　实验

在本节中，展示了多个 NLP 任务的 BERT 微调结果。

1．GLUE

通用语言理解评估基准（GLUE）是多样的自然语言理解任务的集合。在 GLUE 数据集上实现微调，输入序列（单句或句子对）如上一小节所述，用最终隐含向量 C，C ∈ R^H 这里表示向量 C 的空间微调过程中引入的唯一的新参数是分类层的权重 W，W ∈ R^(K×H)，利用 C 和 W 计算标准分类的损失。

在所有 GLUE 数据集的训练任务中，选择批次大小为 32，在每个数据集上训练 3 个 epochs。对于特定任务，为之匹配一套最好的微调学习率（在 5E-5、4E-5、3E-5 和 2E-5 四个学习率中选取最优学习率）。此外，对于模型，发现在对小数据集进行微调时，会发生数据集不稳定现象，通过多个随机重新启动操作，选取最佳模式。

GLUE 测试结果如表 5-3 所示，无论 $BERT_{BASE}$ 和 $BERT_{LARGE}$ 性能均优于所有其他模型，训练平均精度各有 4.5% 和 7.0% 的提高。需要注意的是 $BERT_{BASE}$ 和 OpenAI GPT 模型架构几乎完全相同，唯一的区别在于 BERT 采用了注意力屏蔽技术。对于广为采用的 GLUE 任务：MNLI，BERT 获得 4.6% 绝对准精度的提高。

表 5-3　GLUE 测试结果

System	MNLI-(m/mm)	QQP	QNLI	SST-2	CoLA	STS-B	MRPC	RTE	Average
	392k	363k	108k	67k	8.5k	5.7k	3.5k	2.5k	-
Pre-OpenAI SOTA	80.6/80.1	66.1	82.3	93.2	35.0	81.0	86.0	61.7	74.0
BiLSTM+ELMO+Attn	76.4/76.1	64.8	79.8	90.4	36.0	73.3	84.9	56.8	71.0
OpenAIGPT	82.1/81.4	70.3	87.4	91.3	45.4	80.0	82.3	56.0	75.1
$BERT_{BASE}$	84.6/83.4	71.2	90.5	93.5	52.1	85.8	88.9	66.4	79.6
$BERT_{LARGE}$	**86.7/85.9**	**72.1**	**92.7**	**94.9**	**60.5**	**86.5**	**89.3**	**70.1**	**82.1**

$BERT_{LARGE}$ 的性能显著优于 $BERT_{BASE}$，特别是那些训练数据很少情况下的任务。模型大小的影响在以后内容节中做进一步探讨。

2．SQuAD v1.1

斯坦福大学的问答集（SQuAD v1.1）是 100K 大小的问题 / 答案对集合。提出一个问题，从维基百科中查找出答案，任务目的是在给定段落中预测答案文本的范围。

如图 5-14 所示，在问答任务中，将输入问题和文本段落打包成一个序列，其中问题采用 A 嵌入，文本段落采用 B 嵌入。在微调过程中，引入起始向量 $\boldsymbol{S} \in R^H$ 和结束向量 $\ddot{\boldsymbol{E}}$ ∈ R^H。从起始向量开始之后的第 i 个词的概率为 T_i 和 S 的点积，后面跟随段落文本中所有单词的 Softmax：$P_i=\frac{e^{S\cdot T_i}}{\sum_j e^{S\cdot T_j}}$。从位置 i 到位置 j 的候选单词的分值设为 $S\cdot T_i+E\cdot T_j$，当 $j\geqslant i$ 时，分值最大的单词成为预测结果。训练的目标函数是从开始到结束位置的对数似然之和。用 5E-5 的学习率和批大小为 32，微调 3 个 epochs。

表 5-5 所示为 BERT 在 SQuAD 1.1 数据集上的训练结果。SQuAD 排行榜结果没有对发布的数据进行更新， 允许任何机构自行公开训练结果。BERT 的系统性能优于排行榜第一位 +1.5 F1，作为单一的系统 优于排行榜第一位 +1.3 F1。

表 5-4　SQuAD 1.1 上的训练结果

System	Dev		Test	
	EM	F1	EM	F1
Top Leaderboard Systems （Dec 10th,2018）				
Human	—	—	82.3	91.2
#1 Ensemble-nlnet	—	—	86.0	91.7
#2 Ensemble-QANet	—	—	84.5	90.5
Published				
BiDAF+ELMo（Single）	—	85.6	—	85.8
R.M.Reader（Ensemble）	81.2	87.9	82.3	88.5
Ours				
$BERT_{BASE}$（Single）	80.8	88.5	—	—
$BERT_{LARGE}$（Single）	84.1	90.9	—	—
$BERT_{LARGE}$（Ensemble）	85.8	91.8	—	—
$BERT_{LARGE}$（Sgl.+TriviaQA）	84.2	91.1	85.1	91.8
$BERT_{LARGE}$（Ens.+TriviaQA）	86.2	92.2	87.4	93.2

微调数据，BERT 只输入 0.1 ～ 0.4 F1，仍然大幅超越所有现有系统。

3．SQuAD v2.0

SQuAD v2.0 任务是 SQuAD V1.1 任务的扩展，允许所提供的段落中不存在答案，从而使得问答系统更加符合实际。

利用一个简单的方法来拓展 BERT 模型在 SQuAD V1.1 上的训练来完成 SQuAD v2.0 任务。将那些段落中没有答案的问题视为以 [CLS] 标记为起始点的答案。将答案跨度的起始点跨度位置的概率空间扩展到 [CLS] 标记的位置。为了实现预测，将无答案的分值：$S_{null}=S\times C+E\times C$ 和非空答案的分值相比较 $s_{(i,j)}=\max_{j\geqslant i}S\times T_i+E\times T_j$，当 $s_{(i,j)}>S_{null}+\tau$ 时，预测为非空答案时，其中阈值 τ 根据 F1 分值进行选择，原则上是选择使 F1 最大化的 τ 值。用 5E-5 的学习率和批大小为 32，微调 3 个 epochs。

表 5-5　SQuAD 2.0 上的训练结果

System	Dev		Test	
	EM	F1	EM	F1
Top Leaderboard Systems (Dec 10th, 2018)				
Human	86.3	89.0	86.9	89.5
#1 Single - MIR-MRC (F-Net)	–	–	74.8	78.0
#2 Single - nlnet	–	–	74.2	77.1
Published				
unet (Ensemble)	–	–	71.4	74.9
SLQA+ (Single)	–	–	71.4	74.4
Ours				
$BERT_{LARGE}$ (Single)	78.7	81.9	80.0	83.1

表 5-5 显示 BERT 在 SQuAD v2.0 数据集上的训练结果，较之以前的排行榜排名。

5.4.4 深入研究

为了对 BERT 有更加深入的研究，在多个层面对 BERT 模型进行消融实验，以便更好地了解影响训练性能和结果的重要因素。

1. 预训练任务的影响

通过使用完全相同的预训练数据集、微调方案和 BERT 超参数来评价两个不同的预训练目标任务，将结果进行对比，从而展示 BERT 深度双向编码的重要性依据。

无 NSP 任务 ：只使用“屏蔽语言模型 MLM”进行训练，没有“下一句预测”（NSP）的任务。

LTR & NoNSP ：用一种仅限从左到右上下文语义的单向模型，而不是采用 MLM 模型进行训练。微调时也只使用左约束，因为删除它会引入的预训练 / 微调的不匹配，从而影响下游任务的性能。此外，该模型是没有执行 NSP 任务时就经过了预训练，这与 OpenAI GPT 一样，二者在这一点上具有可比性，不同之处在于使用了大型数据集训练、输入表示和微调方案的不同。

首先查看由 NSP 任务所带来的影响，如表 5-6 所示，剔除 NSP 任务之后， QNLI、MNLI 和 SQuAD v1.1 会显著降低性能。接下来，通过比较“无 NSP”和 “LTR & NoNSP”训练来比较双向训练的影响。LTR 模型在所有任务上的表现都比 MLM 模型差，在 MRPC 和 SQuAD 上有很大的性能下降。

对于 SQuAD 测试集，很显然，LTR 模型在标记预测表现不佳，因为标记级别隐含状态没有单词右侧的上下文语义。为了加强 LTR 系统，在顶部添加了一个随机初始化的 BiLSTM 但这并不显著提高 SQuAD 结果，其结果仍远比预训练的双向模型差。

表 5-6 $\text{BERT}_{\text{BASE}}$ 架构下的预训练任务研究

Tasks	Dev Set				
	MNLI-m (Acc)	QNLI (Acc)	MRPC (Acc)	SST-2 (Acc)	SQuAD (F1)
$\text{BERT}_{\text{BASE}}$	84.4	88.4	86.7	92.7	88.5
No NSP	83.9	84.9	86.5	92.6	87.9
LTR & No NSP	82.1	84.3	77.5	92.1	77.8
+ BiLSTM	82.1	84.1	75.7	91.6	84.9

也有可能训练单独的 LTR 和 RTL 模型，并将每个标记表示为两个模型相连，就像 ELMo 所做的那样。然而这也存在同样的问题：① 它的训练成本是单一的双向模型的训练成本的两倍；② 这对于 QA 这样的任务并不直观，因为 RTL 模型不能确定问题的答案；③ 从严格意义上来讲，不如深度双向模型强大，因为它在每一层都使用了左右两个方向的上下文语义。

2. 模型大小的影响

在本节中，将探讨模型的大小对微调任务精度的影响。在此用如前文所述的相同的超参数，通过改变 BERT 模型中层的数目、隐含单元的数目和注意力机制的头数等变量，从而找出这些因素对BERT模型性能的影响程度。

表5-7　模型大小对BERT性能的影响

超参数				Dev Set准确度		
#L	#H	#A	LM(ppl)	MNLI-m	MRPC	SST-2
3	768	12	5.84	77.9	79.8	88.4
6	768	3	5.24	80.6	82.2	90.7
6	768	12	4.68	81.9	84.8	91.3
12	768	12	3.99	84.4	86.7	92.9
12	1024	16	3.54	85.7	86.9	93.3
24	1024	16	3.23	86.6	87.8	93.7

所选GLUE任务的结果如表5-7所示。在表5-7中，列出了来自5个随机重新启动微调的平均Dev Set的准精确度，从表中可以看出，最大的模型在所有4个数据集上训练的准精确度最高，即使MRPC中只有3 600个训练样本，也是模型越大，训练的精确度越高。这一点与预训练任务的结果大不相同。令人惊奇的是，对于与现行数据集相比，在规模比较大的数据集上训练，大模型实现性能有显著的改善。例如，在瓦斯瓦尼等人开发的大Transformers的编码器设置为：L=6，H=1 024，A=16，带有100M个参数；到目前为止，巨大的Transformers的设置为：L=64、H=512、A=2，带有235M个参数。相比之下，$BERT_{BASE}$包含110M个参数，$BERT_{LARGE}$包含340M个参数。

增加模型的大小将对大型任务性能有所改进，这一事实早为人知，尤其是在机器翻译和语言建模两大领域，这已经是不争的事实了。对于一些较小的任务而言，模型经过充分的预训练之后，在微调阶段，增大模型的大小会显著提高训练的准确度。实验表明，在预训练阶段，将语言模型结构从2层增加到4层时，会对下游任务产生影响；而将隐含层维度的大小200加大到400，也会同样有效。但是当将隐含层维度的大小加大到1 000以上之后，性能便无法得到进一步的改善。以上两种实验都采用了基于特征的方法直接利用模型对下游任务进行微调时，只需极少数的随机初始化的附加参数，即使在下游任务数据非常小的情况下，模型也同样可以从更大的规模大小中获益，使得预训练表示更富有表现力。

3．BERT基于特征的方法

到目前为止，所有的BERT结果均采用微调的做法来获得，在预训练好的模型中添加一个简单的分类层，所有参数都和下游任务微调的参数一致。然而，在基于特征的方法中，从预训练模型中提取出固有的特征，这种方式具有一定的优势。首先，并不是所有的任务都可以很容易地用Transformer编码器架构来表示，为此需要添加一个特定任务的模型架构。其次，是从计算成本来考虑，由于预训练数据的成本非常之高，利用基于特征的方法，有利于降低运行成本。

在将BERT应用于CoNLL-2003命名实体识别（NER）任务中，对微调方法和基于特征这两种方法进行了对比。在此，利用WordPiece模型的输出，作为BERT的输入，其中包括文档的上下文语义信息，根据标准的做法，将此任务定义为标记类任务，在输出层不使用CRF，第一个子标记的表示作为NER标签集中标记级分类的输入。

为了简化微调方法，采用了基于特征的方法，从一个或多个层中提取出激活，而无须微调

BERT 的任何参数。这些上下文语义嵌入可以作为分类层之前的两层 768 维 BiLSTM 的输入。

表 5-8 所示为 BERT 在 CoNLL-2003 实体命名识别任务训练结果，$BERT_{LARGE}$ 模型富有竞争性完美胜出。其中，性能最好的方法是将来自预训练的 Transformers 的前四个隐含层的标记表示串接起来，这比微调整个模型只差了 0.3F1。这说明，BERT 对于微调和基于特性的方法二者都是有效的。

表 5-8 CoNLL-2003 实体命名识别运行结果

系统	Dev F1	Test F1
ELMO	95.7	92.2
CVT	-	92.6
CSE	-	93.1
微调方法		
$BERT_{LARGE}$	96.6	92.8
$BERT_{BASE}$	96.4	92.4
基于特征的方法（$BERT_{BASE}$）		
Embeddings	91.0	-
Second_to_Last Hidden	95.6	-
Last Hidden	94.9	-
Weighted Sum Last Four Hidden	95.9	-
Concat Last Four Hidden	96.1	-
Weighted Sum All 12 Layers	95.5	-

5.4.5 BERT、ELMO 和 OpenAI GPT 的比较

在这里，来比较一下最近流行的三大表示学习模型：ELMo, OpenAI GPT 和 BERT。模型架构之间区别比较如图 5-16 所示。注意，除了架构上的差异，BERT 和 OpenAI GPT 是基于微调的调优方法，而 ELMO 是一种基于特征的方法。

现有的与 BERT 最为类似的预训练方法是 OpenAI GPT，它是从左到右的 Transformer 语言模型，用于训练大型文本语料库。事实上，BERT 中的许多设计决策都是有意使其尽可能接近 GPT，以便对这两种方法进行最小限度的比较。BERT 与 OpenAI GPT 主要区别是双向编码的 Transformer 机制和两个预训练任务，但同时注意到，BERT 和 OpenAI GPT 的训练之间还有以下几个区别：

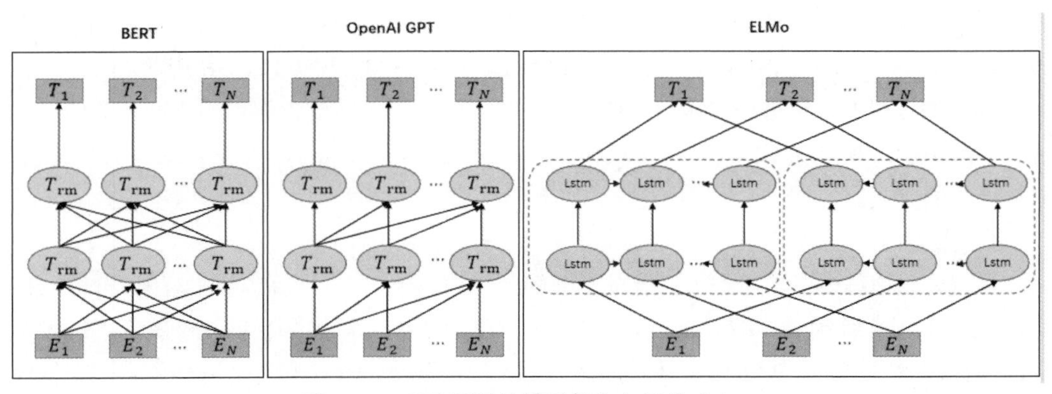

图 5-16 不同预训练模型架构之间的对比

- GPT 训练 BooksCorpus 语料库（800M 字）；BERT 在 BooksCorpus 语料库（800M 单词）和英文维基百科（2 500 万个单词）上训练；
- GPT 只在微调时引入句子分隔符（[SEP]）和分类器标记（[CLS]）；BERT 在预训练阶段学习 [SEP]、[CLS] 和句子 A/B 的嵌入；
- GPT 的批大小为 32 000 字，训练 100 万级的步长；BERT 的批大小为 128 000 字，训练 100 万级的步长；
- GPT 在所有微调实验中使用相同的学习率为 5e-5；BERT 选择特定任务的微调学习率，在所有开发集上表现最优。

为消除这些差异带来的影响，根据 5.4.3 节的实验，证实了大多数改进实际上来自两个预训练任务和实现的双向性。

结论

研究表明，多样化的、无监督的预训练已成为语言理解系统中不可分割的一部分。特别是，这些结果甚至使低资源的任务也能受益于双向架构。未来将致力于进一步推广深双向体系结构，使得相同的预先训练模型能成功地解决一系列广泛的 NLP 任务。

5.5 BERT 的变种

BERT 从诞生到今天，已经过了三年时间，在这段时间里，经过不断的优化和调整，依据不同的应用场景，逐渐演化成多个变种，据称，到目前为止 BERT 的变种已经不下二十个，在这里，挑选了几个比较有代表性的 BERT 变种来做介绍，它们分别是：ALBERT、RoBERTa、KG-BERT 和 MobileBERT。

5.5.1 ALBERT：语言表示自监督学习的 LITE 版本 BERT

在自然语言表示的预训练阶段，通常情况下增加模型大小往往会提高下游任务的性能。然而，从另一方面来看，由于 GPU/TPU 内存限制和训练时长的限制，大模型的训练会变得更加困难。为了解大多数模型的训练问题，研究人员提出了两种降低内存消耗和提高 BERT 训练速度的技术——ALBERT。综合的经验证据表明，ALBERT 比原始 BERT 性能更优。ALBERT 通过引入自监督损失函数，强调了建模句子间的一致性，有助于下游任务的多句子输入。ALBERT 模型在 GLUE、RACE 和 SQUAD 基准上均获得了不错的结果，而与其相比，需要更少的参数。

1. 概述

全网络预训练引发了自然语言表征学习的一系列突破，许多训练数据集有限的 NLP 任务，均从全网络预训练模型中受益匪浅。其中令人信服的案例是为我国初中和高中英语考试设计的阅读理解任务——RACE 测试，该任务最初的准确度为 44.1%；采用全网络预训练模型之后，最新公布的测试结果报告模型性能的准确度为 83.2%；采用 ALBERT 模型之后，模型性能的准确度可达到 89.4%，通过采用高性能的预训练的语言表示技术，可以将阅读理解的准确度提高六个百分点。

这些性能改进表明，一个大型的网络对于实现最佳业绩至关重要。选择一个规模比较大的预训练模型，再将其提炼成较小的模型，已成为实际应用中常见的做法。所以模型大小的选择至关重要，我们不由得要问：选取一个更大的训练模型和拥有一个更优的 NLP 模型是否同等重要？

这个问题的答案：训练模型规模的大小受硬件内存的限制。目前最先进的模型通常有数亿个甚至数十亿个参数，在试图扩大模型规模时，参数的多少很容易超出硬件内存的限制。在分布式训练中，训练速度也会受到参数多少的影响，因为通信开销与模型中的参数数目成正比。

从技术的角度来看，现有的上述问题解决方案包括模型并行化和智能内存管理。虽然这两种解决方案解决了内存限制问题，但却没有彻底解决通信开销。而 ALBERT 正是通过设计一个比传统 BERT 架构具有更少参数的精简 BERT 架构来解决上述所有问题。

ALBERT 结合了两种参数减少技术，消除了大预训练模型时多参数的主要障碍。第一种是因式分解嵌入参数化。通过将规模巨大的词汇量嵌入矩阵分解为两个小矩阵，将隐含层的大小与词嵌入的大小相剥离，这种剥离技术使得在不显著增加词汇表嵌入参数大小的情况下加大隐含层的数量。第二种技术是跨层参数共享，这种技术防止了参数随网络深度的增长而增长。这两种技术在不影响性能的情况下，显著减少了 BERT 的参数数量，从而提高了训练效率。与 $\text{BERT}_{\text{LARGE}}$ 相比，ALBERT 配置的参数要少 18 倍，从而可以将训练速度提高约 1.7 倍。

为了进一步提高 ALBERT 的性能，还在句子顺序预测任务中引入了一个自监督损失函数。SOP 主要关注句子间的一致性，旨在解决原始 BERT 中提出的下一个句子预测（NSP）损失函数的无效性。

利用上述技术和设计手段，能够将 ALBERT 的配置扩展到更大，这些更大规模的配置仍然比 BERT-large 的参数少，从而显著获得更优的性能。在 GLUE、SQuAD 和 RACE 基准上获得结果表明，对于自然语言理解，RACE 精确度可达到 89.4%，GLUE 基准精确度可达到 89.4%，SQuAD 2.0 的 F1 评分达到 92.2。

2．提高自然语言表示学习的规模

在过去的两年里，自然语言的学习表示已广泛地应用于 NLP 任务，其中最为显著的改进之一是从标准的预训练前单词嵌入进化到全网络专项微调中，随着模型规模的扩大，训练性能也随之提高。实验数据表明：在三个选定的自然语言理解任务中，加大隐含层的数目，更多的隐含层和多头注意力会使性能更优。然而，从模型大小和计算成本来考虑，通常，隐含层的数目为 1 024。

受到 GPU/TPU 内存限制等计算力的约束，很难对大模型进行实验。当前最先进的模型通常有数亿个甚至数十亿个参数，很容易受到内存限制。为了解决这个问题，科学家想了多种方法：有的提出了一种称为梯度检查点的方法，以减少对内存的要求，但代价是增加一个向前传递；有的提出了一种从下一层重构每一层 5 s 激活的方法，而无须存储中间激活。这两种方法都以牺牲速度为代价，降低了内存消耗；有的提出使用模型并行化来训练规模大的模型。相比之下，ALBERT参数减少技术减少了内存消耗，提高了训练速度。

（1）跨层参数共享

跨层共享参数的想法源于对Transformer架构的探索，之前的工作集中于标准编码器—解码器任务的训练，而不是预训练/微调设置。研究表明，具有跨层参数共享（通用Transformer，UT）的网络在语言建模和主语——动词一致性方面比标准Transformer能获得更好的性能。最近，有人提出了一种Transformer网络的深度均衡模型（DQE），并证明了DQE可以使得某一层的输入嵌入和输出嵌入保持相同的平衡点。将参数共享Transformer与标准Transformer相结合，进一步增加了标准Transformer的参数数量。

（2）句子排序目标任务

在预测两个连续段文本的排序任务中，ALBERT使用了预训练损失函数。语义中的一致性和衔接已经得到了广泛的研究，并发现了许多连接相邻文本段的现象。在实践中发现的大多数有效目标都相当简单。Skip和FastSent等句子嵌入通过使用句子的编码来预测相邻句子中的单词来学习的，句子嵌入学习还包括预测未来的句子和预测明确的话语标记等。ALBERT的损失函数与句子排序目标相类似，其主要目标是学习句子嵌入，以确定两个连续句子的顺序。然而，与上述大多数工作不同的是，ALBERT的损失函数是定义在文本基础上的，而不是定义在句子基础上的。BERT用于预测句对中的第二段是否用另一文档中的句段替换，而ALBERT通过实验与BERT的损失函数进行了比较，发现句子排序是一项更具有挑战性的预训练任务，对某些下游任务更有用。

3. ALBERT的构成

在这里，介绍ALBERT的设计思路，并提供了与原始BERT体系结构的相应配置的量化比较。

（1）模型架构选择

ALBERT架构的主干与BERT相似，它使用Transformer编码器和GELU非线性，它遵循BERT符号约定，词汇表嵌入大小为E，编码器层数为L，隐含层大小为H，将前馈/滤波器的大小设置为4H，并将注意力头的数量设置为H/64。

ALBERT从以下三方面对BERT进行优化设计：

因式分解嵌入参数：在BERT中，以及随后的XLNet建模中，单词嵌入大小E与隐含层大小H相关联，即E和H相关联。这是次优的决策，实际原因如下：

从建模的角度来看，WordPiece嵌入是为了学习上下文语义无关的表示方法，而隐含层嵌入是为了学习上下文语义相关的表示。类似于BERT的表示的强大之处是采用了与语义相关的表示方法学习语境，因此，将WordPiece词嵌入大小E与隐含层大小H中解绑，能够更有效地使用总模型参数，其中H>E。

从实践的角度来看，自然语言处理应用中，通常要求词汇量V比较大，如果H>E，那么增加隐含层数目H会增加嵌入矩阵的大小，即V×E，从而使得模型具有数十亿个参数，而这些参数在训练过程中使用频度比较稀疏。

ALBERT使用嵌入参数的因式分解：将它们分解成两个更小的矩阵，而不是将独热向量直接投影到 H 大小的隐含层空间中，首先，将它们投影到一个大小为 E 的较低维嵌入空间中，然后，将其投影到隐含层空间中。利用这种分解，将嵌入参数从 O(V×H) 简化为 O(V×E+E×H)。当 H > E 时，可以大幅度减少参数的数目。如果对所有字段使用相同的 E，那么在整个字嵌入空间，文档分布得更为均匀。

跨层间的参数共享 : ALBERT 采用的提高参数效率的另一种方法是跨层参数共享。共享参数有多种方法，例如，仅跨层共享前馈网络（FFN）参数，或者仅共享注意力参数。ALBERT 的默认决策：跨层共享所有参数。除非另有说明，否则所有的实验都使用这个默认的决策。我们将这个设计决定与在美国证券交易进行的实验中的其他策略进行比较。

在 Transformer 网络（Universal Transformer, UT）中 , 也采用了相同的策略。实验结果表明，UT 的性能优于 Vanilla Transformer, 当其中某一层的输入和输出嵌入保持不变时 , 它们的 DQE 达到了一个平衡点。对 L2 距离和余弦相似性的测量表明，嵌入是振荡的，而非收敛的。

从图 5-17 中可以看出，ALBERT 的层与层的变化要比 BERT 平滑得多，表明权重共享对稳定网络参数确有影响，尽管与 BERT 相比，二者都有明显下降，即便到 24 层之后，也不会收敛到 0 。ALBERT 参数的解空间与 DQE 发现的解空间有着显著的不同。

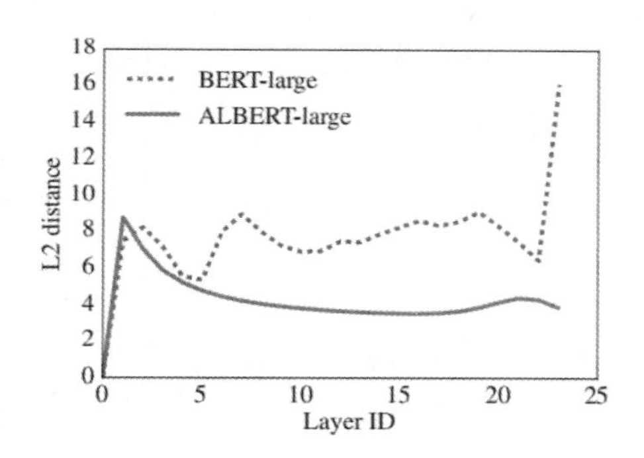

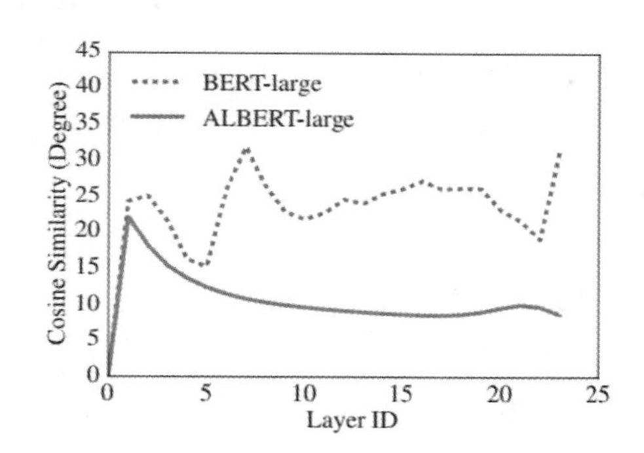

图 5-17　$\mathrm{BERT_{LARGE}}$ 和 $\mathrm{ALBERT_{LARGE}}$ 每层输入输出嵌入的 L2 距离和余弦相似度

句子间一致性损失 : 除了屏蔽字预测语言建模（MLM）外，BERT 还可以实现下一句话预测（NSP）。NSP 是一个二进制分类问题，用于预测两个片段是否连续出现在原文中，如下所示：正采样是通过从训练语料库中提取连续的片段来创建；负采样是通过将来自不同文档的片段配对来创建的；正采样和负采样以相等的概率进行采样。 NSP 目标旨在提高下游任务的性能，如自然语言推理，这些任务需要对句子对之间的关系进行推理。 然而，随后的研究发现 NSP 的影响不可靠，并决定取消它。

NSP 无效的主要原因是它作为一项任务缺乏难度。 正如 4. 实验结果中公式所述，NSP 将主题预测和一致性预测合并到单一任务中。 然而，与一致性预测相比，主题预测更容易学习，并且与使用 MLM 损失学习的内容重叠得更多。句子间建模是语言理解的一个重要方面，为此提出了基于一致性的损失。 也就是说，对于 ALBERT，我们使用句子顺序预测（SOP）损失，它避免了主题预测，而是侧重于句子间的建模一致性。 SOP 损失的正面例子使用了与 BERT（从同一文档中提取两个连续文本片段）相同的技术；作为负面例子，将相同的两个连续段的顺序进行交换。 这使得模型学习在语篇级连贯性方面有了更加细粒度的区分。虽然 NSP 不能从根本上解决 SOP 任务（它能实现比较简单的主题预测），但是，通过分析失调的一致性线索，SOP 可以在合理程度上解决 NSP 任务。因此，ALBERT 模型不断提高多句编码任务的下游任务性能。

（2）模型设置

在表 5-9 中给出了 BERT 和 ALBERT 超参数设置之间的差异。ALBERT 模型与相应的 BERT 模型相比，参数大小要小得多。

表 5-9 BERT 和 ALBERT 超参数设置之间的差异

Model		Parameters	Layers	Hidden	Embedding	Parameter-sharing
BERT	base	108M	12	768	768	False
	large	334M	24	1024	1024	False
ALBERT	base	12M	12	768	128	True
	large	18M	24	1024	128	True
	xlarge	60M	24	2048	128	True
	xxlarge	235M	12	4096	128	True

$ALBERT_{LARGE}$ 比 $BERT_{LARGE}$ 的参数少 18 倍，$ALBERT_{LARGE}$ 有 18M 参数，而 $BERT_{LARGE}$ 有 334M 参数。H=2 048 的 $ALBERT_{xLARGE}$ 配置只有 60M 参数，而 H=4 096 的 $ALBERT_{XXLARGE}$ 配置有 233M 参数，即约占 $BERT_{LARGE}$ 参数的 70%。注意，对于 $ALBERT_{XXXLARGE}$，我们主要报告 12 层网络的结果，24 层网络（具有相同的配置）可以得到相似的结果，但计算成本更高。

这种参数效率的提高是 ALBERT 设计最重要的优势。在量化这一优势之前，需要更详细地介绍一下实验的情况。

4. 实验结果

（1）实验装置

为了保持与 BERT 的一致性，采用 BookCorpus 和英语维基百科进行模型预训练。这两个语料库由约 16GB 的未压缩文本组成。将输入格式化为“[CLS] x_1 [SEP] x_2 [SEP]”，其中 x_1=x_1,1,x_1,2 … 和 x_2=x_2 ,1, x_2,2 … 分别为两个连续的文本片段，将最大输入长度限制在 512，以 10% 的概率随机生成长度小于 512 的输入序列，与 BERT 一样，我们使用的词汇表大小为 30 000，使用 SentencePiece，进行标记。

采用 n-gram 屏蔽字作为 MLM 目标，随机选择每个 n-gram 屏蔽字的长度。长度 n 的概率是由以下公式给出：

$$p(n)=\frac{1/n}{\sum_{k=1}^{N}1/k}$$

将 n-gram 的最大长度设置为 3（MLM 目标可以由多达 3 个完整单词组成，例如“White House correspondents”）。

所有模型更新都使用批量大小为 4 096 和学习率为 0.001 76 的 Lamb 优化器。除非另有规定，所有模型训练 125 000 个步长，训练在云 TPU V3 上完成。用于训练的 TPU 的数量为 64~512 个，取决于模型的大小。在没有另行说明的情况下，本节所述的设置适用于所有的 BERT 版本以及 ALBERT 模型。

（2）评价基准

- 内部评价

为了监控训练进度，使用相同的程序创建了一个基于 SQUNAD 和 RACE 的开发集，计算了 MLM 和句子分类任务的准确性。注意，利用这个开发集来检查模型是如何收敛的，它并不影响任何下游性能的评估方式。

- 下游评估

在通用语言理解评估（GLUE）基准、斯坦福问答数据集（SQuAD）和 RACE 三个流行数据集上评估我们的模型。除了报告基于任务排行之外，还报告测试集结果。对于在开发集上有很大差异的 GLUE 数据集，报告了 5 次运行的中值。

5. BERT 和 ALBERT 之间的比较

围绕着提高参数效率，评估 ALBERT 和 BERT 的性能对比，ALBERT 的优势是参数效率的提高，如表 5-9 所示，$\text{BERT}_{\text{LARGE}}$ 与相比较，$\text{ALBERT}_{\text{XXLARGE}}$ 效率提高可达 70%，SQuAD v1.1 (+1.9%), SQuAD v2.0 (+3.1%), MNLI (+1.4%), SST-2 (+2.2%), RACE (+8.4%)。

此外，在训练配置（相同数量的 TPU）相同的情况下，ALBERT 训练时的数据吞吐量具备速度优势。由于数据吞吐量较少，计算量会更少，ALBERT 模型比其相应的 BERT 模型具有更高的数据吞吐量。如果使用大 $\text{BERT}_{\text{LARGE}}$ 作为基准，$\text{ALBERT}_{\text{LARGE}}$ 在数据迭代时的速度要快 1.7 倍，而 $\text{ALBERT}_{\text{XXLARGE}}$ 则因为结构庞大而要慢 3 倍。

6. 因式分解嵌入参数化

表 5-10 显示了采用相同的具有代表性的下游任务集的情况下 使用配置更改词汇表嵌入大小 E 的效果，在非共享条件（BERT）下，词嵌入空间越大，则性能越好。

表 5-10　词汇表嵌入大小对性能的影响

Model	E	Parameters	SQuAD1.1	SQuAD2.0	MNLI	SST-2	RACE	Avg
ALBERT base not-shared	64	87M	89.9/82.9	80.1/77.8	82.9	91.5	66.7	81.3
	128	89M	89.9/82.8	80.3/77.3	83.7	91.5	67.9	81.7
	256	93M	90.2/83.2	80.3/77.4	84.1	91.9	67.3	81.8
	768	108M	90.4/83.2	80.4/77.6	84.5	92.8	68.2	82.3
ALBERT base all-shared	64	10M	88.7/81.4	77.5/74.8	80.8	89.4	63.5	79.0
	128	12M	89.3/82.3	80.0/77.1	81.6	90.3	64.0	80.1
	256	16M	88.8/81.5	79.1/76.3	81.5	90.3	63.4	79.6
	768	31M	88.6/81.5	79.2/76.6	82.0	90.6	63.3	79.8

从表 5-10 中可以看出，词嵌入空间大小为 128 时的 性能最优，所以词嵌入大小为 E = 128 作为后续实验的默认配置。

7. 跨层参数共享

表 5-11 给出了各种跨层参数共享策略的实验结果，使用两个嵌入大小（E=768 和 E=128）的配置，对全共享策略（ALBERT）、非共享策略（BERT）和中间策略三者进行了对比，其中只共享注意力参数（但不共享 FNN 参数）或只共享 FFN 参数（但不共享注意力参数）。

在以上两种情况下，全共享策略都会有损性能，但与 E=768（-2.5）相比，E=128（Avg 上的 1.5）对性能的损失相对不那么严重。此外，大多数性能下降似乎来自共享 FFN 层参数，而共享注意力参数在 E=128（Avg 上为 0.1）时不会下降，当 E=768（Avg 上为 -0.7）时会略有下降。

还有其他策略来共享跨层参数。 例如，可以将 L 层划分为 N 个大小为 M 的组，每个大小 M 组共享参数。总之，TAL 结果表明，组大小 M 越小，得到的性能越好。然而，减小组大小 M 会显著增加总的参数数量，在这里选择全共享策略作为默认设置。

8. 句子顺序预测 (SOP)

使用 ALBERT- base 配置，对空 (XLNet- ，RoBERTa-e), NSP (BERT) 和 SOP (ALBERT) 三种条件下的附加句间损失进行了比较，结果见表 5-11，两者都有所超越。

表 5-11　各种跨层参数共享策略的实验结果

Model		Parameters	SQuAD1.1	SQuAD2.0	MNLI	SST-2	RACE	Avg
ALBERT base E=768	all-shared	31M	88.6/81.5	79.2/76.6	82.0	90.6	63.3	79.8
	shared-attention	83M	89.9/82.7	80.0/77.2	84.0	91.4	67.7	81.6
	shared-FFN	57M	89.2/82.1	78.2/75.4	81.5	90.8	62.6	79.5
	not-shared	108M	90.4/83.2	80.4/77.6	84.5	92.8	68.2	82.3
ALBERT base E=128	all-shared	12M	89.3/82.3	80.0/77.1	82.0	90.3	64.0	80.1
	shared-attention	64M	89.9/82.8	80.7/77.9	83.4	91.9	67.6	81.7
	shared-FFN	38M	88.9/81.6	78.6/75.6	82.3	91.7	64.4	80.2
	not-shared	89M	89.9/82.8	80.3/77.3	83.2	91.5	67.9	81.6

测试结果表明，NSP 损失对 SOP 任务没有显著的影响（精确度为 52.0%，类似于“空”条件下的随机性能）。为此可以得出结论，NSP 最终只对主题转移任务实现建模。相比之下，SOP 损失确实较好地解决了 NSP 任务（78.9% 的准确性），SOP 任务性能更好（86.5% 的准确性）。更重要的是，SOP 损失提高了多句编码任务等下游任务性能 Avg 评分提高约 1%。

9. 在同样的时间里如何进行模型训练

表 5-12 的加速结果表明，$\text{BERT}_{\text{LARGE}}$ 的数据吞吐量比 $\text{ALBERT}_{\text{XXLARGE}}$ 高出 3.17 倍。由于增大训练时长通常性能会更优，对此做了一个比较，其中，在不控制数据吞吐量（训练步骤的数量）的前提下，控制实际的训练时间（让模型训练相同的小时）。在表 5-12 中，比较了经过 400k 训练步长后（训练 34 小时后）$\text{BERT}_{\text{LARGE}}$ 的模型的性能，大致相当于训练 $\text{ALBERT}_{\text{XXLARGE}}$ 模型 125k 步长所需的时间（32 小时的训练）。

表 5-12　控制训练时长的效应，和的对比

Models	Steps	Time	SQuAD1.1	SQuAD2.0	MNLI	SST-2	RACE	Avg
BERT-large	400k	34h	93.5/87.4	86.9/84.3	87.8	94.6	77.3	87.2
ALBERT-xxlarge	125k	32h	**94.0/88.1**	**88.3/85.3**	87.8	**95.4**	**82.5**	**88.7**

10. 在其他数据集上的训练

到目前为止所做的实验只使用维基百科和 BOOKCORPUS 数据集，在本节中，做了基于 XLNet 和 RoBERTA 数据集的测试（见表 5-13）。

表 5-13　多个数据集上测试结果比较

	SQuAD1.1	SQuAD2.0	MNLI	SST-2	RACE	Avg
No additional data	**89.3/82.3**	**80.0/77.1**	81.6	90.3	64.0	80.1
With additional data	88.8/81.7	79.1/76.3	**82.4**	**92.8**	**66.0**	**80.8**

11. NLP 任务的新情况

在本节中给出了两个单模型和集合模型两种设置下的微调结果：单模型和集合。在这两种设置中，下面列出了五种模型的中位运行结果，如表 5-14 所示。

表 5-14　五种模型的中位运行结果比较

Models	MNLI	QNLI	QQP	RTE	SST	MRPC	CoLA	STS	WNLI	Avg
Single-task single models on dev										
BERT-large	86.6	92.3	91.3	70.4	93.2	88.0	60.6	90.0	-	-
XLNet-large	89.8	93.9	91.8	83.8	95.6	89.2	63.6	91.8	-	-
RoBERTa-large	90.2	94.7	**92.2**	86.6	96.4	**90.9**	68.0	92.4	-	-
ALBERT (1M)	90.4	95.2	92.0	88.1	96.8	90.2	68.7	92.7	-	-
ALBERT (1.5M)	**90.8**	**95.3**	**92.2**	**89.2**	**96.9**	**90.9**	**71.4**	**93.0**	-	-
Ensembles on test (from leaderboard as of Sept. 16, 2019)										
ALICE	88.2	95.7	**90.7**	83.5	95.2	92.6	**69.2**	91.1	80.8	87.0
MT-DNN	87.9	96.0	89.9	86.3	96.5	92.7	68.4	91.1	89.0	87.6
XLNet	90.2	98.6	90.3	86.3	96.8	93.0	67.8	91.6	90.4	88.4
RoBERTa	90.8	98.9	90.2	88.2	96.7	92.3	67.8	92.2	89.0	88.5
Adv-RoBERTa	91.1	98.8	90.3	88.7	96.8	93.1	68.0	92.4	89.0	88.8
ALBERT	**91.3**	**99.2**	90.5	**89.2**	**97.1**	**93.4**	69.1	**92.5**	**91.8**	**89.4**

根据开发集性能选择最终集成模型的检查点，选择检查点数量为 6~17 个，具体取决于任务本身。对于 GLUE 和 RACE 基准测试，对集成模型的模型预测进行平均，其中候选模型使用 12 层和 24 层架构训练步长进行微调。对于 SQAD，对预测评分进行了排序，对“不可回答”决策的分数也做了平均。

单模型和集成模型结果都表明，ALBERT 在所有三个基准数据集上运行的结果为最优，GLUE 评分为 89.4 分，SQuAD V2.0 测试 F1 评分为 92.2 分，RACE 测试精确度为 89.4。 后者似乎是一个特别有力的改进，比 BERT 增加了 17.4% 的百分点，比 XLNet 增加了 7.6%，比 Ro BERTa 增加了 6.2%，比 DCMI 增加了 5.3%，这是专门为阅读理解任务设计的多个模型的集合。单一模型精确度达到了 86.5%，比最先进的集成模型高 2.4%。

小结：$\text{ALBERT}_{\text{XXLARGE}}$ 的参数远远小于 $\text{BERT}_{\text{LARGE}}$，性能却显著更优，由于其结构庞大，会消耗更多的计算量。 因此，下一步会利用稀疏注意力和阻断注意力等方法加快 ALBERT 的训练和推理速度。 通过示例挖掘和更有效的语言建模训练，进一步实现深入研究。 此外，实验数据表明，句子顺序预测是一项更有用的学习任务，可以生成更好的语言表示，假设目前的自我监督训练损失可能还没有捕捉到更多的维度，可能需要对表示结果生成额外的表示能力。

5.5.2　RoBERTa 优化后鲁棒的 BERT 预训练模型

虽然语言模型预训练的性能已得到显著提升，但是不同的方法之间的差异同时也带来了一定的挑战性。大型私人数据集的训练计算成本会高昂，在模型的训练过程中，超参数选择对最终结果会产生重大影响。通过研究关键超参数和数据集大小相互之间的影响，提出了一个基于 BERT 预训练模型的复制研究 RoBERTa， RoBERTa 弥补了 BERT 训练的不足，模型的性能得以大幅度提高。RoBERTa 模型在 GLUE, RACE 和 SQuAD 上取得了不错的效果。

1. 概述

如 ELMo 、 GPT 、 BERT 、XLM 和 XLNet 等自训练方法可以显著提升性能，同时它也富有挑战性，目前，训练的计算成本高昂，限制了进一步的微调，如果使用不同规模的私人训练数据集，限制了衡量建模效果的能力。

研究人员仔细评估了超参数微调对训练集大小的影响，提出 BERT 预训练模型的复制研究。通过这些研究，发现了 BERT 模型训练的不足之处，并提出了改进的 BERT 模型配置，称为 RoBERTa，RoBERTa 性能可以和 BERT 媲美，甚至有所超越。RoBERTa 在 BERT 基础上做了如下改进：

- 对模型进行更多数据，更长批次的训练。
- 删除下一句预测目标任务。
- 在更长的序列上实现训练。
- 动态更改应用于训练数据的屏蔽模式。
- 通过收集与其他私人使用的数据集相当的大型新数据集（CC-News），以更好地控制训练集的大小。

控制训练数据时，RoBERTa 可改善在 GLUE 和 SQuAD 上发布的 BERT 训练结果。当训练时长超过附加数据时，RoBERTa 模型在公共 GLUE 排行榜上得分为 88.5 分，与 Yangetal 报告的 88.4 分相当。RoBERTa 模型在 GLUE 任务中采用了诸如 MNLI、QNLI、RTE 和 STS-B 等技术，从而取得了先进的成绩。总体来说，RoBERTa 模型在训练 BERT 的屏蔽字语言模型及其他最近训练目标（如扰动的自动反向语言建模）时，颇具竞争力。

2. 模型架构

BERT 将两个句段（标记序列）的串联作为输入：$x_1, \cdots, x_N$ 和 $y_1, \cdots, y_M$。句段通常由多个自然句子组成。这两个句段作为单一输入序列发送给 BERT，并利用特殊的标记来划分它们：[CLS], $x_1, \cdots, x_N$, [SEP], $y_1, \cdots, y_M$, [EOS].M 和 N 的约束条件为 $M + N < T$，其中 T 是控制训练期间最大序列长度的参数。

该模型首先在一个大的未标记文本语料库上进行预训练，然后对任务标记的数据进行微调。

BERT 使用 Transformer 架构，采用 带有 L 层的变压器架构，每个块使用 A 自注意力头和 H 维度的隐含层。

3. 训练目标

BERT 可以实现屏蔽字语言建模和下一句预测两个目标任务的预训练。

屏蔽字语言模型（MLM）: 选择带标记的随机样本作为输入序列，用特殊 [MASK] 标记取而代之。MLM 的目标是预测屏蔽标记的交叉熵损失。BERT 统一选择对 15% 的输入标记以进行替换，在选定的标记中，80% 的标记被替换为 [MASK]，10% 保持不变，10% 被随机选定的词汇标记替换。

起初，在开始的时候执行一次随机屏蔽和替换，并在训练期间保存，但在实际训练过程中，对数据进行复制，因此每个训练句子的屏蔽字并不总是相同。

下一句子预测（NSP）：NSP 实质是预测原始文本中的两个段落是否相互跟随的二分类问题。通过从文本语料库中选取连续句子来创建正向示例，通过从不同文档的配对句段创建负向示例。正向示例和负向示例的采样概率均等。

NSP 目标旨在提高下游任务的性能，如自然语言推论，实现句子对之间关系的推理。

使用以下参数：$\beta 1 = 0.9$，$\beta 2 = 0.999$, $e = 1e\text{-}6$ 和 L2 权重衰减 0.01 对 BERT 进行优化。

在前 10 000 步，学习率预热到峰值 1e-4，然后线性衰减。模型经过 S = 1 000 000 次更新实现预训练，小批次包含 B = 256 个最大长度 T = 512 的标记序列。

4. 实验布置和实施

在 FAIRSEQ 上重新运行 BERT，采用上一小节中给出的原始 BERT 优化超参数，但对峰值学习率和热身步长单独调整。在对模型微调之后，获得了更好的性能或更好的稳定性。同样，当设置 β2 = 0.98，可以提高大批量训练的稳定性。

预先训练了最多 T=512 标记的全长序列，而不是大量注入短序列，也未在前 90% 的更新中减少序列长度。

通过在 DGX-1 机器上使用混合精度浮点算术进行训练，每台机器配备 8 x 32GB Nvidia V100 GPUs，由无限制带宽连接。

5. 训练数据集

BERT 对 BOOKC OR-pus 和英文维基百科的未压缩文本进行训练。

BERT 风格的预训练主要依赖于大量的文本，加大数据量大小可提高最终任务性能。通过对几个比 BERT 更大、更加多样化的数据集的训练，进行结果的比较。但是，并不是所有的附加数据集都可以公开发布。在 RoBERTa 研究中，尽可能多地收集实验数据进行训练，并在每次比较中适当地匹配数据的总体质量和数量。

总共采用了五个不同大小和领域的英语语料库，总计超过 160GB 的未压缩文本。使用以下文本语料库：

- BOOKCORPUS 加英语维基百科，这是用来训练 BERT 原始数据。
- CC-NEWS，从 CommonCrawl 新闻的英文部分收集到的数据集。该数据集中包含 2016 年 9 月至 2019 年 2 月期间的 6 300 万篇英语新闻文章。
- OPENWEBTEXT 开源娱乐网络文字，该文本是从 Reddit 上共享的网址中提取的 Web 内容。
- STORIES， 包含过滤的一组普通草书数据， 以 Winograd 风格的故事。

6. 评估

继之前的工作之后，使用以下三个基准评估下游任务的预训练模型。

通用语言理解评估基准 GLUE 包括评估自然语言理解系统的 9 个数据集，主要用于训练单句分类或句子对的分类任务。GLUE 组织者为参与者提供训练数据集，模型训练的测试和评估。

在下一节中，将描述单任务训练数据（没有多任务训练或集合）上微调预训练模型后的测试结果，微调过程和 BERT 的微调过程相同。

斯坦福问答数据集提供了带有语境的段落和一个问题。任务是从上下文语境中提取出问题的答案。模型评估了两个版本：SQuAD V1.1 和 SQuAD V2.0。在 SQuAD V1.1 中，上下文语境中包含了答案，而在 SQuAD V2.0 中，有些问题在提供的上下文中没有给出回答，从而使任务更具挑战性。

对于 SQuAD V1.1，采用与 BERT 相同跨度的预测方法，对于 SQuAD V2.0，则添加了一个额外的二元分类器来预测问题是否可回答，通过将分类和跨度损失项相加来进行训练。

在评估过程中，只对预测被归类为可回答问题进行评估。

考试阅读能力竞赛（RACE）是一个包含 28 000 多篇文章和近 100 000 个问题的大型阅读理解数据集。数据来源为中学生设计的英语考试。在 RACE 中，每一个段落都有多个问题，对于每个问题，任务是从四个选项中选择一个正确答案。RACE 比其他流行的阅读理解数据集有更长的语境，并且需要推理的问题比例也非常大。

7. 训练过程分析

本节探讨并量化成功预训练 BERT 模型的重要参数，并确保模型架构固定参数为：$BERT_{BASE}$(L = 12, H = 768, A = 12, 110M 参数）。

（1）静态与动态屏蔽

如 5.5.2 节中所述， 训练 BERT 模型取决于随机屏蔽和预测标记，BERT 在数据预处理过程中执行了一次屏蔽，从而生成了单个 静态屏蔽。为了避免每次迭代过程中的训练实例使用相同的屏蔽字，将训练数据复制 10 次，以便在 40 次迭代训练中以 10 种不同的方式对每个序列进行屏蔽。因此，在训练过程中，每个训练序列用同一个屏蔽字观察四次。

与静态屏蔽不同，动态屏蔽每次将序列馈送至模型时，都会生成一个屏蔽模式。当预训练的步长更长或使数据集更大时，动态屏蔽变得至关重要，如表 5-15 所示。

表 5-15　BERTBASE 静态和动态屏蔽之间的比较

Masking	SQuAD 2.0	MNLI-m	SST-2
reference	76.3	84.3	92.8
Our reimplementation:			
static	78.3	84.3	92.5
dynamic	78.7	84.0	92.9

表 5-15 比较了 $BERT_{BASE}$ 静态和动态屏蔽的实现结果。从表 5-15 中可以发现，静态屏蔽的实现与 BERT 模型类似，而动态屏蔽的性能要稍好一些。

鉴于上述结果和动态屏蔽的额外效率优势，在后续模型训练中使用动态屏蔽。

（2）模型输入格式和下一个句子预测

在 BERT 预训练过程中，模型观察两个连续句子段，它们可以从同一文档（$p = 0.5$）连续取样，也可以从不同的文档中连续取样。除了屏蔽字语言建模任务之外，模型还通过下一句话预测（NSP）所观察到的文档段是否来自相同或不同的文档。

NSP 为训练 BERT 模型的一个重要因素，删除 NSP 会损害性能，删除 NSP 之后 QNLI、MNLI 和 SQuAD V1.1 的性能会显著下降。然而，新近的一些研究工作对 NSP 的必要性提出了质疑。

为了更好地了解这种差异，对几种其他训练格式进行了比较：

- SEGMENT-PAIR+NSP：与 BERT 中使用的原始输入格式一致。每个输入都是一对段落，每个段落包含多个自然句子，段落总长度必须小于 512 个标记。
- SENTENCE-PAIR+NSP：每个输入都包含一对自然句子，可以从一个文档的连续部分进行采样，也可以从单独的文档中取样。由于这些输入序列的长度明显短于 512 个标记，为此增加了批次大小，使标记总数与 " SEGMENT-PAIR+NSP " 保持一致。在此保留了 NSP。

- FULL-SENTENCES：每个输入都包括从一个或多个文档连续抽取的完整句子，总长度最多为 512 个标记，输入可跨越文档边界。当到达一个文档的末尾时，开始从下一个文档中抽样句子，并在文档之间添加额外的分割标记。在此删除了 NSP。
- DOC-SENTENCES: 输入的构造类似于 FULL-SENTENCES，但不得跨越文档边界。文档末尾附近抽样的输入可能短于 512 个标记，在这种情况下动态增加批次大小，以实现与 FULL-SENTENCES 类似的总标记数量。在此删除了 NSP。

表 5-16 所示为四种不同设置的结果。首先比较 SEGMENT-PAIR 和 SENTENCE-PAIR 这两种输入格式，二者都保留了 NSP，后者使用单个句子。可以发现，使用单个句子会影响下游任务的性能。

表 5-16　基于 BOOKCORPUS 和 WIKIPEDIA 的模型预训练结果

Model	SQuAD 1.1/2.0	MNLI-m	SST-2	RACE
Our reimplementation (with NSP loss):				
SEGMENT-PAIR	90.4/78.7	84.0	92.9	64.2
SENTENCE-PAIR	88.7/76.2	82.9	92.1	63.0
Our reimplementation (without NSP loss):				
FULL-SENTENCES	90.4/79.1	84.7	92.5	64.8
DOC-SENTENCES	90.6/79.7	84.7	92.7	65.6
$\text{BERT}_{\text{BASE}}$	88.5/76.3	84.3	92.8	64.3
$\text{XLNet}_{\text{BASE}}$ (K = 7)	–/81.3	85.8	92.7	66.1
$\text{XLNet}_{\text{BASE}}$ (K = 6)	–/81.0	85.6	93.4	66.7

接下来，在删除 NSP 的情况下，与单个文档中的文本块进行比较，发现此设置优于最初发布的 $\text{BERT}_{\text{BASE}}$ 结果，删除 NSP 匹配项可以略微提高下游任务性能。可能因为 BERT 实施在删除 NSP 的情况下，同时仍保留 " SEGMENT-PAIR " 输入格式。

最后，来自单个文档的序列比从多个文档（FULL-SENTENCES）中包装序列的性能要稍好一些。但是，由于 DOC-SENTENCES 格式会导致批量大小可变，因此在后续实验中使用 FULL SENTENCES，以便与相关工作进行比较。

（3）大批次训练

以往的神经机翻译方面的工作表明，在适当提高学习速率时，使用大的批次进行训练既能提高优化速度，又能优化任务性能。最近的研究表明，BERT 也适用于大批次训练。

$\text{BERT}_{\text{BASE}}$ 的训练步长为 1M，批次大小为 256 个序列，计算成本相当于（通过梯度积累）训练 125K 步长，批次大小为 2K 的序列，或者步长为 31K，批次大小为 8K 的序列。

对于 BERTbase 的任务，随着批次大小的增加，通过控制训练数据的传递次数 ，可提高屏蔽字建模任务的困惑程度，以及任务的准确性。通过分布式数据并行训练， 大批量也更容易并行化，所以采用 8K 序列的批量进行训练。

对于采用高达 32K 批次的序列进行 BERT 训练的局限性，有待进一步探讨。

（4）文本编码

字节 - 对编码是字符和单词级表示的混合体，用于处理自然语言中常见的大词汇。BPE 依赖于子字单元，这些单元通过对培训语料库进行统计分析来提取。

BPE 词汇表通常包括 10K~100K 子字单位。词汇表中绝大多数是 unicode 字符编码，

unicode 字符编码在建模大型和多样化的文本时可以占词汇表的一大部分，例如本文中考虑的字符。Radford 等（2019） 引入一个巧妙的 BPE 实现，它使用字节代替 unicode 作为基本子字单元。使用字节可以学习中等大小的子字词汇（50K 字节），该词汇仍然可以在不引入任何 " 未知 " 标记的情况下对任何输入文本进行编码。

BERT 训练使用 30K 大小的字符级 BPE 词汇，该词汇采用启发式标记化规则对输入进行预处理。采用 Radford et al 的 BPE 编码，利用 BERT 训练更大的字幕级 BPE 词汇表，其中包含 50K 子字单位，没有任何额外的预处理或令牌化的输入。采用 BPE 编码输入之后，$BERT_{BASE}$ 的参数增加了大约 15M， $BERT_{LARGE}$ 增加了大约 20M 的附加参数。

早期的实验显示，unicode 字符编码与 Radford et al 的 BPE 编码之间只有细微的差别，BPE 在某些任务上的表现稍差一些。从某种意义上说，通用编码方案性能上的优势不算太大，并在实验中使用通用编码方案。

8. RoBERTa

在前一节中，为了提高任务的性能，修改了 BERT 预训练程序，之后对改进进行汇总并评估它们的综合影响，并将此配置称为 RoBERTa——优化后鲁棒的 BERT 预训练模型。具体来说，RoBERTa 为动态屏蔽字、无 NSP 的 FULL-SENTENCES、大型小批次和更大的 BPE 的训练。

此外，还研究了以前工作中强调不足的另外两个重要因素：

- 用于预训练的数据；
- 数据经过训练的次数。

例如，最近提出的 XLNet 架构预训练时使用的数据是 BERT 的近 10 倍，采用近一半的步长，训练 8 倍大的批次，因此在预训练中的序列是 BERT 的 4 倍。

为了将这些因素的重要性与其他建模选择（如预训练目标）区分开来，首先按照 $BERT_{LARGE}$ 架构（L = 24、 H = 1 024、A = 16 355M 参数）对 RoBERTa 进行训练，分别在 e BOOK- CORPUS 和 WIKIPEDIA 两个数据集上预训练了 100K 步长，在 1 024 V100 GPUs 上进行预训练花费了 24 小时（见表 5-17）。

表 5-17　RoBERTa 在 16GB → 160GB 大数据文本上训练 100K → 300K → 500K 步长

Model	data	bsz	steps	SQuAD (v1.1/2.0)	MNLI-m	SST-2
RoBERTa						
with BOOKS + WIKI	16GB	8K	100K	93.6/87.3	89.0	95.3
+ additional data (§3.2)	160GB	8K	100K	94.0/87.7	89.3	95.6
+ pretrain longer	160GB	8K	300K	94.4/88.7	90.0	96.1
+ pretrain even longer	160GB	8K	500K	**94.6/89.4**	**90.2**	**96.4**
$BERT_{LARGE}$						
with BOOKS + WIKI	13GB	256	1M	90.9/81.8	86.6	93.7
$XLNet_{LARGE}$						
with BOOKS + WIKI	13GB	256	1M	94.0/87.8	88.4	94.4
+ additional data	126GB	2K	500K	94.5/88.8	89.8	95.6

从表 5-17 的结果中可以看出，在控制训练数据集大小时，RoBERTa 比 $BERT_{LARGE}$ 的结果有了很大的改进，这也是 RoBERTa 设计选择配置的重要性之所在。

接下来，将此数据与第 5.5.2 节 5. 中描述的三个附加数据集相结合，与以前相同的训练步长（100 K）用 RoBERTa 对合并数据进行培训。预训练的文本总量超过 160 GB，可以观察到所有下游任务的性能有了进一步提高，从而验证了数据大小和多样性在预训练中的重要性。

最后，对 RoBERTa 进行了更长时间的预训练，将预训练步数从 100 K 增加到 300 K，然后进一步增加到 500 K，再次观察到下游任务性能的显著提高，在大多数任务中，300 K 和 500 K 步长模型的性能优于 $XLNet_{LARGE}$。

9. 评测结果

接下来，利用 GLUE, SQuAD 和 RACE 三个不同的基准评估最佳 RoBERTa 模型。

（1）GLUE 评测结果

对于 GLUE，考虑两种微调设置。第一种设置为单任务设置，分别为每个 GLUE 任务单独进行 RoBERTa 微调，对每个任务进行有限的超参数扫描，批次大小为 G{16, 32}，学习率为 G{1e-5, 2e-5, 3e-5}，前 6% 的步长进行线性预热，然后线性衰减为 0。我们对 10 个阶段进行微调，并根据 dev 集合上每个任务的评估度量执行提前停止。其余超参数与训练前相同。在此设置中，我们报告五次随机初始化期间每个任务的开发集结果中位数，而不进行模型集成。

第二种设置集成测试设置，在 GLUE 数据集上用 RoBERTa 进行训练，并与其他方法进行比较。提交内容为单任务微调。对于 RTE、STS 和 MRPC，我们发现从 MNLI 单任务模型开始微调是很好的。

在表 5-18 中给出了训练的结果，在第一种设置中，RoBERTa 在所有 9 个 GLUE 任务开发集上都获得了最优的结果。关键的问题是，RoBERTa 使用了与 $BERT_{LARGE}$ 相同的屏蔽字语言建模预训练目标和体系架构，但始终优于 $BERT_{LARGE}$ 和 $XLNet_{LARGE}$。与数据集大小和训练时长等更为平凡的细节相比，这就提出了关于模型体系结构和预训练前等相对重要的问题。

表 5-18　GLUE 训练结果

	MNLI	QNLI	QQP	RTE	SST	MRPC	CoLA	STS	WNLI	Avg
Single-task single models on dev										
$BERT_{LARGE}$	86.6/-	92.3	91.3	70.4	93.2	88.0	60.6	90.0	—	—
$XLNet_{LARGE}$	89.8/-	93.9	91.8	83.8	95.6	89.2	63.6	91.8	—	—
RoBERTa	**90.2/90.2**	**94.7**	**92.2**	**86.6**	**96.4**	**90.9**	**68.0**	**92.4**	**91.3**	—
Ensembles on test (from leaderboard as of July 25, 2019)										
ALICE	88.2/87.9	95.7	**90.7**	83.5	95.2	92.6	**68.6**	91.1	80.8	86.3
MT-DNN	87.9/87.4	96.0	89.9	86.3	96.5	92.7	68.4	91.1	89.0	87.6
XLNet	90.2/89.8	98.6	90.3	86.3	**96.8**	**93.0**	67.8	91.6	**90.4**	88.4
RoBERTa	**90.8/90.2**	**98.9**	90.2	**88.2**	96.7	92.3	67.8	**92.2**	89.0	**88.5**

在第二种设置中，GLUE 排行榜中的 9 个任务中，有 4 个获得最高分，超出了平均分数线。这一点尤其令人兴奋，因为 RoBERTa 不依赖于多任务微调。期望未来的工作可以通过合并更复杂的多任务微调来进一步改进这些结果。

（2）SQuAD 评测结果

在这里采用了更简单的方法：当 BERT 和 XL-Net 采用额外的 QA 数据集扩充训练数据时，仅使用 SQuAD 训练数据对 RoBERTa 进行微调。

在表 5-19 中给出了训练的结果：在 SQuAD v1.1 开发集上，RoBERTa 性能与 XLNet 的性能相当；在 SQuAD v2.0 开发集上，RoBERTa 设置采用了新技术，比 XLNet 提高了 0.4 分（EM）和 0.6 分（F1）。

表 5-19　SQuAD 评测结果

Model	SQuAD 1.1		SQuAD 2.0	
	EM	F1	EM	F1
Single models on dev, w/o data augmentation				
$BERT_{LARGE}$	84.1	90.9	79.0	81.8
$XLNet_{LARGE}$	**89.0**	94.5	86.1	88.8
RoBERTa	88.9	**94.6**	**86.5**	**89.4**
Single models on test (as of July 25, 2019)				
$XLNet_{LARGE}$			86.3†	89.1†
RoBERTa			86.8	89.8
XLNet + SG-Net Verifier			**87.0**†	**89.9**†

在公开的 RoBERTa 2.0 排行榜中，评估其相对于其他系统性能的优越之处，大多数顶级系统都建立在 BERT 或 XLNet 之上，但两者都依赖于额外的外部训练数据集。相比之下，RoBERTa 不使用任何其他额外的数据。

单任务 RoBERTa 模型优于其他所有模型，在那些不依赖数据增强的模型中得分最高。

（3）RACE 评测结果

在 RACE 中，系统提供文本段落、关联问题和四个候选答案。系统需要对四个候选答案中的那一个进行分类。

通过将每个候选回答与相应的问题进行级联，从而利用 RoBERTa 来完成此任务。然后，对四个序列中的每一个进行编码，并通过一个全连接层传递生成的 [CLS] 表示式，该层用于预测正确答案。对超过 128 个标记的问答对进行截断，以确保总长度最多为 512 标记。

RACE 评测结果在表 5-20 中列出。RoBERTa 在中学和高中环境中都取得了先进的成绩。

表 5-20　RACE 评测结果

Model	Accuracy	Middle	High
Single models on test (as of July 25, 2019)			
$BERT_{LARGE}$	72.0	76.6	70.1
$XLNet_{LARGE}$	81.7	85.4	80.2
RoBERTa	**83.2**	**86.5**	**81.3**

结论

预训练的方法适用于多种训练任务，包括语言建模、机器翻译和屏蔽字语言建模，目前有许多最近的论文中已经使用了多种微调模型的配方，最终成为语言模型的一些变体。然而，较新的方法通过多任务微调，结合实体嵌入、跨度预测，以及自动反向预训练等多个变种，利用更大的模型对更多的数据进行训练，目标是复制、简化和更好地调整 BERT 的训练，从而优化模型的性能。

在预训练 BERT 模型时，会仔细评估一些设计决策。我们发现，通过延长对模型的训练时长、通过在更多数据上进行大批次训练、删除下一个句子预测目标、训练较长序列、动态更改应用于训练数据的屏蔽模式，这些手段均可以显著提高性能。改进后的预训练程序 RoBERTa 在 GLUE、RACE 和 SQuAD 上取得了最优的结果，而无须为 GLUE 进行多任务微调，也没有为 SQuAD 提供附加数据。这些结果说明了设计决策的重要性，并表明 BERT 的预训练目标与最近提出的替代方案保持竞争力。

5.5.3　KG–BERT 知识图 BERT

知识图是人工智能任务的重要资源 , 使用预先训练的语言模型来实现知识图，首先将知识图中的三元组视为文本序列，采用 KG-BERT 新框架，对三元组建模，即知识图双向 Transformer 编码器表示形式，将三元组的实体和关系描述作为输入，采用 KG-BERT 语言模型计算三元组的得分，在多个基准知识图上的实验结果表明，KG-BERT 可以在三重分类、链接预测和关系预测任务中达到最优的性能。

诸如 FreeBase、YAGO 和 WordNet 等大型知识图（KG）为语义搜索、问答系统等 AI 任务提供了有效的基础。知识图（KG）通常是一个多关系图，包含实体节点和关系边缘。每个边缘都表示为一个三元组（头部实体、关系、尾部实体）[简称为（h，r，t）]，表示两个实体之间的关系。尽管知识图谱的有效性还不够完美，但是还是许多研究工作围绕着知识图的实现展开。

知识图嵌入是常用的知识图实现方法，它将三元组中的实体和关系表示为实值向量，并使用这些向量评估三元组的合理性。大多数知识图嵌入模型使用结构化信息观察三元组，从而导致知识图的稀疏性。新近的一些研究结合了文本信息来丰富知识图表示，针对同一实体 / 关系的独特文本，嵌入不同的三元组，从而忽略了上下文语境。

在自然语言处理领域，如 ELMo、GPT、BERT 和 XLNet 等预训练语言模型取得了重大的成功。这些模型可以学习具有大量自由文本数据的上下文词嵌入，并在许多语言理解任务中获得优异的性能。其中，BERT 通过屏蔽语言建模和下一句预测对双向 Transformer 编码器进行预训练，从而成为杰出的代表。它可以在预训练的模型权重中捕获丰富的语言知识。

在最新的研究中，科学家提出了一种使用预先训练的语言模型完成知识图的新方法：首先将实体，关系和三元组视为文本序列；然后将知识图的完成转化为序列分类问题；最后，在这些序列上微调 BERT 模型，以预测三元组或关系的合理性。该方法可以在多个 KG 任务中实现强大的性能，称为 KG-BERT 。KG-BERT 首次实现了一种新的知识图语言建模方法，这种方法在一些基准数据集上的结果表明：KG-BERT 在三分类、关系预测和链接预测任务中获得最新的结果。

1. 背景

（1）知识图嵌入

近年来，针对知识图嵌入展开了许多研究工作，根据三元组（h，r，t）的分值函数不同，知识图嵌入方法又可分为平移距离模型和语义匹配模型两种。平移距离模型采用基于距离的分值函数，通过计算两个实体向量 h 和 t 之间的距离来评估三元组（h，r，t）的合理性，代表性的平移距离模型有 TransE 及 TransH。TransE 的分值函数定义为负平移距离 $f(h, r, t) = -||h + r\ r\ t||$ 语义匹配模型采用基于相似度的分值函数，代表性的语义匹配模型有 RESCAL 和 DistMult。TransE 的分值函数定义为双线性函数 $f(h, r, t) = \langle h, r, t \rangle$。

上述方法使用从三元组中观察到的结构信息完成知识图，同时可以引入诸如实体类型、逻辑规则和文本描述之类的各种外部信息以提高性能，对于文本信息，首先对来自外部语料库词嵌入的实体表示取均值，通过对齐 Wikipedia 锚点和实体名称，将实体和单词共同嵌入同一向量空间，使用卷积神经网络（CNN）对实体描述中的单词序列进行编码，通过提出语义空间投影（SSP）三元组和文本描述之间的强相关性来共同学习主题和 KG 嵌入。这种方式虽然取得了成功，但这些模型学习的实体和关联的文本表示形式相同，而实体 / 关系描述中的单词在不同的三元组中可能具有不同的含义或重要性权重。

为了解决上述问题，科学家提出了一种文本增强的 KG 嵌入模型 TEKE，该模型可以为关系中的不同三元组分配不同的嵌入。TEKE 利用实体注释的文本语料库中实体和单词的共现，采用具有注意力机制的 LSTM 编码器构造具有不同关系的语境文本表示形式。利用三重特定关系提及以及实体描述之间的相互注意力机制，提出了一种精确的文本增强 KG 嵌入方法。尽管这些方法可以按不同的三元组处理实体和关系的语义变化，但仅利用实体描述、关系提及和与实体的词同现，无法充分利用大规模自由文本数据中的句法和语义信息，与这些方法相比，KG-BERT 可以通过预先训练的语言模型来学习具有丰富语言信息的语境感知文本嵌入。

（2）预训练语言模型

预训练语言表示模型可以分为两类：基于特征的预训练语言表示模型和微调预训练语言表示模型。传统的词嵌入方法，例如 Word2Vec 和 Glove 旨在采用基于特征的方法来学习与上下文语境无关的单词向量。ELMo 将传统的单词嵌入泛化为上下文感知的单词嵌入，可以正确处理单词多义性。与基于特征的预训练语言表示模型不同， GPT 和 BERT 采用微调方法进行预训练。

预训练模型从自由文本中捕获了丰富的语义模式，最近，在 KG 的背景下还探索了新的预训练语言模型。新的预训练语言模型从 KG 中的随机游动生成的实体关系链（句子）上的上下文嵌入，然后将这些嵌入用作 KG 嵌入模型（如 TransE）的初始化，在 KG 中合并了信息性实体，以增强 BERT 语言的表示能力，使用实体或关系的名称或描述作为输入，并对 BERT 进行微调以计算三元组的合理性得分。

2. 知识图 BERT（KG-BERT）的架构

BERT 是基于变换器的双向编码器表示技术。BERT 框架有两个步骤：预训练和微调。在预训练期间，BERT 接受了两个自监督任务，即进行大规模的未标记通用领域语料库

（BooksCorpus 和 English Wikipedia 的 3 300 万个单词）的训练：屏蔽字语言建模和下一句预测。在屏蔽字语言建模中，BERT 预测随机屏蔽字的输入标记；在下一个句子预测中，BERT 预测两个输入句子是否连续。为了进行微调，使用预训练的参数权重初始化 BERT，并使用来自下游任务（如句子对分类，问题解答和序列标记）的标记数据对所有参数进行微调。为了充分利用丰富的语言模式来表示语境，通过知识图谱实现预训练 BERT 的微调，简称为 KG-BERT。

KG-BERT 用于三元组建模的架构如图 5-18 所示，称为 KG-BERT（a）版的 KG-BERT，每个输入序列的第一个标记始终是特殊分类标记 [CLS]。头实体表示为包含标记 $Tokh_1,\cdots,$ $Tokh_a$ 的句子，关系表示为包含标记 $Tokr_1,\cdots,Tokr_b,$ 的句子，尾实体表示为包含标记 $Tokt_1,\cdots,$ $Tokt_c$，的句子。实体和关联的句子由特殊标记 [SEP] 分隔。对于给定的标记，其输入表示形式为标记，段和位置嵌入相加来构造。由 [SEP] 标记分隔的不同元素具有不同的段嵌入，头和尾实体的句子中的标记共享相同的段嵌入 e_a，而关联语句中的标记具有不同的段嵌入 e_B；位于相同位置 $i\in\{1,2,3,\cdots,512\}$ 的不同标记具有相同的位置嵌入，输入标记 i 表示为，该标记被馈送到 BERT 模型中，该模型是一种多层双向 Transformer 编码器，特殊 [CLS] 标记和第 i 个输入标记的最终隐含向量表示为 $C\in R^H$ 和 $T_i\in R^H$,，其中 H 是预训练的 BERT 中的隐含状态大小。对应于 [CLS] 的最终隐含状态 C 用作计算聚合序列三重分值。在三重分类微调期间引入的唯一新参数是分类层权重 $W\in R^{2\times H}$, 三元组的分值函数是一个二维实向量。对于给定的三元组，可以计算出相应的交叉熵损失。

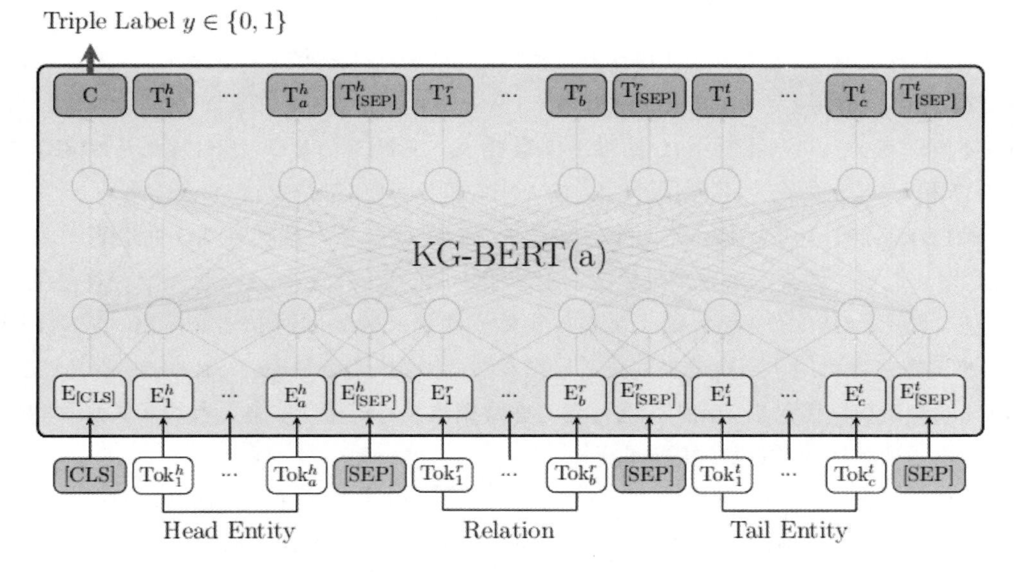

图 5-18　利用 KG-BERT 微调来预测三元组的合理性

用于预测两个实体关系的 KG-BERT 架构如图 5-19 所示，称其为 KG-BERT（b）版本的 KG-BERT，使用两个实体 h 和 t 句子来直接预测它们之间的关系 r，实验表明：KG-BERT（b）直接预测两个句子之间的关系的性能要优于 KG-BERT(a)，在 KG-BERT(a) 中，利用对应于 [CLS] 标记的最终隐含状态 C 来表示两个实体之间的关系。在关系预测微调中引入的唯一新

参数是分类层权重 $W' \in R^{R*H}$。

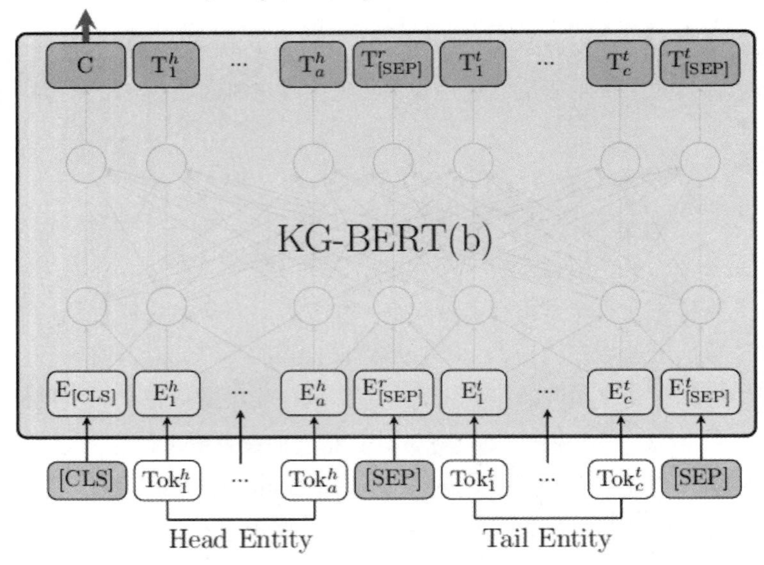

图 5-19　预测两个实体关系的 KG-BERT 模型架构

3. 实验

通过三个实验性的任务，对 KG-BERT 进行评测，以确定：

- 模型可以判断未知的三元组（h，r，t）是否正确？
- 模型可以预测给定另一个实体和特定实体的关系吗？
- 模型可以预测给定两个实体的关系吗？

数据集：在六个广泛使用的基准 KG 数据集：WN11、FB13、FB15K、WN18RR，FB15k-237 和 UMLS 上进行了实验，其中 WN11 和 WN18RR 是 WordNet 的两个子集，FB15K 和 FB15k-237 是 Freebase 的两个子集。WordNet 是一个大型英文 KG 词汇表，其中每个实体为一个同义词集，由多个词组成，对应于不同的词义。Freebase 是一个有关通用事实的大型知识图。UMLS 是包含语义类型（实体）和语义关系的医学语义网络。WN11 和 FB13 的测试集包含可用于三重分类的正三元组和负三元组。WN18RR、FB15K、FB15k-237 和 UMLS 的测试集仅包含正三元组，通过对这些数据集执行链接（实体）预测和关系预测。表 5-21 提供了所使用的数据集的统计信息。

对于 WN18RR，将同义词集定义当作实体语句；对于 WN11、FB15K 和 UMLS，使用实体名称作为输入语句；对于 FB13，使用 Wikipedia 中的实体描述作为输入句子；对于 FB15k-237，使用关系名称作为关联语句。

设置：将 KG-BERT 初始化为 12 层的预训练模型，12 个自注意力头，H=768，之后 KG-BERT 用 BERT 的 Adam 进行微调，实验表明，一般来讲 $BERT_{BASE}$ 预训练模型的性能要优于 $BERT_{LARGE}$ 预训练模型，KG-BERT 的超参数设置如下：

表 5-21　各个数据集的统计信息

Dataset	# Ent	# Rel	# Train	# Dev	# Test
WN11	38 696	11	112 581	2 609	10 544
FB13	75 043	13	316 232	5 908	23 733
WN18RR	40 943	11	86 835	3 034	3 134
FB15K	14 951	1 345	483 142	50 000	59 071
FB15k-237	14 541	237	272 115	17 535	20 466
UMLS	135	46	5 216	652	661

微调：批次大小：32，学习率：5e-5，dropout 率：0.1；

对于三重分类问题，训练 3 个 epochs；对于实体预测任务，训练了 5 个 epochs；对于关系预测，训练了 20 个 epochs；在关系预测任务中，训练的 epochs 越多，性能便越优。

三重分类任务：

三重分类旨在判断给定的三元组（h，r，t）是否正确。表 5-22 列出了 WN11 和 FB13 上不同方法的三重分类准确度，从表 5-22 可以看出，KG-BERT（a）明显优于其他模型，这表明了 KG-BERT 方法的有效性。模型运行了 10 次之后，发现标准偏差小于 0.2，并且有显著（$p<0.01$）改进。到目前为止，KG-BERT（a）取得了最好的成绩。通过更深入的性能分析，注意到 TransE 无法获得高精度分数，因为它无法处理 1-to-N，N-to-1 和 N-N 的关系。通过引入关系特定的参数，TransH，TransR，TransD，TranSparse 和 TransG 优于 TransE。DistMult 的性能相对较好，可以通过 DistMult-HRS 中使用的层次关系结构信息来进行改进。ConvKB 的结果也不错，这表明 CNN 模型可以捕获实体和关系嵌入之间的全局交互。DOLORES 将上下文信息合并到实体关系中，从而进一步改善了 ConvKB。NTN 在 FB13 上也表现出竞争优势，这意味着它是一种表现力非常好的模型，对使用词嵌入表示实体很有帮助。其他文本增强型 KG 嵌入 TEKE 和 AATE 优于其基本模型（如 TransE 和 TransH）。

表 5-22　不同嵌入方式下三重分类的准确度

Method	WN11	FB13	Avg.
NTN (Socher et al. 2013)	86.2	90.0	88.1
TransE (Wang et al. 2014b)	75.9	81.5	78.7
TransH (Wang et al. 2014b)	78.8	83.3	81.1
TransR (Lin et al. 2015b)	85.9	82.5	84.2
TransD (Ji et al. 2015)	86.4	89.1	87.8
TEKE (Wang and Li 2016)	86.1	84.2	85.2
TransG (Xiao, Huang, and Zhu 2016)	87.4	87.3	87.4
TranSparse-S (Ji et al. 2016)	86.4	88.2	87.3
DistMult (Zhang et al. 2018)	87.1	86.2	86.7
DistMult-HRS (Zhang et al. 2018)	88.9	89.0	89.0
AATE (An et al. 2018)	88.0	87.2	87.6
ConvKB (Nguyen et al. 2018a)	87.6	88.8	88.2
DOLORES (Wang, Kulkarni, and Wang 2018)	87.5	89.3	88.4
KG-BERT(a)	**93.5**	**90.4**	**91.9**

由于 WordNet 是一种语言知识图，它更接近预训练语言模型中包含的语言模式，因此

WN11 上的 KG-BERT（a）的改进要大于 FB13。

KG-BERT(a) 之所以能有如此优越的性能，主要归结于以下四点：

- 输入序列既包含实体词又包含关系词序列；
- 三重分类任务与 BERT 预训练中的下一个句子预测任务非常相似，后者可以捕获大型自由文本中两个句子之间的关系，因此预训练的 BERT 权重可以很好地定位三元组中不同元素之间的关系；
- 标记隐含向量是上下文嵌入。同一标记可以在不同的三元组中具有不同的隐含向量，因此可以明确使用上下文语义信息。
- 自注意力机制可以发现与三重事实有关的最重要的单词。

关联预测任务：

关联（实体）预测任务预测给定的头实体 h（？，r，t）或预测给定的尾部实体 t（h，r ,?），其中？表示缺少的元素。使用由测试三元组上的分值函数 f（h，r，t）产生的排序来评估结果。每个正确的三元组（h，r，t）通过用实体 e ∈ E 替换其头部或尾部实体，然后将这些候选项按其合理性得分的降序排列。报告中采用了两个常见指标：正确实体的平均排名（MR）和 Hits @ 10 排名来表示正确实体在前 10 名中所占的比例。MR 越低越好，而 Hits @ 10 越高越好。

表 5-23 所示为各种模型的关联预测性能，利用 OpenKE 工具包测试了一些经典的模型，可以看出：

表 5-23　WN18RR, FB15k-237 和 UMLS 数据集上关联（实体）预测任务结果

Method	WN18RR		FB15k-237		UMLS	
	MR	Hits@10	MR	Hits@10	MR	Hits@10
TransE (our results)	2365	50.5	223	47.4	1.84	98.9
TransH (our results)	2524	50.3	255	48.6	1.80	**99.5**
TransR (our results)	3166	50.7	237	51.1	1.81	99.4
TransD (our results)	2768	50.7	246	48.4	1.71	99.3
DistMult (our results)	3704	47.7	411	41.9	5.52	84.6
ComplEx (our results)	3921	48.3	508	43.4	2.59	96.7
ConvE (Dettmers et al. 2018)	5277	48	246	49.1	–	–
ConvKB (Nguyen et al. 2018a)	2554	52.5	257	51.7	–	–
R-GCN (Schlichtkrull et al. 2018)	–	–	–	41.7	–	–
KBGAN (Cai and Wang 2018)	–	48.1	–	45.8	–	–
RotatE (Sun et al. 2019)	3340	**57.1**	177	**53.3**	–	–
KG-BERT(a)	**97**	52.4	**153**	42.0	**1.47**	99.0

- KG-BERT（a）比模型具备更低的 MR，并且在 WN18RR 和 FB15k-237 上实现了最低的平均排名。
- KG-BERT（a）的 Hits @ 10 分数低于某些新方法。KG-BERT（a）在实体和关系句子的语义相关性中的排名并不高，这是因为 KG 结构信息未明确建模，无法和 CNN 模型 ConvE 和 ConvKB 与卷积网络 R-GCN 相当。ComplEx 在 WN18RR 和 FB15k-237 上的性能不佳，但可以使用 KBGAN 和 RotatE 中的对抗性负采样功能进行改进。

关系预测：

该任务预测两个给定实体之间的关系，即（h，？，t）。li 用关系得分对候选者进行排名，该过程类似于关联预测，使用均值排名（MR）和 Hits @ 1（经过过滤的设置）评估关系排名。

表 5-24 报告了 FB15K 上的关系预测结果。从表中可以看出，KG-BERT（b）也显示出令人鼓舞的结果，并实现了迄今为止的最高 Hits @ 1。KG-BERT（b）与 BERT 微调中的句子对分类类似，也可以使 BERT 进行预训练。文本增强的模型 DKRL 和 SSP 优于 TransE 和 TransH。TKRL 和 PTransE 与分层实体类别和扩展路径信息配合良好。

表 5-24　FB15K 上的关系预测结果

Method	Mean Rank	Hits@1
TransE (Lin et al. 2015a)	2.5	84.3
TransR (Xie, Liu, and Sun 2016)	2.1	91.6
DKRL (CNN) (Xie et al. 2016)	2.5	89.0
DKRL (CNN) + TransE (Xie et al. 2016)	2.0	90.8
DKRL (CBOW) (Xie et al. 2016)	2.5	82.7
TKRL (RHE) (Xie, Liu, and Sun 2016)	1.7	92.8
TKRL (RHE) (Xie, Liu, and Sun 2016)	1.8	92.5
PTransE (ADD, len-2 path) (Lin et al. 2015a)	**1.2**	93.6
PTransE (RNN, len-2 path) (Lin et al. 2015a)	1.4	93.2
PTransE (ADD, len-3 path) (Lin et al. 2015a)	1.4	94.0
SSP (Xiao et al. 2017)	**1.2**	-
ProjE (pointwise) (Shi and Weninger 2017)	1.3	95.6
ProjE (listwise) (Shi and Weninger 2017)	**1.2**	95.7
ProjE (wlistwise) (Shi and Weninger 2017)	**1.2**	95.6
KG-BERT (b)	**1.2**	**96.0**

以上实验数据表明：KG-BERT 可以在三个 KG 完成任务中实现出色的性能。BERT 模型的局限性是训练起来非常耗时，尤其在关联预测任务中，需要对所有实体的头和尾进行替换，再把所有三元组序列送入 12 层的 Transformer 模型。解决方案是引入 1-N 评分模型（如 ConvE）或使用轻量级的语言模型。

小结：知识图 BERT(KG-BERT) 将实体和关系表示为其名称 / 描述文本序列，并将知识图完成问题转化为序列分类问题。KG-BERT 可以在大量免费文本中使用丰富的语言信息，并突出显示与三元组相关的最重要的单词。所提出的方法通过在多个基准 KG 数据集上测试，结果优于其他最新结果，令人鼓舞。

未来的一些方向包括通过使用 KG 结构对文本信息进行联合建模来改善性能，或者使用带有更多文本数据的预训练模型（如 XLNet）来改善性能。KG-BERT 作为一种增强知识的语言模型应用到未来的语言理解任务中去。

5.5.4　MobileBERT：适用于资源受限设备的紧凑型与任务无关的 BERT

众所周知，像 BERT 这样的大型预训练模型通常会有上亿个参数，受累于庞大的模型大小和高延迟时间，使得这些庞大的模型无法部署到移动设备之上。而 MobileBERT 则是经过压缩和加速的 BERT 模型。像 BERT 一样，MobileBERT 与任务无关，也就是说，可以通过简单的微调将其通用地应用于各种下游 NLP 任务。MobileBERT 是 $\text{BERT}_{\text{LARGE}}$ 的精简版本，同时具有精心设计的自注意力与前馈网络之间的平衡。为了训练 MobileBERT，首先训练一个专门设计的教师模型，该模型是 $BERT_{LARGE}$ 模型。然后，实现从该教师模型到 MobileBERT 的知识迁移。经验研究表明，MobileBERT 占用内存容量比 $BERT_{BASE}$ 小 4.3 倍，速度快 5.5 倍，同时在基准测试中获得了有相当竞争力的结果。在 GLUE 的自然语言推理任务上，MobileBERT 的 GLUE 得分为 77.7 分（比 $BERT_{BASE}$ 低 0.6），在 Pixel 4 手机上的延迟为 62 ms。在 SQuAD v1.1 / v2.0 问题解答任务上，MobileBERT 的 dev F1 得分为 90.0 / 79.2（比 $BERT_{BASE}$ 高 1.5 / 2.1）。

1. 背景

自监督模型为自然语言处理技术带来了新的革命的同时，也带来了许多问题：像 BERT 模型通常会有上亿个参数，作为 NLP 领域最大的模型之一，受累于庞大的模型大小和高延迟时间，BERT 模型往往无法部署到资源有限的移动设备之上，实现机器翻译，对话建模等任务。到目前为止，尚未在移动设备端构建出与任务无关的轻量级预训练模型，可以像 BERT 一样在不同的下游 NLP 任务上进行微调。而 MobileBERT 正是填补了这一空白。

在实现过程中，首先将 BERT 进行与任务无关的压缩，然后再进行与任务相关的压缩，将 BERT 模型微调为特定任务的教师模型，然后再进行数据蒸馏，这一过程比直接微调与任务无关的紧凑模型要复杂得多。

获得与任务无关的紧凑型 BERT 似乎并不难，只需采用较窄或更浅的 BERT 版本，并通过最小化预测损失和蒸馏损失的凸组合来训练它，直到收敛。但是，经验结果表明，这种简单的方法会导致严重的准精度损失，因为浅层网络通常没有足够的表示能力，而深层网络则训练难度会更大。

MobileBERT 设计成与 $BERT_{LARGE}$ 深度一样，通过采用瓶颈结构并在自注意力和前馈网络之间取得平衡，使每一层都变得更窄如图 5-20 所示。

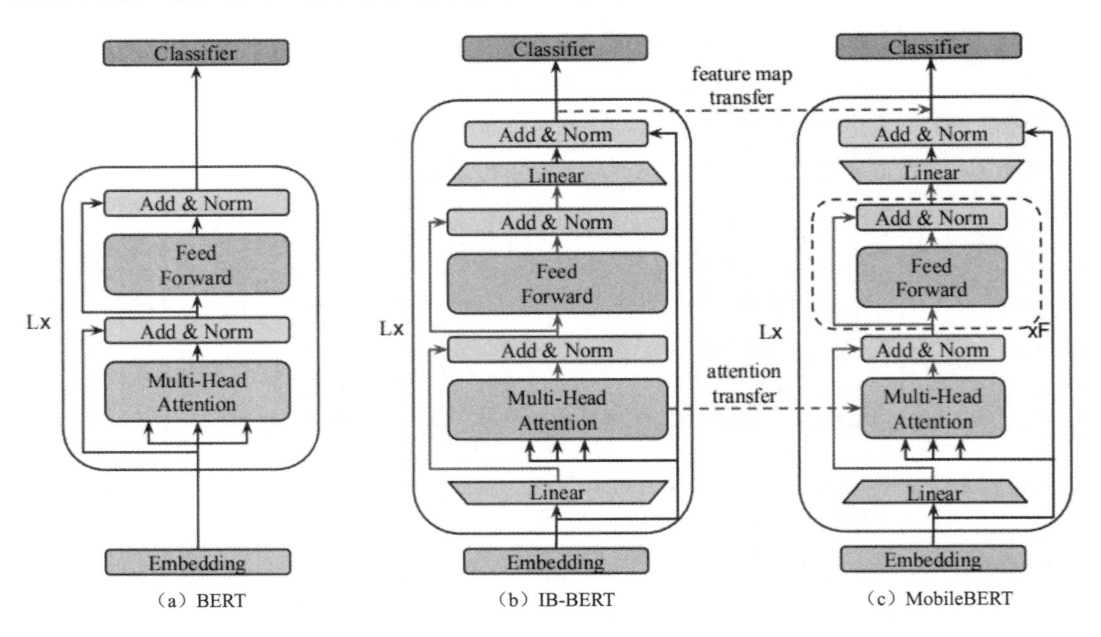

图 5-20　三种模型架构比较

2. MobileBERT 的架构

MobileBERT 的设计架构和参数设置如表 5-25 所示，表 5-25 中的设置是在大量实验的基础上获得的。

表 5-25　模型参数详细设计

			$BERT_{LARGE}$	$BERT_{BASE}$	IB-$BERT_{LARGE}$	MobileBERT	$MobileBERT_{TINY}$
embedding		$h_{embedding}$	1024	768	128		
			no-op	no-op	3-convolution		
		h_{inter}	1024	768	512		
body	Linear	h_{input}			512	512	512
		h_{output}			1024	128	128
	MHA	h_{input}	1024	768	512	512	128
		#Head	16	12	4	4	4
		h_{output}	1024	768	1024	128	128
	FFN	h_{input}	1024	768	1024	128	128
		h_{FFN}	4096	3072	4096	512 (×4)	512 (×2)
		h_{output}	1024	768	1024	128	128
	Linear	h_{input}			1024	128	128
		h_{output}			512	512	512
			×24	×12	×24	×24	×24
#Params			334M	109M	293M	25.3M	15.1M

（1）瓶颈和倒瓶颈

MobileBERT 的体系结构如图 5-20（c）所示。它的深度与 $BERT_{LARGE}$ 一样深，但是每个构件都变得更小。如表 5-25 所示，每个构造块的隐含维度仅为 128。此外，还为每个构建块引入两个线性变换，以将其输入和输出尺寸调整为 512，将这种架构称为瓶颈。

训练如此深而薄的网络颇具挑战性，为了克服训练问题，首先构建一个教师网络并对其进行训练，然后再从该教师网络向 MobileBERT 进行知识转移。这比直接从头训练 MobileBERT 更好。教师网络的体系结构设计，如图 5-20（b）所示。实际上，教师网络只是在 $BERT_{LARGE}$ 基础上，增加了倒颈瓶颈结构，以将其特征图的大小调整为 512。在此，将教师网络称为 IB-$BERT_{LARGE}$。注意，IB-BERT 和 MobileBERT 具有相同的要素特征映射大小，即 512。因此，可以对 IB-BERT 和 MobileBERT 之间的分层输出差异直接进行比较。

同时引入的瓶颈和倒瓶颈结构使得架构设计非常灵活，可以只使用 MobileBERT 的瓶颈，也可以只使用 IB-BERT 的倒置瓶颈，当同时使用它们时，允许 IB-$BERT_{LARGE}$ 保留 $BERT_{LARGE}$ 的性能，同时使 MobileBERT 足够紧凑。

（2）堆叠式前馈网络

MobileBERT 的瓶颈结构引发的问题：多头注意（MHA）模块和前馈网络（FFN）模块之间的平衡被破坏了。MHA 和 FFN 在 Transformer 架构中扮演着不同的角色：前者允许模型共同关注来自不同子空间的信息，而后者则增加了模型的非线性。在 BERT 中，MHA 和 FFN 中的参数编号之比始终为 1∶2。但是在瓶颈结构中，MHA 的输入来自（块间大小的）较宽的特征映射，而 FFN 的输入来自（块内大小的）较窄的瓶颈。这导致 MobileBERT 中的 MHA 模块相对包含更多参数。

为了解决此问题，在 MobileBERT 中采用堆叠式前馈网络来重新平衡 MHA 和 FFN 之间的相对大小。如图 5-20（c）所示，每个 MobileBERT 层包含一个 MHA 和多个堆叠的 FFN。在 MobileBERT 中，我们在每个 MHA 之后使用 4 个堆叠的 FFN。

（3）优化

在分析模型延迟时间时，发现层归一化和Gelu激活在总延迟时间中占相当大的比例，为此，在MobileBERT中将其替换为新的操作。

删除层归一化用元素线性变换替换 n 通道隐含状态 h 的层归一化：

$$\text{NoNorm}(h)=\gamma \circ h+\beta \tag{1}$$

其中 γ，$\beta \in R$,“$\circ$”表示Hadamard积。注意，即使在测试模式下，NoNorm也具有与LayerNorm不同的属性，因为原始层归一化不是矢量的线性运算。

采用relu激活 用更简单的relu激活代替了gelu激活。

（4）嵌入分解

BERT模型中的嵌入表占模型大小的很大比例。如表5-25所示，为了压缩嵌入层，MobileBERT将嵌入尺寸减小为128，在原始标记嵌入上应用内核大小为3的一维卷积，以产生512维输出。

（5）训练目标函数

使用特征图传递和注意力传递两个知识传递来训练MobileBERT。图5-20说明了分层知识传递，对第 i 层的最终分层知识转移损失是以下两个目标函数的线性组合：

特征映射传递（FMT）由于BERT中的每一层仅将前一层的输出作为输入，因此在分层知识传递中，最重要的是：每一层的特征映射应尽可能接近教师的特征映射。特别是，将MobileBERT学生和IB-BERT教师的特征映射之间的均方误差用作知识传递的目标函数：

$$L_{FMT}^{l}=\frac{1}{TN}\sum_{t=1}^{T}\sum_{n=1}^{N}(H_{t,l,n}^{tr}-H_{t,l,n}^{st})^2$$

其中：i 为层数索引号；T 为序列长度；N 为特征映射大小。在实践中发现：将这个损失项分解为归一化的特征映射差异和特征映射统计差异可以使得训练更加稳定。

注意力传递（AT）：注意力机制极大地提高了NLP的性能，并成为Transformer和BERT的重要组成部分，使用经过优化的教师自注意力映射，以帮助训练MobileBERT增强功能映射的传递。特别是，将MobileBERT学生和IB-BERT教师的平均自注意力分布之间的 KL 差异最小化：

$$L_{AT}^{l}=\frac{1}{TA}\sum_{t=1}^{T}\sum_{a=1}^{A}D_{kl}(a_{t,l,a}^{tr}\parallel a_{t,l,a}^{st})$$

式中：A 为注意力的头数（多头注意力机制）。

预训练蒸馏（PD）：在预训练Mobile-BERT时使用知识蒸馏损失，采用BERT屏蔽语言建模（MLM）损失、下一句预测（NSP）损失和新的 MLM 知识蒸馏（KD）损失的线性组合作为预训练蒸馏损失：

$$L_{PD}=\alpha L_{MLM}+(1-\alpha)L_{KD}+L_{NSP}$$

其中，α 为0~1的超参数。

3. 训练策略

根据上述目标函数的定义，可以有以下三种组合训练策略。

辅助知识传递：将中间知识传递视为知识提炼的辅助任务，使用单一损失函数，这是来自所有层的知识传递损失以及预训练蒸馏损失的线性组合。首先对 MobileBERT 进行所有分层知识传递损失的训练，然后通过预训练蒸馏对其进行进一步训练。

联合知识传递：由于 IB-BERT 老师的中级知识（注意力映射和特征映射）可能不是 MobileBERT 学生的最佳解决方案，为此建议将这两个损失函数分开计算。首先计算出所有分层知识联合传递损失，然后通过预训练蒸馏对其进行进一步训练。

渐进知识传递：如果担心 MobileBERT 无法完美模仿 IB-BERT 老师，来自较低层的错误可能会影响较高层中的知识传递。为此，建议逐层训练知识传递的各层，渐进式知识传递分为 L 个阶段，其中 L 是层数。

图 5-21 所示为三种训练策略的方框图。

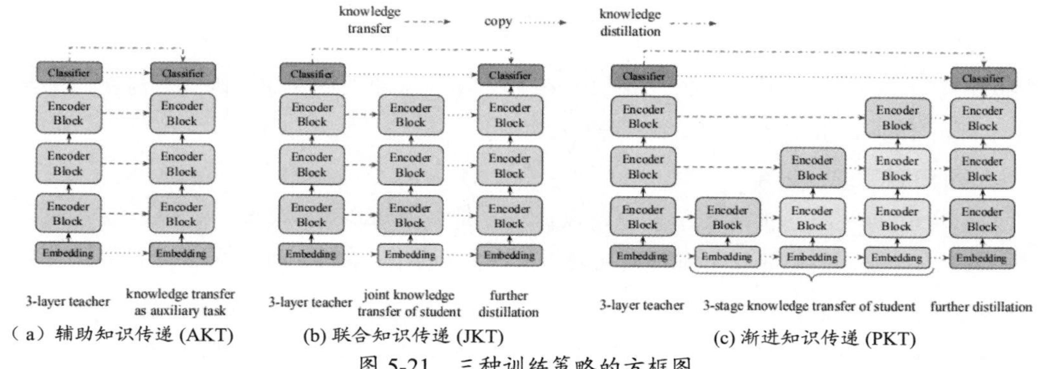

（a）辅助知识传递 (AKT)　(b) 联合知识传递 (JKT)　(c) 渐进知识传递 (PKT)

图 5-21　三种训练策略的方框图

对于联合知识传递和渐进知识传递，在分层知识传递阶段，开始的嵌入层和最终的分类器之间不存在知识传递，直接从 IB-BERT 老师复制到 MobileBERT 学生。此外，对于渐进式知识传递，当训练第 f 层时，会冻结下面各层中的所有可训练参数。在实践中，可以简化训练过程，在训练各层时，我们较低的学习率进一步调整较低的层，而不是完全冻结它们。

• 实验

按照表 5-25 的配置进行实验，将 MobileBERT 的实验结果和其他模型训练结果进行比对。

• 模型设置

通过大量的实验，找出了最优的模型设置，以 SQuAD vl.l dev FI 得分作为模型设置的性能指标。在这里，仅以 2 048 个批次的大小训练模型 125 000 步长，在 BERT 的训练设置基础上减半。

4. 深入研究

IB-BERT 架构探究：教师模型的设计理念：在不损失精度的前提下，使用尽可能小的块间隐含层大小（特征映射的大小）。在此指导下，设计实验来操纵 IB-BERT 的块间大小，结果如表 5-26 中（a）~（e）所示，可以看出块间隐含层大小小于 512 之后，进一步减小隐含层大小不会损害性能，为此将 $\text{IB-BERT}_{\text{LARGE}}$ 教师模型的块间隐含层大小设置为 512。

表 5-26　IB-BERTLARGE teacher 不同参数设置的 F1 得分

	#Params	h_{inter}	h_{intra}	#Head	SQuAD
(a)	356M	1024	1024	16	88.2
(b)	325M	768	1024	16	88.6
(c)	293M	512	1024	16	88.1
(d)	276M	384	1024	16	87.6
(e)	262M	256	1024	16	87.0
(f)	293M	512	1024	4	88.3
(g)	92M	512	512	4	85.8
(h)	33M	512	256	4	84.8
(i)	15M	512	128	4	82.0

那么是否也可以缩小教师的块内隐含层大小呢？在表 5-26（f）~（i）中的实验结果显示，从表 5-26 中可以看出，当减少块内隐含层大小时，模型性能会大大恶化。这意味着代表非线性模块表示能力的块内隐含层大小在 BERT 中起着至关重要的作用。因此，与块间隐含层大小不同，不建议缩小教师模型的块内隐含层大小。

MobileBERT 架构探究：

为了实现 $\text{BERT}_{\text{BASE}}$ 的 4 倍压缩率，设计了一组 MobileBERT 模型，这些模型大都具有大约 25M 的参数，但是选择不同的 MobileBERT 学生模型，MHA 和 FFN 中参数的比率会有所不同。表 5-27 显示了实验结果。

从表 5-27 中可以看出，在 MHA 和 FFN 之间具有不同的平衡，当 MHA 和 FFN 中的参数之比为 0.4 ～ 0.6 时，模型性能达到峰值。这可以证明为什么 Transformer 将 MHA 和 FFN 的参数比率选择为 0.5。

表 5-27　MobileBERT student 不同参数设置的 F1 得分

隐含层数目	#Head(多头数目)	#FFN (参数)	SquAD 得分
192	6（8M）	1(7M)	83.6
160	5(6.5M)	2(10M)	83.4
128	4(5M)	4(12.5M)	83.4
96	3(4M)	8(14M)	81.6

考虑到模型的准确性和训练效率，MobileBERT 学生模型选择具有 128 个块内隐含大小和 4 个堆叠 FFN 的体系结构，并将教师模型中的注意力头数设置为 4，以准备分层的知识传递。表 5-25 展示了 IB-$\text{BERT}_{\text{LARGE}}$ 老师和 MobileBERT 学生的模型设置。

也许有人会怀疑减少注意力头数是否会损害教师模型的性能，通过比较表 5-26 中的（a）和（f），可以看出，将注意力头数从 16 个减少到 4 个不会影响 IB-$\text{BERT}_{\text{LARGE}}$ 的性能。

5. 实施细节

和 BERT 一样，使用 BooksCorpus 和英文维基百科作为预训练数据。为了使 IB-$\text{BERT}_{\text{LARGE}}$ 老师达到与原始 $\text{BERT}_{\text{LARGE}}$ 相同的精度，在 256 个 TPU v3 芯片上训练了 IB-$\text{BERT}_{\text{LARGE}}$，步长为 500k，批量大小为 4 096，并使用了 LAMB 优化器。为了与 BERT 进行比较，没有在其他 BERT 变体中使用训练技巧。对于 MobileBERT，在预训练蒸馏阶段使用相同的设置。此外，当使用渐进式知识传递来训练 MobileBERT 时，在 24 层上需要额外增加 24 万步。

为了公平比较，联合知识传递和辅助知识传递也需要额外增加 24 万步。

对于下游任务，所有的结果都是通过和 BERT 一样，对 MobileBERT 进行微调而获得的。为了微调预训练模型，在超参数选择上对超参数进行了优化，其中包括不同的批处理大小（16/32/48）、学习率（(1-10）×e-5）和 epochs 数（210），通过实验发现 MobileBERT 需要更高的学习率和更多的训练时间来进行微调。

6. 测评结果

（1）GLUE 测试结果

通用语言理解评估（GLUE）基准包含 9 个自然语言理解任务，将 MobileBERT 与 $\text{BERT}_{\text{BASE}}$ 以及 GLUE 排行榜上的一些最新的其他模型（OpenAI GPT 和 ELMo）进行了比较，此外，还与最近提出的其他两种压缩 BERT 模型（BERT-PKD 和 Distiltil）进行了比较。为了进一步展示 MobileBERT 与最近的小型 BERT 模型相比的优势，还评估了微小型 MobileBERT：$\text{MobileBERT}_{\text{TINY}}$。$\text{MobileBERT}_{\text{TINY}}$ 约有 1 500 万个参数，使用较轻的 MHA 结构，减少每层 FFN 的数量。为了验证 MobileBERT 在实际移动设备上的性能，使用 TensorFlow Lite API 导出了模型，并在固定序列长度为 128 的 4 线程 Pixel 4 手机上测量了推理延迟。结果列于表 5-28 中。

从表 5-28 中可以看出，MobileBERT 在 GLUE 基准测试中非常有竞争力。MobileBERT 的总 GLUE 得分为 77.7 分，仅比 $\text{BERT}_{\text{BASE}}$ 低 0.6，但比 $\text{BERT}_{\text{BASE}}$ 小 4.3 倍，快 5.5 倍。此外，它以 0.8 GLUE 的分数胜过强大的 OpenAI GPT，模型尺寸缩小了 4.3 倍。同时，它以较小或相似的模型尺寸胜过所有其他压缩的 BERT 模型。最后，实验发现引入优化时会对模型性能有一定的影响，如果没有进行优化，MobileBERT 的 GLUE 得分甚至可以比 $\text{BERT}_{\text{BASE}}$ 高出 0.2。

表 5-28　GLUE 评测结果

	#Params	#FLOPS	Latency	CoLA	SST-2	MRPC	STS-B	QQP	MNLI-m/mm	QNLI	RTE	GLUE
				8.5k	67k	3.7k	5.7k	364k	393k	108k	2.5k	
ELMo-BiLSTM-Attn	-	-	-	33.6	90.4	84.4	72.3	63.1	74.1/74.5	79.8	58.9	70.0
OpenAI GPT	109M	-	-	47.2	93.1	87.7	84.8	70.1	80.7/80.6	87.2	69.1	76.9
$\text{BERT}_{\text{BASE}}$	109M	22.5B	342 ms	**52.1**	**93.5**	**88.9**	**85.8**	71.2	**84.6/83.4**	90.5	66.4	78.3
$\text{BERT}_{\text{BASE}}$-6L-PKD*	66.5M	11.3B	-	-	92.0	85.0	-	70.7	81.5/81.0	89.0	65.5	-
$\text{BERT}_{\text{BASE}}$-4L-PKD†*	52.2M	7.6B	-	24.8	89.4	82.6	79.8	70.2	79.9/79.3	85.1	62.3	-
$\text{BERT}_{\text{BASE}}$-3L-PKD*	45.3M	5.7B	-	-	87.5	80.7	-	68.1	76.7/76.3	84.7	58.2	-
$\text{DistilBERT}_{\text{BASE}}$-6L†	62.2M	11.3B	-	-	92.0	85.0		70.7	81.5/81.0	89.0	65.5	-
$\text{DistilBERT}_{\text{BASE}}$-4L†	52.2M	7.6B	-	32.8	91.4	82.4	76.1	68.5	78.9/78.0	85.2	54.1	-
TinyBERT*	14.5M	1.2B	-	43.3	92.6	86.4	79.9	**71.3**	82.5/81.8	87.7	62.9	75.4
$\text{MobileBERT}_{\text{TINY}}$	15.1M	3.1B	40 ms	46.7	91.7	87.9	80.1	68.9	81.5/81.6	89.5	65.1	75.8
MobileBERT	25.3M	5.7B	62 ms	50.5	92.8	88.8	84.4	70.2	83.3/82.6	90.6	66.2	77.7
MobileBERT w/o OPT	25.3M	5.7B	192 ms	51.1	92.6	88.8	84.8	70.5	84.3/**83.4**	**91.6**	**70.4**	**78.5**

（2）SQuAD 测试结果

SQuAD 是一个大规模的阅读理解数据集。SQuAD V1.1 仅包含在给定上下文中始终具有答案的问题，而 SQuAD V2.0 包含无法回答的问题。在 SQuAD 开发数据集上评估 MobileBERT，将 MobileBERT 与 $\text{BERT}_{\text{BASE}}$，DistilBERT 和 DocQA 进行了比较。测试结果如表 5-29 所示。

表 5-29　SQuAD 数据集上的测试结果

	#Params	SQuAD v1.1		SQuAD v2.0	
		EM	F1	EM	F1
DocQA + ELMo	-	-	-	65.1	67.6
$BERT_{BASE}$	109M	80.8	88.5	74.2†	77.1†
$DistilBERT_{BASE}$-6L	66.6M	79.1	86.9	-	-
$DistilBERT_{BASE}$-6L‡	66.6M	78.1	86.2	66.0	69.5
$DistilBERT_{BASE}$-4L‡	52.2M	71.8	81.2	60.6	64.1
TinyBERT	14.5M	72.7	82.1	65.3	68.8
$MobileBERT_{TINY}$	15.1M	81.4	88.6	74.4	77.1
MobileBERT	25.3M	82.9	90.0	76.2	79.2
MobileBERT w/o OPT	25.3M	**83.4**	**90.3**	**77.6**	**80.2**

MobileBERT 在与其他小型模型相比，都具有较大的优势。

总之，MobileBERT 是 BERT 与任务无关的紧凑型变体。流行的 NLP 基准测试的经验结果表明，MobileBERT 可以与 $BERT_{BASE}$ 相提并论，但它的体积更小，更快。MobileBERT 支持各种 NLP 应用程序，可以轻松地将其部署在移动设备上。通过以下三种技术手段实现 MobileBERT：

- 经过压缩，确保 MobileBERT 的深度和纤瘦；
- 瓶颈 / 反向瓶颈结构可实现有效的分层知识传递；
- 渐进的知识传递可以有效地训练 MobileBERT。

上述三种技术手段是通用的，可以应用于其他模型压缩问题。

本章小结

本章内容是全书的重中之重，以 Seq2Seq 架构为出发点，详细介绍了采用自注意力机制的 Transformer 模型，以此为契机，展开了深度双向 Transformers 预训练语言理解模型 BERT 的详细介绍，在 BERT 的描述中，重点介绍了 BERT 模型的架构、采用 BERT 模型在不同数据集上运行的结果数据以及 BERT 模型和当前流行的语言训练模型的比较。最后，介绍了目前比较流行的四个 BERT 变种：ALBERT、RoBERT、KG-BERT 和 MobileBERT。后面将通过三个实战案例，具体介绍如何将 BERT 应用于特定的 NLP 任务。

思考题

1. Seq2Seq 架构是由哪两大模块构成的？
2. 详细说明 Attention 机制的基本原理。
3. 概述 BERT 模型的原理和优缺点。
4. 举例说明 BERT 的两个典型预训练任务。
5. 简述 BERT 有哪些主要的变种及其特点。

第三篇　实战案例

第6章　实战案例一：利用BERT完成情感分析

在第5章，详细描述了BERT预训练模型的由来、架构、原理和其他的变种，那么读者或许要问，如何用BERT模型实现特定的NLP任务？在本章中，用一个基础的案例详细描述如何利用BERT模型实现情感分析任务。

当前在代码开源的大趋势下，项目的开发离不开开源的社区，社区为项目开发提供了良好的生态环境，在社区里，不但能够下载到开源的源代码，社区的成员之间还可以相互交流项目实施过程中的心得体会，遇到问题，甚至可以互相帮助。为了便于读者项目的开发，在本章首先介绍NLP开源社区Hugginface, 感兴趣的读者可以到主页去注册登录。

6.1　Huggin Face介绍

Hugging Face是一家专注于自然语言处理、人工智能和分布式系统的创业公司。它们所提供的聊天机器人技术一直颇受欢迎，但更出名的是它们在NLP开源社区上的贡献。Hugging Face开发的应用在青少年中颇受欢迎，相比于其他公司，Hugging Face更加注重产品带来的情感以及环境因素。

Hugging Face专注于NLP技术，拥有大型的开源社区。尤其是在github上开源的自然语言处理预训练模型库Transformers，已被下载超过一百万次，github上超过43 000个标星。

截至本书撰写的时间，NLP前沿的研究领域基本上已经被Transformer语言模型＋迁移学习这一模式所垄断。

6.1.1　Transformer编码解码结构背景和由来

自Transformer编码解码结构横空出世之后， 这一结构成为后续一系列工作的基石，引领了NLP领域新技术的方向。后来研究人员发布了基于Transformer的BERT模型，BERT模型融合了双向上下文信息预训练语言模型，该模型打破了11项纪录。从此之后，BERT的继任者们百花齐放，不断地研发出新的BERT变种，其性能刷新着各大排行榜的最高纪录。现在，业内普遍将这些研究通称为BERTology，其中包括十多种BERT的变种，如KG-BERT、Albert、RoBERTa、DistilBERT、CTRL……

BERTs模型虽然非常强大，但是在使用过程中难度相对来说比较大，比如：

- 预训练需要消耗大量的资源，普通的研究人员无法承担。以RoBERTa为例，它需要在 160 GB 文本上利用 1 024 块 32 GB 显存的 V100 卡训练得到，如果换算成 AWS 上的云计算资源的话，需要 10 万美元的开销；

- 众多的大型预训练模型百花齐放，但没有得到很好的组织和管理；
- BERTology 的各种模型虽然师出同源，但在模型细节和调用接口上还是有不少变种，各种变种之间的通用性和兼容性比较差。

为了让这些预训练语言模型使用起来更加方便，Huggingface 在 github 上开源了 Transformers。

Transformers 最初的名称是 pytorch-pretrained-bert，它随着 BERT 一起应运而生。当时，BERT 以其强劲的性能，引起 NLPer 的广泛关注。几乎与此同时，pytorch-pretrained-bert 也开始了它的第一次发布。pytorch-pretrained-bert 用当时已有大量支持者的 Pytorch 框架复现了 BERT 的性能，并提供预训练模型的下载，使没有足够算力的开发者们也能够在几分钟内就实现微调任务。

因为 Pytorch 框架的友好，BERT 的强大，以及 pytorch-pretrained-bert 的简单易用，使这个模型也是受到大家的喜爱。

因为在 repo 上已经有了包括 BERT、GPT、GPT-2、Transformer-XL、XLNET、XLM6 个预训练语言模型，这时候名字再叫 pytorch-pretrained-bert 就不合适了，于是改成了 pytorch-transformers，势力范围扩大了不少。为了立于不败之地，又实现了 TensorFlow 2.0 和 PyTorch 模型之间的深层互操作性，可以在 TF 2.0/PyTorch 框架之间随意迁移模型。2019 年发布了新版本，同时正式更名为 Transformers 。到目前为止，Transformers 提供了超过 100 种语言的，32 种预训练语言模型，由于它具备简单、强大、高性能等优点，很快成为新手入门的不二选择。

6.1.2 Transformers 的组件和模型架构

Transformers 提供了以下三个主要的组件：

- 配置类。存储模型和分词器的参数，如词表大小、隐含层维数、dropout rate 等。配置类对深度学习框架是透明的。
- 分词器类。每个模型都有对应的分词器，存储标记到索引的映射，负责每个模型特定的序列编码解码流程，比如 BPE（Byte Pair Encoding）、SentencePiece 等。也可以方便地添加特殊标记或者调整词表大小，如 CLS、SEP 等。
- 模型类。提供一个基类，实现模型的计算图和编码过程，实现前向传播过程，通过一系列自注意力层直到最后一个隐含状态层。在最后一层基础上，根据不同的应用会再做些封装，比如 XXXForSequenceClassification、XXXForMaskedLM 这些派生类。

Transformers 的作者们还为以上组件提供了一系列 Auto Classes，能够从一个短的别名（如 bert-base-cased）里自动推测出来应该实例化哪种配置类、分词器类和模型类。

Transformers 提供两大类的模型架构，一类用于语言生成 NLG 任务，比如 GPT、GPT-2、Transformer-XL、XLNet 和 XLM；另一类主要用于语言理解任务，如 Bert、DistilBert、RoBERTa。

6.1.3　如何到 Huggin Face 仓库下载模型

打开 Huggin Face 官网主页，首先是 Huggin Face 的 LOGO 和公司标语，它将自己定义为“在自然语言领域搭建、训练、部署 AI 模型的开源社区”, 在主页的最下面，有 Huggin Face 的官网的星级评分，如图 6-1 所示。

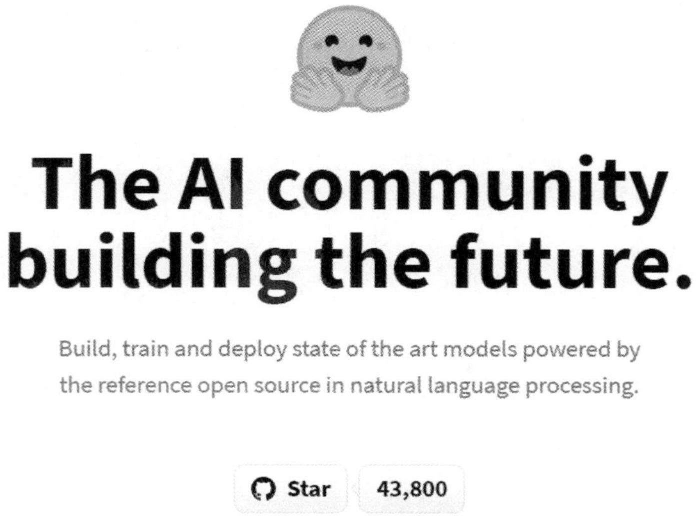

图 6-1　星级评分

据 Huggin Face 声称，到目前为止，已有包括亚马逊、微软、脸书 AI 等在内的 5 000 多个组织和公司正在使用 Huggin Face 的开源资源。想要加入 Huggin Face 社区的小伙伴可以到官网主页的注册和登入页面设置个人邮箱和密码注册登录 Huggin Face 社区。

在主页的右上角，有“模型”“数据集”“报价”“资源”等子链接，如图 6-2 所示。

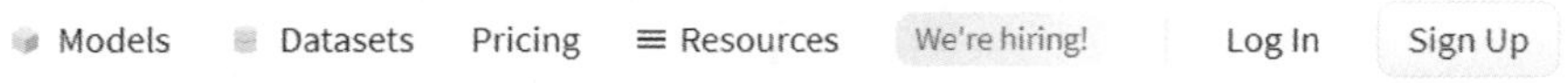

Models　Datasets　Pricing　≡ Resources　We're hiring!　Log In　Sign Up

图 6-2　子链接

在这里，忽略招聘和注册登录按钮，只对“模型”感兴趣，单击“模型”按钮, 进入“模型”子页面，如图 6-3 所示。

在“模型”子页面的左边导航栏，可以根据任务需求选取特定的任务，在框架中选取是利用 Pytorch 框架、TensorFlow 框架、RUST 等九种框架，还可以在多达 287 种数据集中选取需要训练的数据集，在语言种类上，可以在多达 358 种语言中选取，在这里作为一个例子，选择了 bert-base-cased 作为示例，在“模型”页面单击“bert-base-cased”，如图 6-4 所示。

选取“bert-base-cased”模型之后进入模型具体描述页面，在该页面包含了模型的详细描述和具体的实现过程，在“文件和版本”子页面中，给出了模型的详细代码，其中在文件列表名称的右侧，包含了下载箭头，单击“下载”箭头将各个文件下载到本地，如图 6-5 和图 6-6 所示。

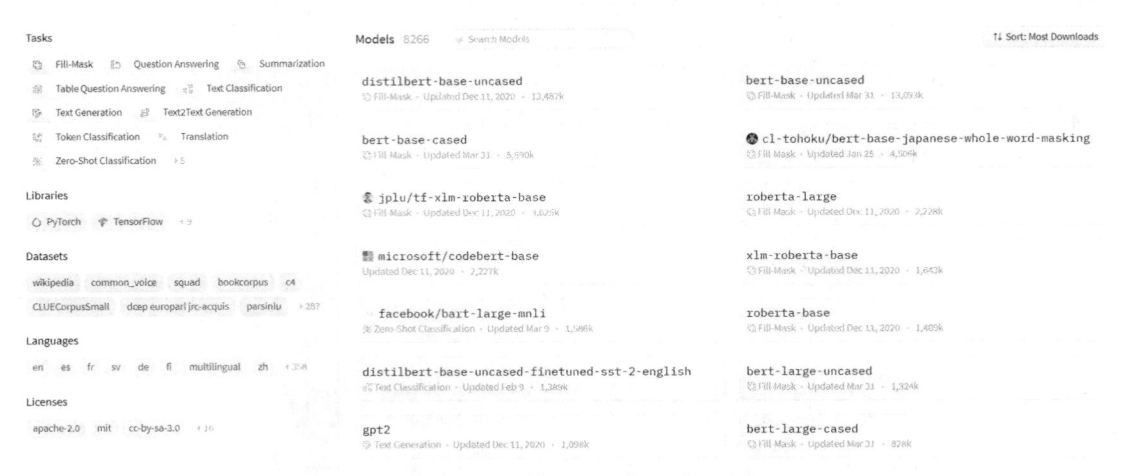

图 6-3 “模型”子页面

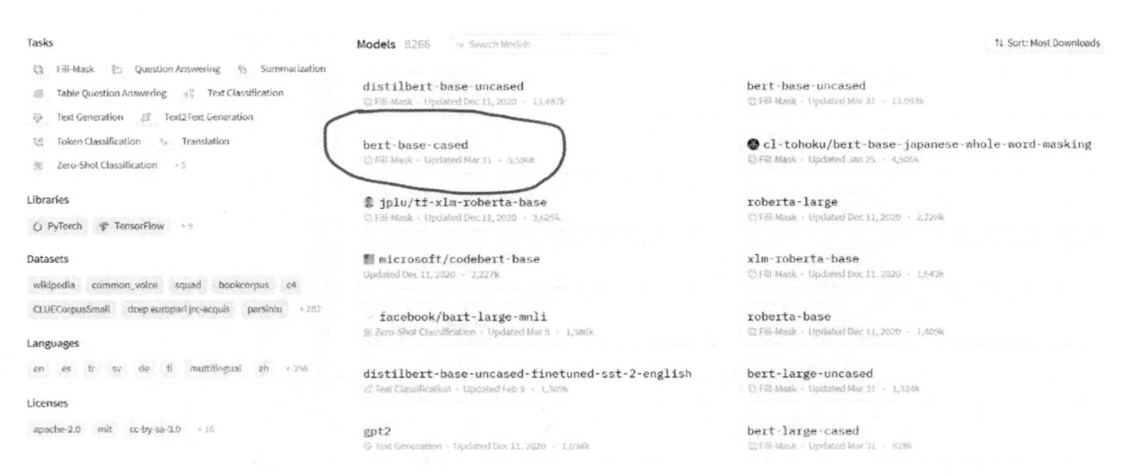

图 6-4 单击“bert-base-cased”选项

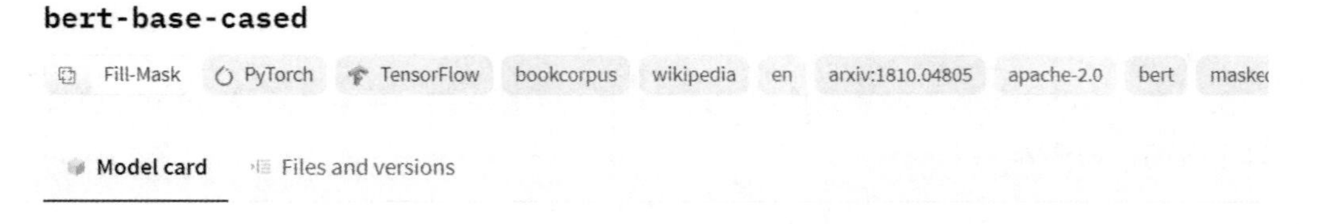

图 6-5 具体描述

• 模型描述页面

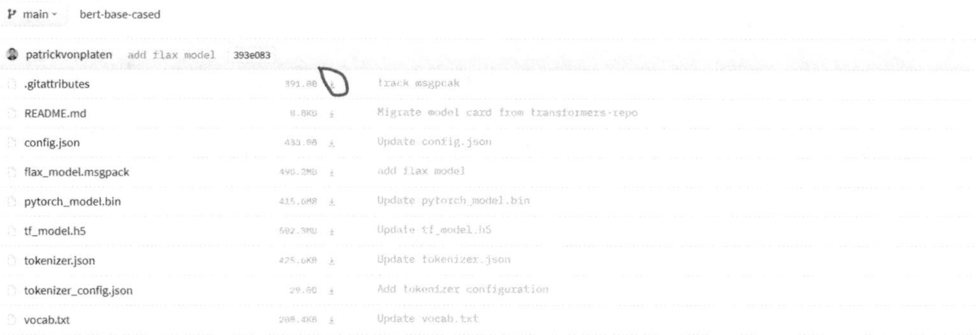

main　bert-base-cased

patrickvonplaten　add flax model　393e083

文件	大小	提交信息
.gitattributes	391.0B	track msgpcak
README.md	8.8KB	Migrate model card from transformers-repo
config.json	433.0B	Update config.json
flax_model.msgpack	498.2MB	add flax model
pytorch_model.bin	435.6MB	Update pytorch_model.bin
tf_model.h5	502.3MB	Update tf_model.h5
tokenizer.json	425.6KB	Update tokenizer.json
tokenizer_config.json	29.0B	Add tokenizer configuration
vocab.txt	208.4KB	Update vocab.txt

图 6-6　单击“下载”箭头

• 下载页面

BERT base model (cased)

这是采用屏蔽字语言建模（MLM）的英语预训练模型，并首次在这个存储仓库中发布，该模型区分大小写：即 english 和 English 两个单词是有区别的：

免责声明：发布 BERT 的团队没有写本模型，本模型由 Hugging Face 团队编写。

• 模型描述

BERT 是一种以自我监督的方式在大量英语数据语料库上进行预训练的 Transformers 模型。这意味着在无须人工标记的前提下（因此可以使用大量的公开数据），能在原始文本上进行预训练，并自动从文本中生成输入和标签。更准确地说，它实现了以下两个目标的预训练。

• 屏蔽字语言模型（MLM）：模型获取一个句子，随机屏蔽输入中 15% 的单词，然后通过模型运行整个包含屏蔽字的句子，预测句子中被屏蔽的单词。这与传统的递归神经网络（RNNs），或者来自 GPT 等自回归模型不同，后者在内部屏蔽了待预测的标记。它允许模型学习句子的双向表示。

• 下一句预测（NSP）：模型在预训练期间将两个句子作为输入，它们或许对应于原文中彼此相邻的句子，或许不是对应两个相邻的句子。然后，模型必须预测出这两个句子是否是两个紧邻的句子。

这样一来，模型学习出英语的内部表示，提取出对下游任务有用的特性：如果有一个数据集，可以利用这些特征训练一个标准分类器。

特定的用途和使用限制

可以使用 BERT 模型来进行屏蔽字语言建模或下一个句子预测，但需要在下游任务上进行微调。请查看模型中心，找出有关感兴趣相关任务的微调版本。

注意，本模型的主要目的是对使用整个句子（可能被屏蔽）来进行决策的任务进行微调，如序列分类、标记分类或问题回答。对于文本生成等任务，应该采用 GPT2 模型来实现。

6.1.4　如何使用模型进行训练

可以将此模型直接与管道一起使用，以进行屏蔽字语言建模，如图 6-7 所示。

```
>>> from transformers import pipeline
>>> unmasker = pipeline('fill-mask', model='bert-base-cased')
>>> unmasker("Hello I'm a [MASK] model.")

[{'sequence': "[CLS] Hello I'm a fashion model. [SEP]",
  'score': 0.09019174426794052,
  'token': 4633,
  'token_str': 'fashion'},
 {'sequence': "[CLS] Hello I'm a new model. [SEP]",
  'score': 0.06349995732307434,
  'token': 1207,
  'token_str': 'new'},
 {'sequence': "[CLS] Hello I'm a male model. [SEP]",
  'score': 0.06228214129805565,
  'token': 2581,
  'token_str': 'male'},
 {'sequence': "[CLS] Hello I'm a professional model. [SEP]",
  'score': 0.0441727414727211,
  'token': 1848,
  'token_str': 'professional'},
 {'sequence': "[CLS] Hello I'm a super model. [SEP]",
  'score': 0.03326151892542839,
  'token': 7688,
  'token_str': 'super'}]
```

图 6-7　屏蔽字语言建模代码

以下是在 PyTorch 框架下，如何使用本模型来获得给定文本的特征的代码，如图 6-8 所示。

```
from transformers import BertTokenizer, TFBertModel
tokenizer = BertTokenizer.from_pretrained('bert-base-cased')
model = TFBertModel.from_pretrained("bert-base-cased")
text = "Replace me by any text you'd like."
encoded_input = tokenizer(text, return_tensors='pt')
output = model(**encoded_input)
```

图 6-8　使用本模型获得文本特征的代码（PyTorch 框架）

以下是在 TensorFlow 框架下，如何使用本模型来获得给定文本的特征的代码，如图 6-9 所示。

```
from transformers import BertTokenizer, BertModel
tokenizer = BertTokenizer.from_pretrained('bert-base-cased')
model = BertModel.from_pretrained("bert-base-cased")
text = "Replace me by any text you'd like."
encoded_input = tokenizer(text, return_tensors='tf')
output = model(encoded_input)
```

图 6-9　使用本模型获得文本特征的代码（TensorFlow 框架）

训练数据集

BERT 模型在 BookCorpus 语料库上进行了预训练，这个数据集包括 11 038 本未出版的图书和英语维基百科（不包括列表、表格和标题）。

训练流程

——预处理

使用 WordPiece 对词汇大小为 3 万的文本进行标记，标记好后模型的输入形式如图 6-10 所示。

```
[CLS] Sentence A [SEP] Sentence B [SEP]
```

图 6-10　标记好后模型的输入形式

句子 A 和句子 B 对应于原始语料库中的两个连续的句子的概率是 0.5，在其他情况下，它是语料库中的另一个随机句子。注意，这里的句子是连续的文本，跨度通常超过一个句子。对句子唯一的限定要求是，这两个句子组合长度应小于 512 个标记。

每句话的屏蔽过程细节如下：

- 有 15% 的标记被屏蔽；
- 在 80% 的情况下，被屏蔽的标记被 [MASK] 所取代；
- 在 10% 的情况下，被屏蔽的标记被随机替换的标记取代；
- 在剩下的 10% 的情况下，被屏蔽的标记依旧不变。

——预训练

该模型在 4 个云 TPU（共 16 个 TPU 芯片）上训练了 100 万步，大小为 256，在 90% 的步长中将序列长度限定为 128 个标记，在其余 10% 步长中序列长度限定为 512 个标记。使用的优化器的学习率为 e-4，β1=0.9 和 β2=0.999，权重衰减为 0.01，预热 10 000 步长之后，学习率呈线性衰减。

——结果评估

当对下游任务进行微调时，该模型 Glue 测试结果如下：

Task	MNLI-(m/mm)	QQP	QNLI	SST-2	CoLA	STS-B	MRPC	RTE	Average
	84.6/83.4	71.2	90.5	93.5	52.1	85.8	88.9	66.4	79.6

在这里，以 BERT base model (cased) 为例，简单描述了如何在 Hugginface 仓库上获取到资源，读者可以根据实际项目应用的具体任务要求，到 Hugginface 社区获取自己需要的资源。

6.2　BERT 调试环境的搭建

在接下来的这一小节里，将具体描述如何搭建 BERT 预训练模型的调试环境，俗话说，磨刀不误砍柴工。下面从如何搭建开发环境开始，手把手教您从无到有开发一个具体的自然语言处理项目。第一步准备工作是要搭建一款集成开发环境 IDE 。

集成开发环境（Integrated Development Environment，IDE）是用于提供程序开发环境的

应用程序，一般包括代码编辑器、编译器、调试器和图形用户界面等工具。IDE 集成了代码编写功能、分析功能、编译功能、调试功能等一体化的开发软件服务套系。常用的集成开发环境有 Visual Studio，Eclipse 和 PyCharm 等，读者可以根据自己的需要，选择适合自己使用的 IDE。

在 BERT 实战项目中，我们选择 Eclipse 作为代码调试、程序开发的环境，项目实战工作均在 Eclipse 开发环境下展开。Eclipse 是广受欢迎的跨平台开源集成开发环境（IDE）。最初主要用来 Java 语言开发，也有人通过插件使其作为 C++、Python、PHP 等其他语言的开发工具。Eclipse 的本身只是一个框架平台，有众多插件的支持，使得 Eclipse 拥有较佳的灵活性，所以许多软件开发商以 Eclipse 为框架开发自己的 IDE。

Eclipse 最初由 OTI 和 IBM 两家公司的 IDE 产品开发组创建，起始于 1999 年 4 月。IBM 提供了最初的 Eclipse 代码基础，包括 Platform、JDT 和 PDE。Eclipse 项目由 IBM 发起，到目前为止围绕着 Eclipse 项目，已经发展成为一个庞大的 Eclipse 联盟，有 150 多家软件公司参与到 Eclipse 项目中，其中包括 Borland、Rational Software、Red Hat 及 Sybase 等。Eclipse 是一个开放源码项目，它其实是 Visual Age for Java 的替代品，其界面跟先前的 Visual Age for Java 差不多，但由于其开放源码，任何人都可以免费得到，并可以在此基础上开发各自的插件，因此越来越受人们关注。随后还有包括 Oracle 在内的许多大公司也纷纷加入了该项目，Eclipse 的目标是成为可进行任何语言开发的 IDE 集成者，使用者只需下载各种语言的插件即可。

6.2.1 Eclipse 开发环境的安装 (WIN 10 64 位系统)

第一步：下载 JDK。到官网下载 Java JDK，如图 6-11 所示。

图 6-11　下载 Java JDK

根据自己的系统选择，x86 代表 32 位，x64 代表 64 位。单击相应的 jdk 下载，如图 6-12 所示。

Java SE Development Kit 16

This software is licensed under the Oracle Technology Network License Agreement for Oracle Java SE

Product / File Description	File Size	Download
Linux ARM 64 RPM Package	144.84 MB	jdk-16_linux-aarch64_bin.rpm
Linux ARM 64 Compressed Archive	160.69 MB	jdk-16_linux-aarch64_bin.tar.gz
Linux x64 Debian Package	146.14 MB	jdk-16_linux-x64_bin.deb
Linux x64 RPM Package	152.96 MB	jdk-16_linux-x64_bin.rpm
Linux x64 Compressed Archive	170 MB	jdk-16_linux-x64_bin.tar.gz
macOS Installer	166.56 MB	jdk-16_osx-x64_bin.dmg
macOS Compressed Archive	167.16 MB	jdk-16_osx-x64_bin.tar.gz
Windows x64 Installer	150.55 MB	jdk-16_windows-x64_bin.exe
Windows x64 Compressed Archive	168.74 MB	jdk-16_windows-x64_bin.zip

图 6-12　单击 jdk

勾选同意安装选项，如图 6-13 所示。

图 6-13　勾选同意安装选项

之后，一直单击“同意安装”即可。安装过程中，应记住 Jdk 的实际安装路径，文件路径不要有中文，在此是将 jdk 安装到 C 盘 Program Files 文件夹下，如图 6-14 所示。

图 6-14　在 C 盘 ProgramFiles 文件夹下安装

第二步：Java 环境变量配置。

打开我的电脑右击属性选择高级系统设置完成环境变量设置，如图 6-15 和图 6-16 所示。

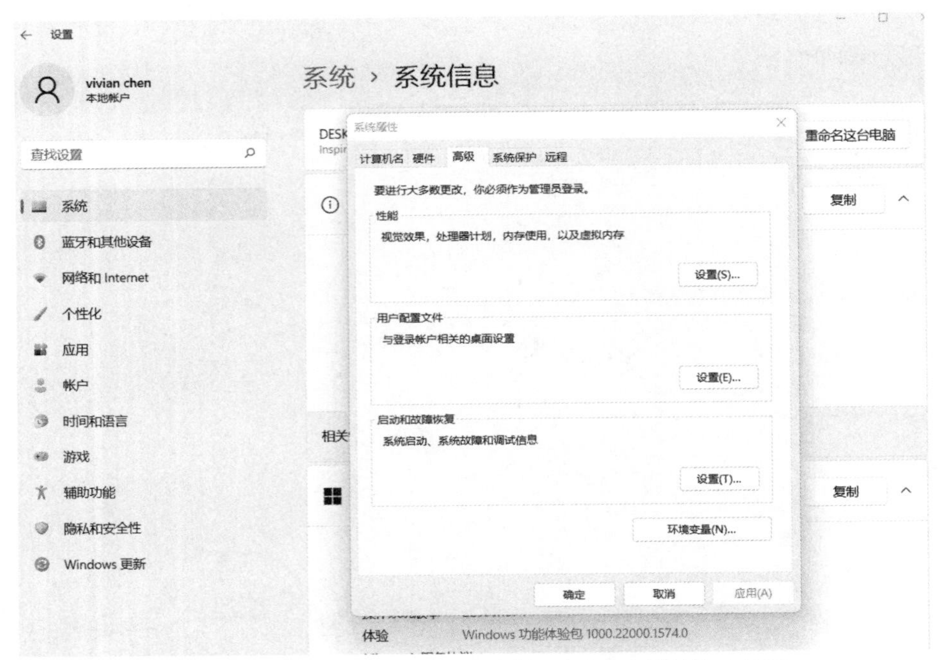

图 6-15 选择“高级系统设置”并打开“系统属性”对话框

图 6-16 在“环境变量”对话框中设置

找到之前下载jdk的目录并将bin目录路径复制到环境变量的path路径下，单击“确定”按钮，如图6-17所示。

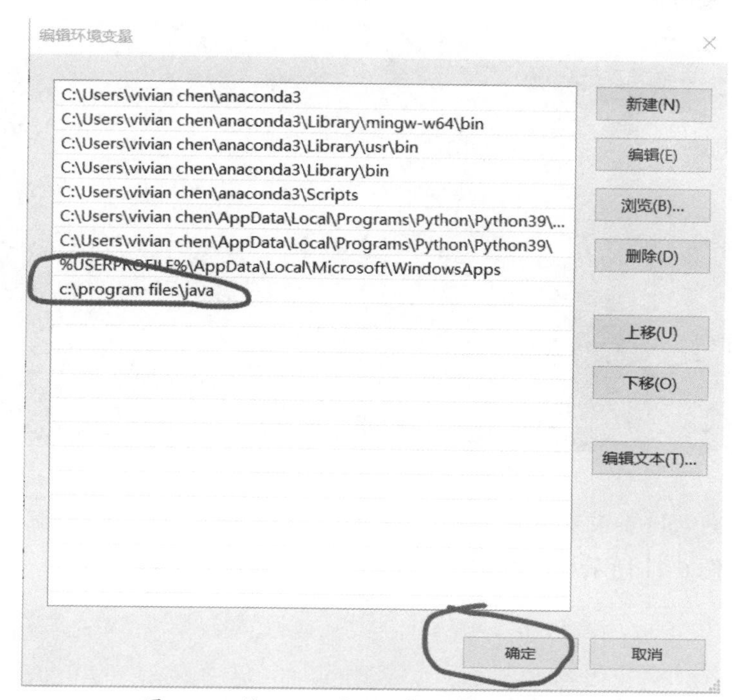

图 6-17　将 bin 目录路径复制到 Path 路径下

第三步：验证是否成功配置。

按【Windows+R】组合键，打开命令行运行界面，输入 cmd 命令，如图 6-18 所示。

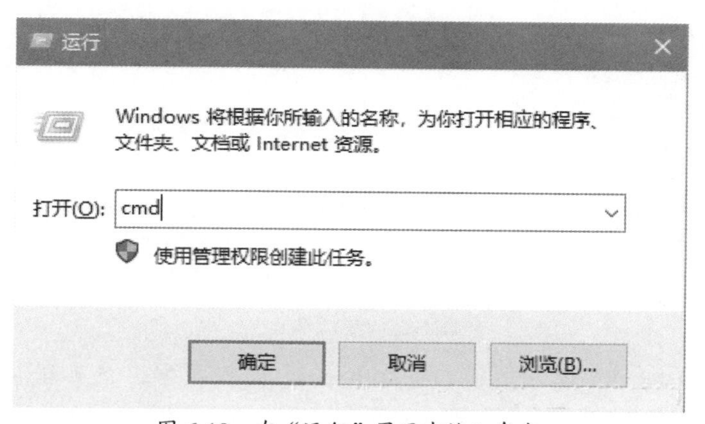

图 6-18　在“运行”界面中输入命令

输入 javac.exe，按【Enter】键，如图 6-19 和图 6-20 所示。

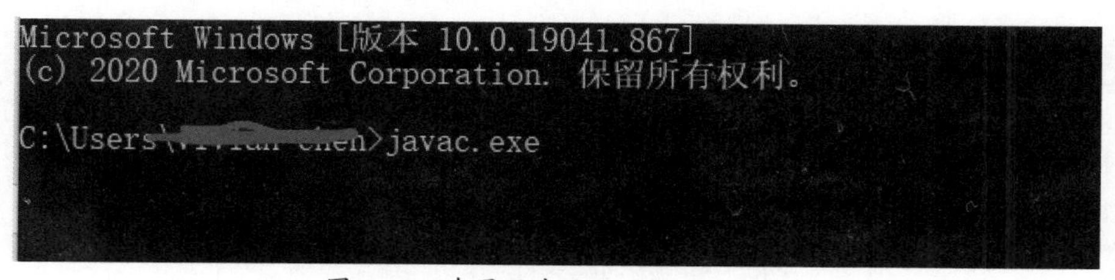

图 6-19　在界面中输入“javac.exe”

```
icrosoft Windows [版本 10.0.19041.867]
c) 2020 Microsoft Corporation. 保留所有权利。

:\Users\v...>javac.exe
用法: javac <options> <source files>
其中, 可能的选项包括:
  @<filename>                  从文件读取选项和文件名
  -Akey[=value]                传递给注释处理程序的选项
  --add-modules <模块>(,<模块>)*
        除了初始模块之外要解析的根模块; 如果 <module>
            为 ALL-MODULE-PATH, 则为模块路径中的所有模块。
  --boot-class-path <path>, -bootclasspath <path>
        覆盖引导类文件的位置
  --class-path <path>, -classpath <path>, -cp <path>
        指定查找用户类文件和注释处理程序的位置
  -d <directory>               指定放置生成的类文件的位置
  -deprecation                 输出使用已过时的 API 的源位置
  --enable-preview             启用预览语言功能。要与 -source 或 --release 一起使用。
  -encoding <encoding>         指定源文件使用的字符编码
  -endorseddirs <dirs>         覆盖签名的标准路径的位置
  -extdirs <dirs>              覆盖所安装扩展的位置
  -g                           生成所有调试信息
  -g:{lines,vars,source}       只生成某些调试信息
  -g:none                      不生成任何调试信息
  -h <directory>               指定放置生成的本机标头文件的位置
  --help, -help, -?            输出此帮助消息
  --help-extra, -X             输出额外选项的帮助
  -implicit:{none,class}       指定是否为隐式引用文件生成类文件
  -J<flag>                     直接将 <标记> 传递给运行时系统
  --limit-modules <模块>(,<模块>)*
```

图 6-20　按回车键后的界面

第四步：下载 eclipse 和对应的汉化包（先下英文版，然后下载对应的汉化包）。下载链接如图 6-21 所示。

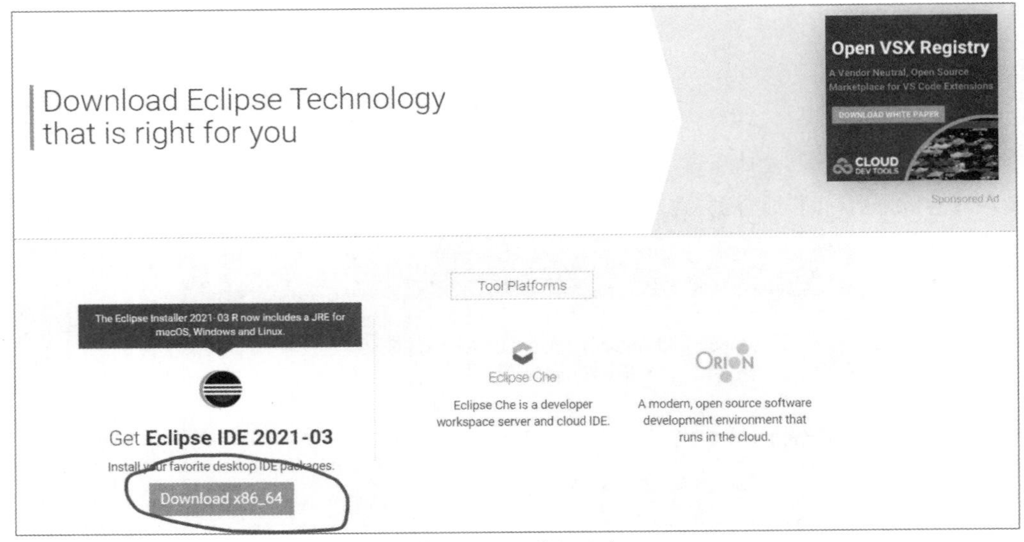

图 6-21　下载汉化包

单击“Download x86_64”按钮，进入 Eclipse 下载页面。从 Eclipse IDE for Java EE Developers 后面选择适合当前系统的版本，这里单击 64 bit 按钮，下载 64 位的安装包（注意不要下载错版本），如图 6-22 所示。

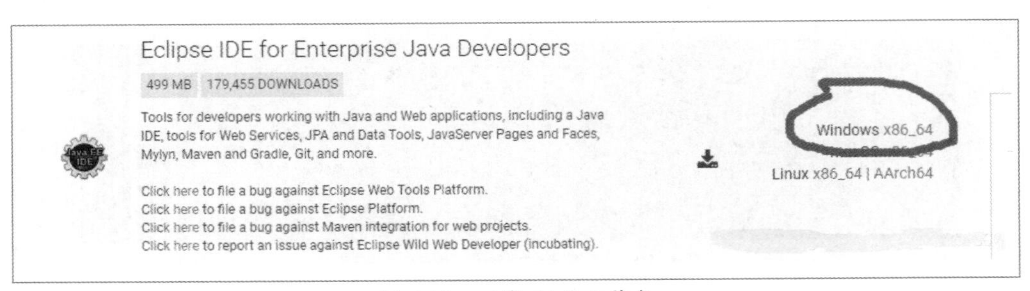

图 6-22　下载 64 位安装包

跳转到“Choose a mirror close to you”界面。单击“Sellect Another Mioor”，选择“大连东软信息学院”，如图 6-23 所示。

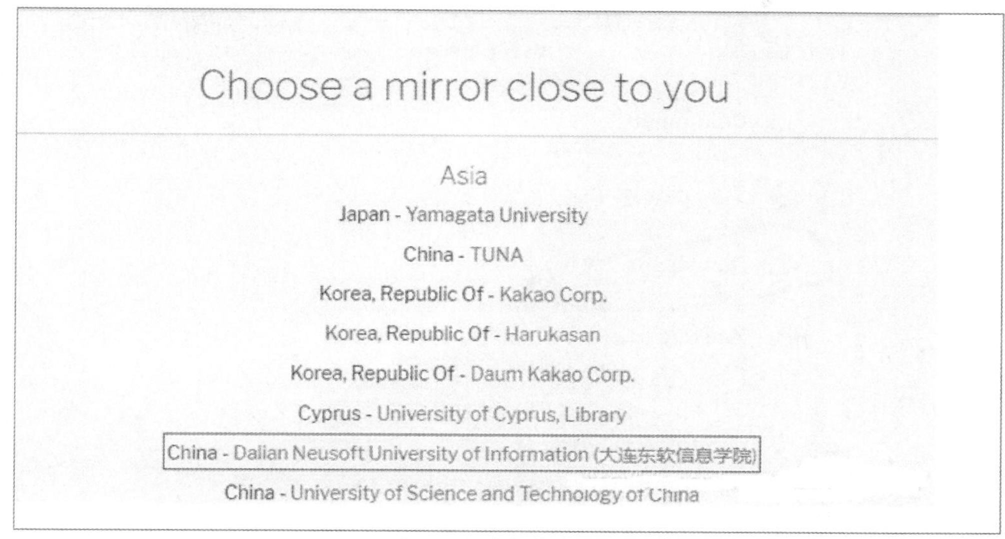

图 6-23　选择相应选项

下载之后是一个打赏界面，其实不用打钱，如图 6-24 所示。

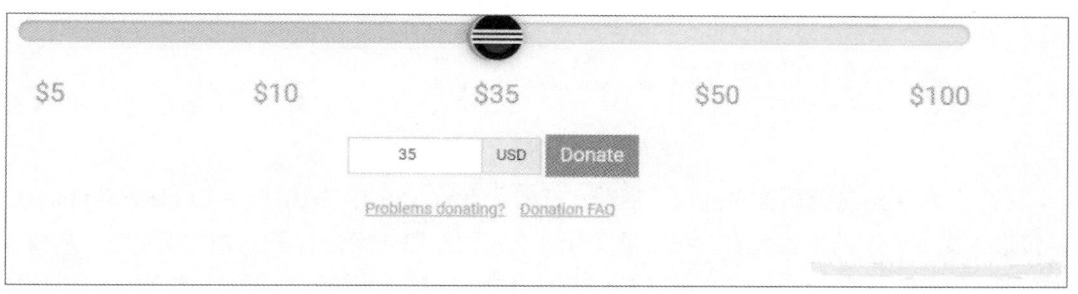

图 6-24　下载后显示的“打赏”界面

下载完成后会得到一个名为 eclipse_java_mars_2_win32_x86_64.zip 的压缩文件。Eclipse 的安装非常简单，只需将下载的压缩包进行解压，然后双击 eclipse.exe 文件即可。Eclipse 第一次启动时会要求用户选择一个工作空间，读者可以创建自己的工作空间，之后就可以在工作空间里新建开发项目了。

第五步：下载安装汉化包（对于英文基础比较好的同学，到这一步便已经安装好 Eclipse 了，如果您对中文环境更为熟悉和友好，可以安装相应的汉化包，这一步为可选项，非必选项）。Eclipse 有一个子项目 Babel，专门负责 Eclipse 程序的多国语言包，进入后的 Babel 项目首页如图 6-25 所示。

从页面导航中单击 Downloads 链接进入下载页面。在下载页面的 Babel Language Pack Zips 标题下选择对应 Eclipse 版本的超链接下载语言包，如图 6-26 所示。

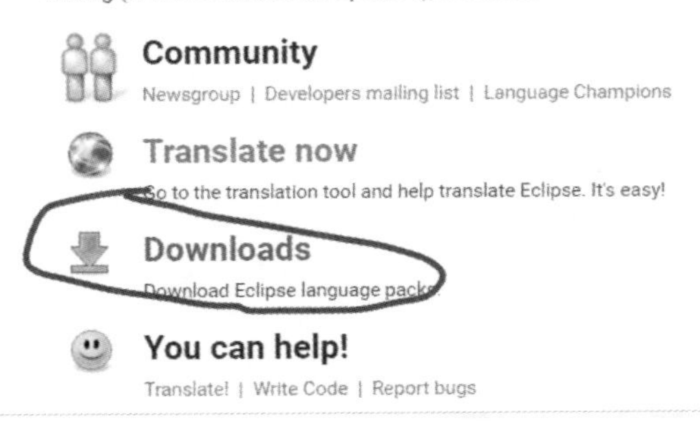

图 6-25　Babel 项目首页

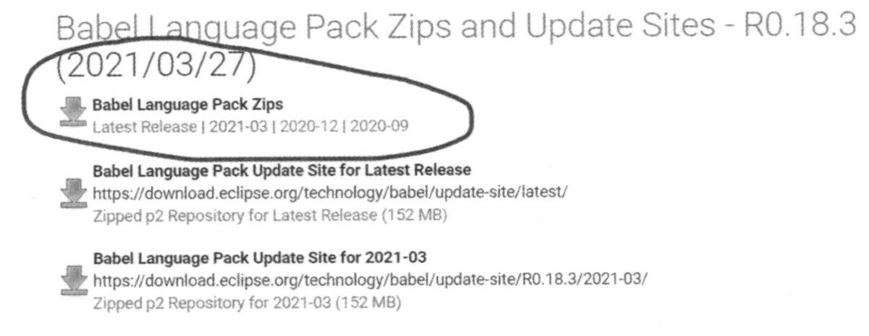

图 6-26　选择对应的语言包

在进入的语言选择页面中列出了当前支持的所有语言列表，从中单击 Chinese(Simplified) 链接进入简体中文的下载列表，在这里又针对不同插件和功能分为多个 ZIP 压缩包。从列表中单击 BabelLanguagePack_birt_zh_4.5.0.v20151128060001.zip 链接，下载完整版语言包，如图 6-27 所示。

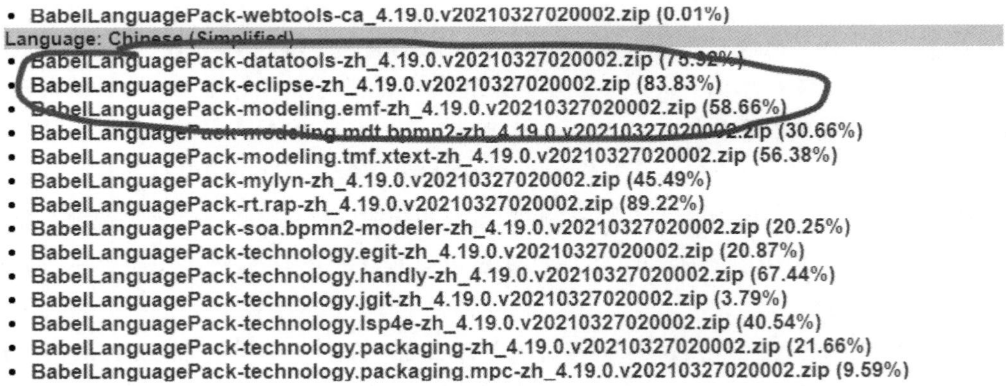

- BabelLanguagePack-webtools-ca_4.19.0.v20210327020002.zip (0.01%)

Language: Chinese (Simplified)

- BabelLanguagePack-datatools-zh_4.19.0.v20210327020002.zip (75.92%)
- BabelLanguagePack-eclipse-zh_4.19.0.v20210327020002.zip (83.83%)
- BabelLanguagePack-modeling.emf-zh_4.19.0.v20210327020002.zip (58.66%)
- BabelLanguagePack-modeling.mdt.bpmn2-zh_4.19.0.v20210327020002.zip (30.66%)
- BabelLanguagePack-modeling.tmf.xtext-zh_4.19.0.v20210327020002.zip (56.38%)
- BabelLanguagePack-mylyn-zh_4.19.0.v20210327020002.zip (45.49%)
- BabelLanguagePack-rt.rap-zh_4.19.0.v20210327020002.zip (89.22%)
- BabelLanguagePack-soa.bpmn2-modeler-zh_4.19.0.v20210327020002.zip (20.25%)
- BabelLanguagePack-technology.egit-zh_4.19.0.v20210327020002.zip (20.87%)
- BabelLanguagePack-technology.handly-zh_4.19.0.v20210327020002.zip (67.44%)
- BabelLanguagePack-technology.jgit-zh_4.19.0.v20210327020002.zip (3.79%)
- BabelLanguagePack-technology.lsp4e-zh_4.19.0.v20210327020002.zip (40.54%)
- BabelLanguagePack-technology.packaging-zh_4.19.0.v20210327020002.zip (21.66%)
- BabelLanguagePack-technology.packaging.mpc-zh_4.19.0.v20210327020002.zip (9.59%)

图 6-27　下载完整版语言包

下载后会得到 .zip 文件，将其解压并覆盖 Eclipse\drogins 文件夹中同名的 features 目录和 plugins 目录，这样下次启动 Eclipse 时便会自动加载语言包。

在工作空间选择页面中，单击“浏览”按钮，将工作空间放到选定的文件夹中，然后勾选“将此值用作缺省值并且不再询问”复选框，再单击“确定”按钮。

启动 Eclipse，进入 Eclipse 的欢迎界面。选择“帮助”|“关于 Eclipse”命令，在弹出的对话框中查看当前 Eclipse 的详细信息。

至此，Eclipse 集成开发环境安装完毕。

6.2.2　加载 Python 解释器

众所周知，Eclipse 最初主要用来 Java 语言开发，而 BERT 源代码是用 Python 语言编写的，要想在 Eclipse 环境下用 Python 语言开发项目，必须为 Eclipse 安装 Python 解释器，下面介绍如何为 Eclipse 安装 Python 解释器。

第一步：安装 Python，安装 Python 的步骤和过程在 2.3.2 节：“Python 环境的搭建”中已经详细说明，这里不再赘述。

第二步： 为 Eclipse 安装 PyDev 插件，我使用的 Eclipse 是 Version: 2021-03 (4.19.0)。

（1）单击“帮助”→“安装新软件……”，在可用软件页面，选择一个站点或者输入一个站点位置中，单击“添加”按钮，如图 6-28 所示。

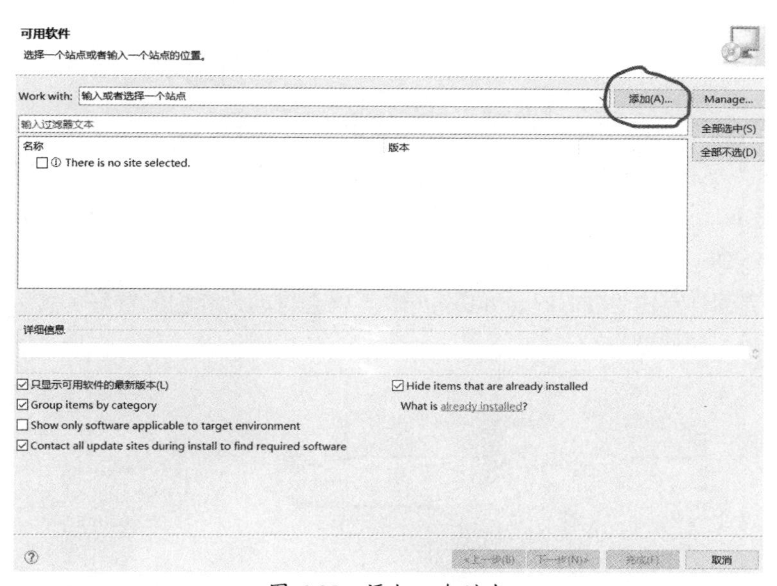

图 6-28　添加一个站点

（2）在弹出的对话框的“名称”文本框中输入“Python64”（可以随便写），“位置”文本框中输入“http://pydev.org/update_sites/4.5.5/”，单击“添加”按钮如图 6-29 所示。这里之所以带上版本，是因为如果只是写到 http://pydev.org/updates，默认安装的是最新的版本，而新版本由于某些文件被防火墙“墙”掉了，因此安装总是会出错。这里 JDK 版本是 1.7，而 jdk1.7 对应的版本是到 4.5.5，因此这里选择的是 4.5.5 版本。

（3）单击“添加”按钮后，可以看到如下界面，勾选”PyDev”复选框后，单击“下一步”按钮，如图 6-30 所示。

图 6-29　单击“添加”按钮

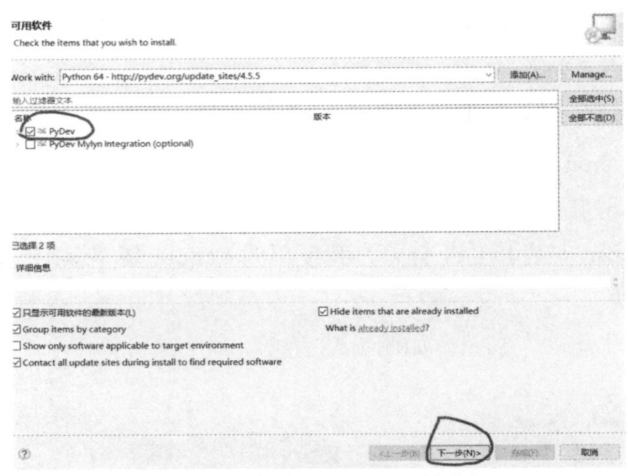

图 6-30　勾选“PyDev”复选框

（4）安装默认配置直到安装完成，安装完成后会提醒重启 Eclipse，重启 Eclipse。

（5）重启 Eclipse 之后，单击“窗口”→“首选项”，会出现如图 6-31 所示的界面：先在左侧找到“PyDev”选项，然后展开列表，并找到“Python Interpreter”并单击，然后可以看到右侧所示界面，点击“Quick Auto-Config”，就会自动为我们配置好，然后单击“应用”和“应用并关闭”按钮即可。

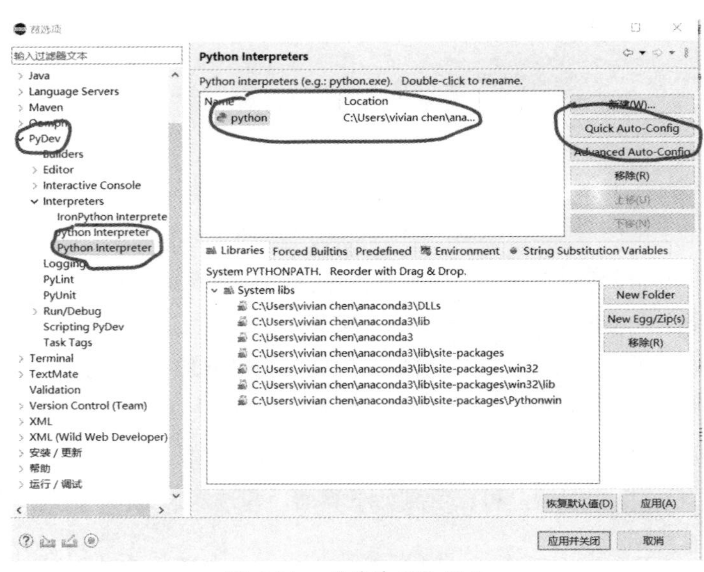

图 6-31　“首选项”界面

自此，成功在 Eclipse 里加载 Python 解释器。

6.2.3　安装 TensorFlow 框架

BERT 基于 TensorFlow，要想利用 BERT 预训练模型做实际项目，离不开 TensorFlow 框架，BERT 的实现基于 TensorFlow，下面详细介绍如何搭建 TensorFlow。

1. 安装 Anaconda

从官网下载 Anaconda（见图 6-32 和图 6-33）。

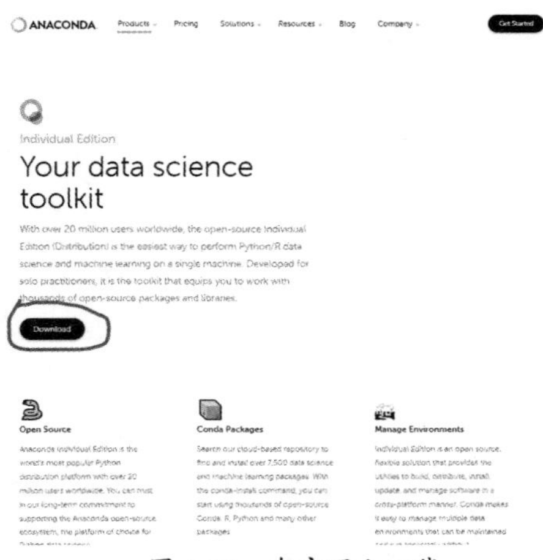

图 6-32　在官网上下载

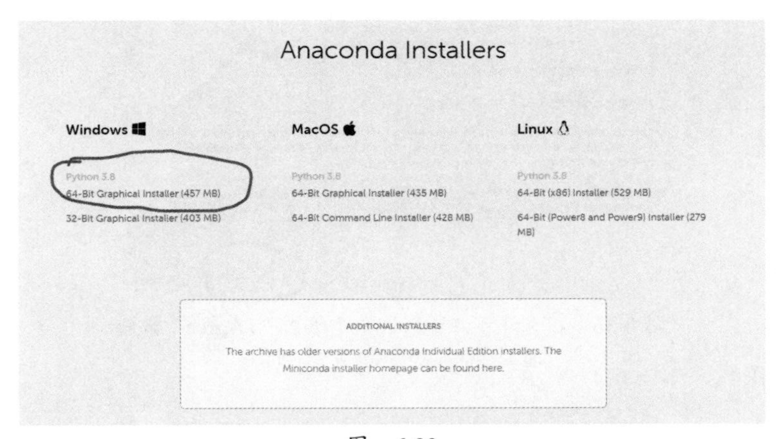

图　6-33

注意：下载对应电脑系统的 Anaconda，Mac 对应 Mac，Windows 系统注意电脑版本是 64 还是 32 位。单击下载后，将安装包下载到本地，如图 6-34 所示。

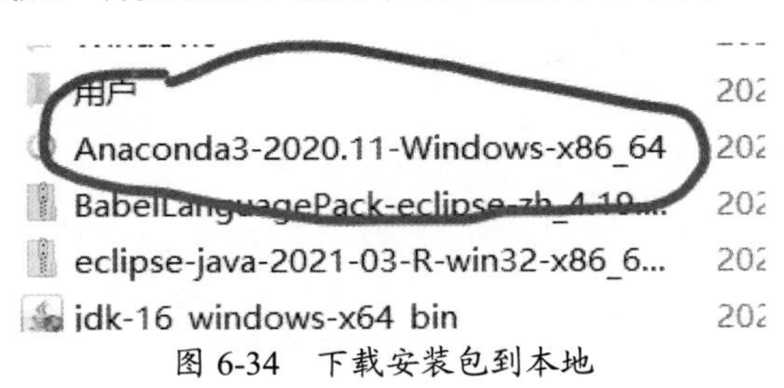

图 6-34　下载安装包到本地

2. 安装 Anaconda

右击安装包进入，以“管理员身份运行”，进入安装界面，单击“Next”按钮，进入“许可证协议”页面，单击“I Agree”按钮，如图 6-35 和图 6-36 所示。

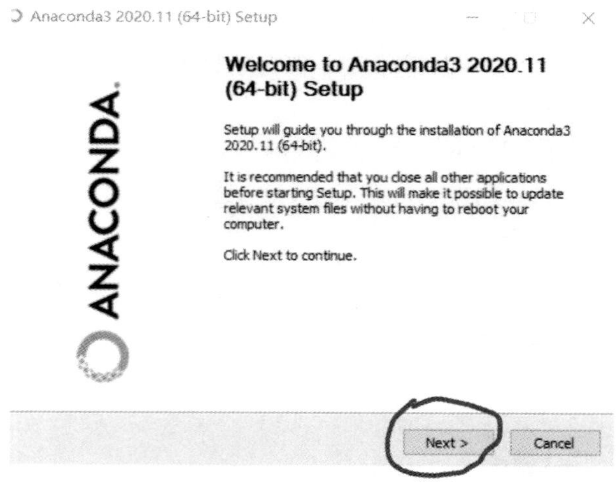

图 6-35 在安装界面单击“Next”按钮

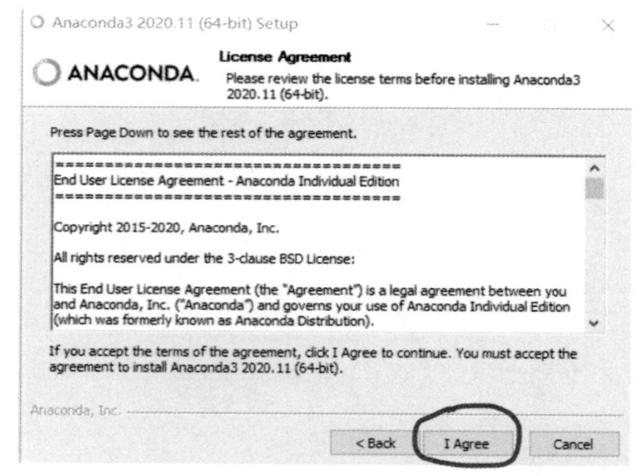

图 6-36 在“许可证协议”界面单击“I Agree”按钮

选定安装路径，如图 6-37 所示。

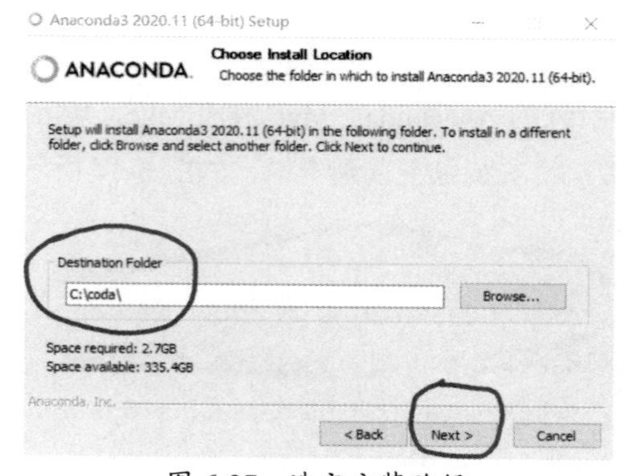

图 6-37 选定安装路径

在接下来的安装过程中，一直单击“Next”按钮，直到安装结束，单击“Finish”按钮，如图 6-38 所示。

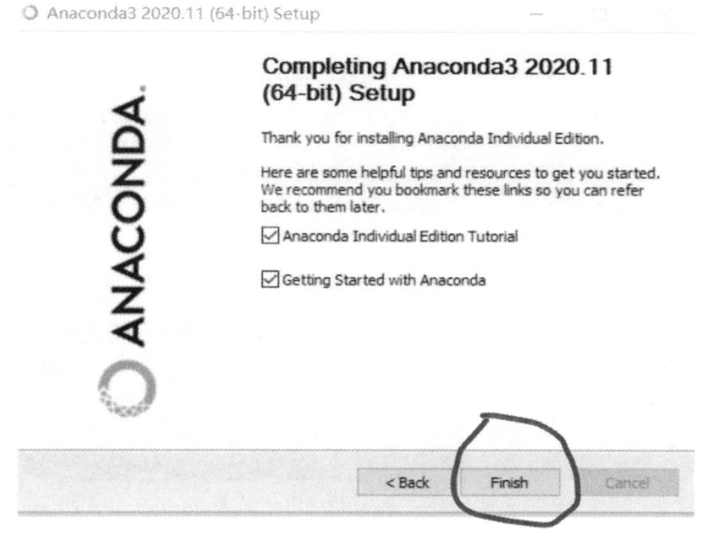

图 6-38　单击“Finish”按钮

3. 安装完成 Anaconda，进行环境变量的测试

同时按住【Windows+R】键，进入命令行运行界面，输入“cmd”，单击“确定”按钮，如图 6-39 所示。

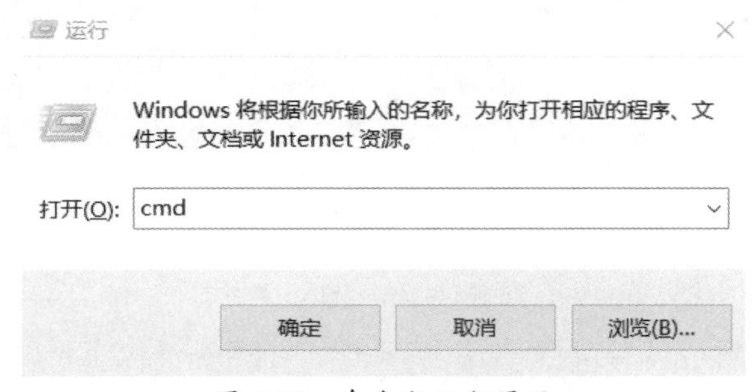

图 6-39　命令行运行界面

进入命令行模式：

（1）检测 anaconda 环境是否安装成功：输入 conda—version，如图 6-40 所示。

图 6-40　输入“Conde—Version”

（2）检测目前安装了哪些环境变量：conda info –envs，如图 6-41 所示。

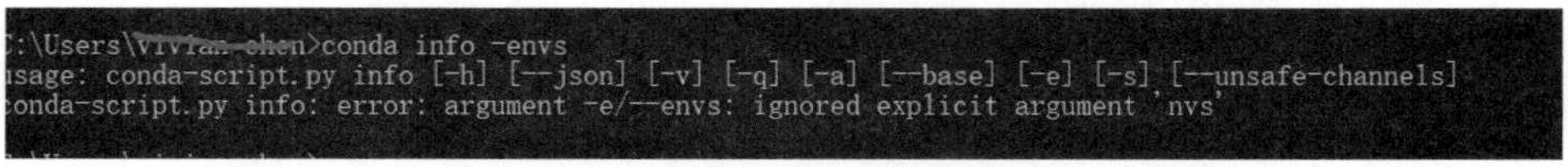

```
:\Users\vivian chen>conda info -envs
usage: conda-script.py info [-h] [--json] [-v] [-q] [-a] [--base] [-e] [-s] [--unsafe-channels]
conda-script.py info: error: argument -e/--envs: ignored explicit argument 'nvs'
```

图 6-41 检测环境变量

（3）获取当前环境中的 Python 的版本：python –version，如图 6-42 所示。

```
C:\Users\vivian chen>python --version
Python 3.8.5
```

图 6-42 获取 Python 版本

（4）激活 Tensflow 的环境，输入 activate tensorflow1，如图 6-43 所示。

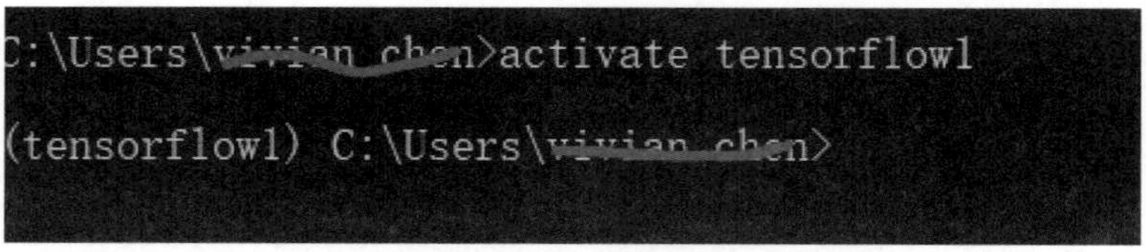

```
C:\Users\vivian chen>activate tensorflow1

(tensorflow1) C:\Users\vivian chen>
```

图 6-43 激活 Tensflow 环境

（5）检测 tensflow1 的环境添加到了 Anaconda 里面：conda info –envs，如图 6-44 所示。

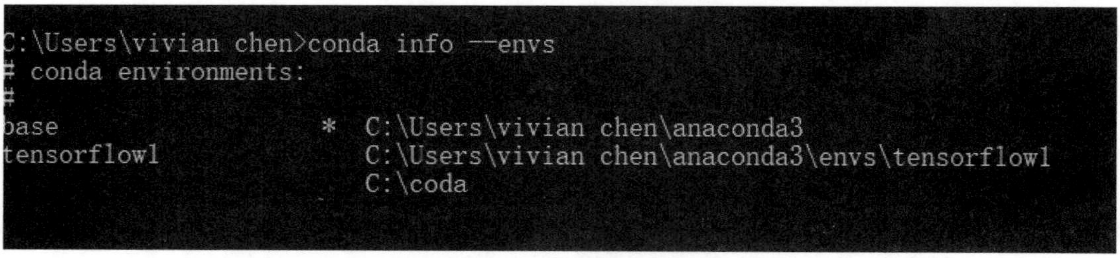

```
C:\Users\vivian chen>conda info --envs
# conda environments:
#
base                  *  C:\Users\vivian chen\anaconda3
tensorflow1              C:\Users\vivian chen\anaconda3\envs\tensorflow1
                         C:\coda
```

图 6-44 检测环境添加

4. 正式安装 tensorflow

Tensorflow 的官方文档，可以得到安装 tensorflow 的一个命令，如图 6-45 所示。

```
pip install --ignore-installed --upgrade https://storage.googleapis.com/tensorflow/windows/cpu/tensorflow-1.0.0-cp35-cp35m-win_x86_64.whl
```

图 6-45

注意：如果在 cmd 命令行中，直接这样进行的话，是不能够成功的。有可能是网络限制，也有可能与计算机的 cpu 和显卡有点关系。

在实际项目中通过以下命令安装：

```
pip install --upgrade --ignore-installed tensorflow
```

剩下的就是慢慢地等待安装的过程。

5. 安装完成

确认是否安装成功，Windows 任务栏程序可以看到如图 6-46 所示，表示成功了。

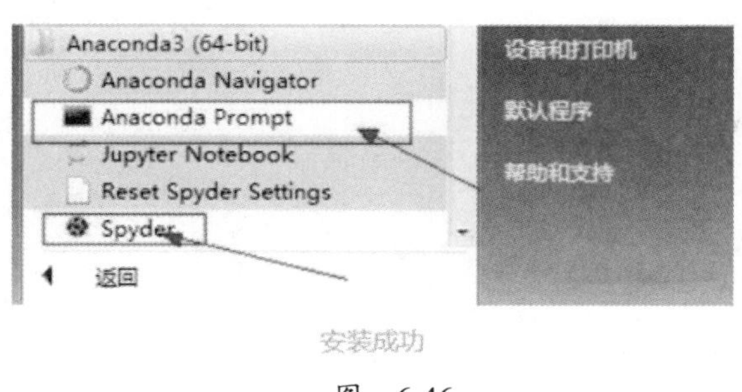

图　6-46

6.3　BERT 源码详解

安装好集成开发环境之后，就可以开始实战代码调试了，在 Eclipse 开发环境里，将对 BERT 源代码进行详细的解读。

第一步：单击进入 Eclipse 开发环境，在 Eclipse 开发环境里新建项目，在“文件”菜单中选择“新建”→“项目”选项，进入新建项目向导界面，如图 6-47 所示。

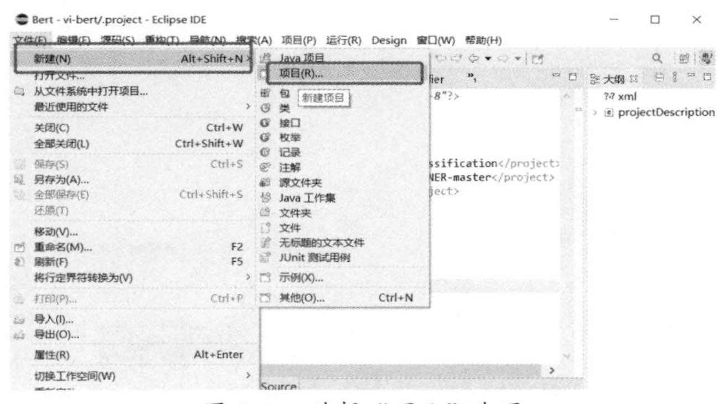

图 6-47　选择“项目”选项

在新建项目向导页面，下拉“PyDev”文件夹，在三个 PyDev 列表里选择第三个“PyDev Project”，选好之后，单击“下一步”按钮。进入项目创建界面，如图 6-48 所示。

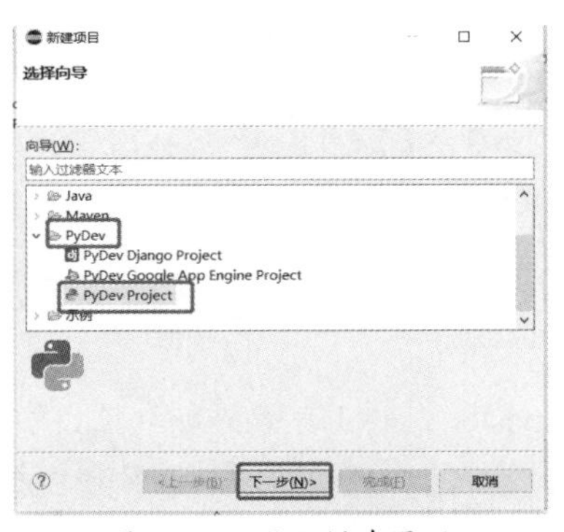

图 6-48　项目创建界面

在项目创建界面，输入项目名称之后，单击“完成”按钮，这样，一个新的项目创建好了，如图 6-49 所示。

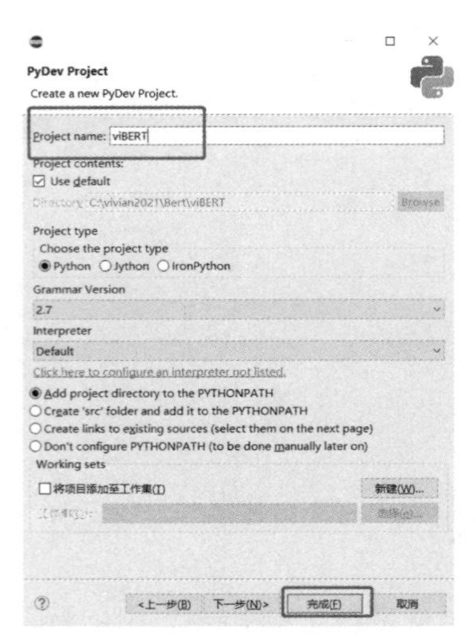

图 6-49 输入项目名称

第二步：将 BERT 模型的源代码导入项目中。

在“文件”菜单中，选择“导入”选项，在弹出的“导入”对话框中选择“来自文件夹或归档文件的项目”选项，进入“从文件系统或导入归档文件中导入项目”，如图 6-50 所示。

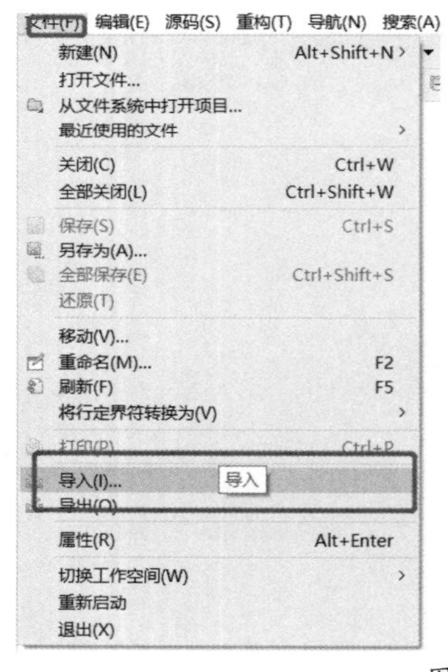

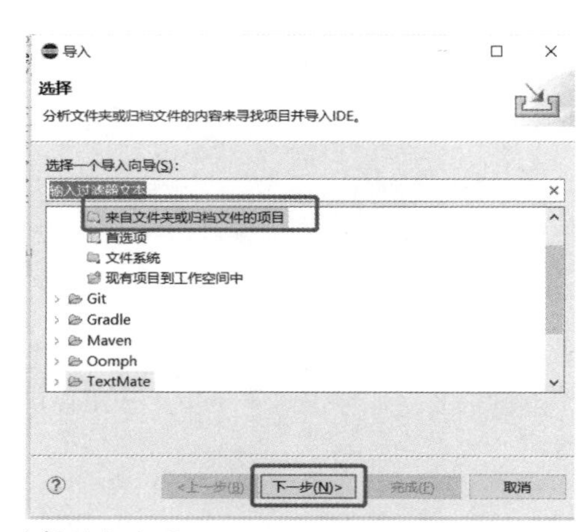

图 6-50 选择适合选项

在“目录”下选取归档文件所在目录（注意：目录路径中不能包含中文字符，否则会导致导入失败）。选择好目录之后，单击“下一步”按钮，这样就成功地将项目文件加载进来了，如图 6-51 所示。

依次将示例文件中的 bert-master 、GLUE 等添加到项目中之后，可以在项目文件的编辑页面看到项目文件的具体内容，此时，可以在 Eclipse 中看到 BERT 的源代码了，如图 6-52 所示。

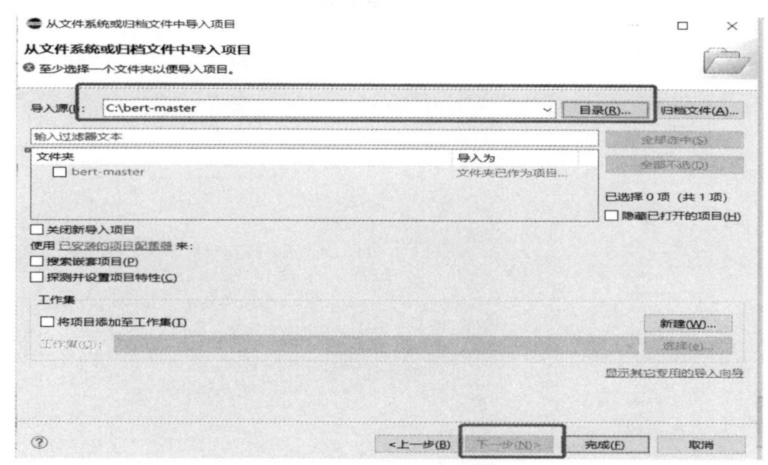

图 6-51　成功加载项目文件

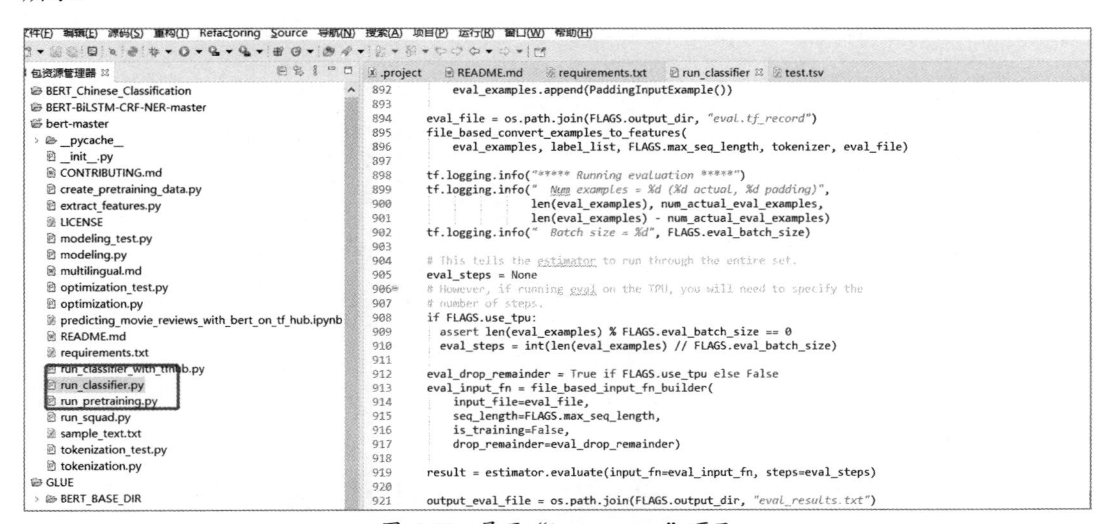

图 6-52　BERT 源代码

第三步：写入配置文件。

单击展开 bert_master 项目，选中“run_classifier.py”，右击并弹出快捷菜单，如图 6-53 所示。

图 6-53　展开“bert_master”项目

在“运行方式”中选择“运行配置”选项，弹出“运行配置”对话框，如图 6-54 所示。

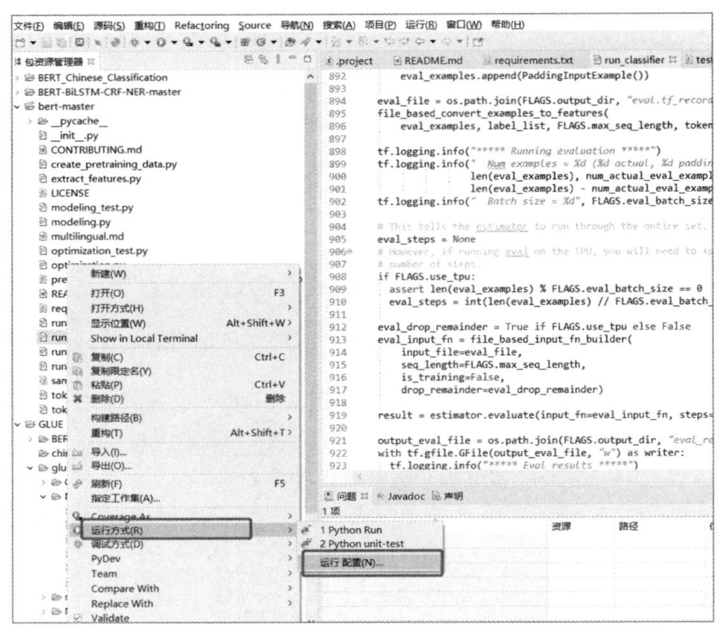

图 6-54　选择“运行配置”

在“运行配置”对话框中新建配置，在“Program arguments”空文本框中填写程序的配置参数，如图 6-55 所示。

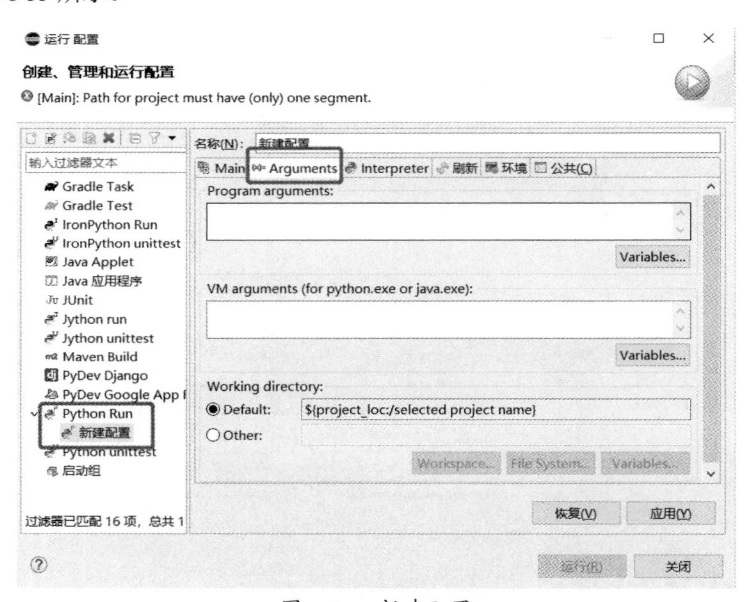

图 6-55　新建配置

将以下代码复制到“Program arguments”栏中，单击“应用”按钮，这样，程序的参数配置就完成了，如图 6-56 所示。

```
--task_name=MRPC \
  --do_train=true \
  --do_eval=true \
  --data_dir=$GLUE_DIR/MRPC \
  --vocab_file=$BERT_BASE_DIR/vocab.txt \
  --bert_config_file=$BERT_BASE_DIR/bert_config.json \
```

```
--init_checkpoint=$BERT_BASE_DIR/bert_model.ckpt \
--max_seq_length=128 \
--train_batch_size=32 \
--learning_rate=2e-5 \
--num_train_epochs=3.0 \
--output_dir=/tmp/mrpc_output/
```

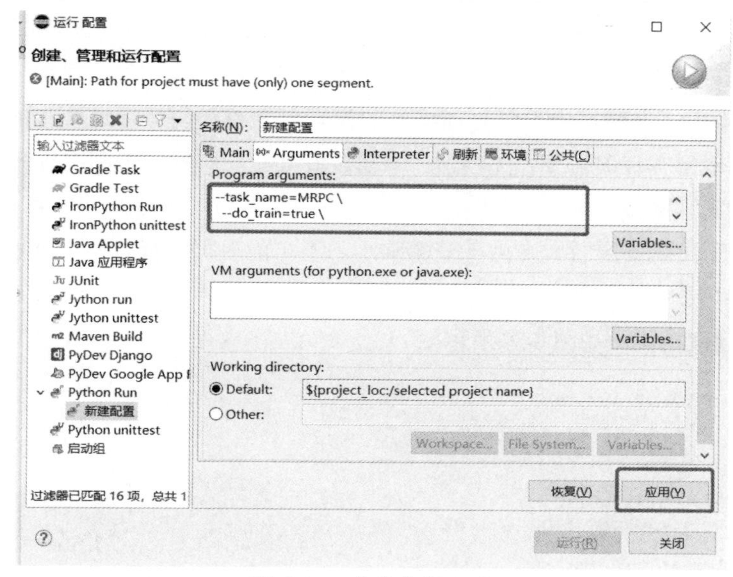

图 6-56　完成参数配置

参数解读：

task_name 任务名称，此参数和特定任务相关，不同的任务对应不同的数据集。对于不同的数据集来说，数据预处理的方法是不同的，BERT 基础模型中给出了一个参考例子，在这个参考例子的基础上，针对不同任务的不同数据集，来写数据预处理的方法。MRPC 是 BERT 给出的一个例子，其数据预处理的代码已经写好，无须做进一步处理。如果任务基于其他数据集，需要重新改写读取数据集的代码，在这个示例中，MRPC 是现成的，无须做任何修改，直接使用就行；

do_train 是否做训练，在本任务中，需要做训练，为真（true）；

do_eval 做完训练之后是否需要做验证，做完训练之后是否需要得到一个训练结果，比如说准确率是多少等，在本任务中，需要做验证，为真（true）；

data_dir 数据集文件所在的路径，设置这个参数时，必须指定正确的路径，在 Windows 环境下，不能用绝对路径，路径中不能出现中文，文件名称也不能用中文命名，这里指定的是相对路径，在相对路径下找到项目的数据集文件；

vocab_file 当前词汇表文件，所在的路径，设置这个参数时，必须指定正确的路径，在 Windows 环境下，不能用绝对路径，路径中不能出现中文，文件名称也不能用中文命名，这里指定的是相对路径，在相对路径下找到项目的语料表文件；

bert_config_file 指定 BERT 超参数的配置文件；

init_checkpoint 在做微调操作时，指定预训练好的 checkpoint 文件；

max_seq_length 最大序列长度，即系统允许的输入每一句话的最大长度，在这里，采用默认值，无须对此参数进行修改；

train_batch_size 训练的批大小，BERT 官方默认值是 32 ，在 CPU 上训练模型时，可以指定稍微小一点的值，如果所选的值在运行时报错，可以依据情况，将批大小再调小一点；

learning_rate 学习率，这里选定一个比较小的数值即可，无须修改；

num_train_epochs 训练时 epochs 的数目，在利用 CPU 做训练时，不用指定特别大，指定成 1，2，3 即可，如果将该参数指定太大，运行起来会比较慢；

output_dir 输出文件路径用于保存训练好的模型，并将模型运行过程中的中间结果保存到该文件夹中，输出文件夹需要预先创建，并指定好其相对路径，否则运行时会报错。

第四步：代码详解

BERT 模型的代码量比较大，由于篇幅限制，不可能对每一行代码展开解释，在这里，解释一下其中每一个核心模块的功能。

（1）数据读取模块，如图 6-57 所示。

```
class MrpcProcessor(DataProcessor):
  """Processor for the MRPC data set (GLUE version)."""

  def get_train_examples(self, data_dir):
    """See base class."""
    return self._create_examples(
        self._read_tsv(os.path.join(data_dir, "train.tsv")), "train")

  def get_dev_examples(self, data_dir):
    """See base class."""
    return self._create_examples(
        self._read_tsv(os.path.join(data_dir, "dev.tsv")), "dev")

  def get_test_examples(self, data_dir):
    """See base class."""
    return self._create_examples(
        self._read_tsv(os.path.join(data_dir, "test.tsv")), "test")

  def get_labels(self):
    """See base class."""
    return ["0", "1"]

  def _create_examples(self, lines, set_type):
    """Creates examples for the training and dev sets."""
    examples = []
    for (i, line) in enumerate(lines):
      if i == 0:
        continue
      guid = "%s-%s" % (set_type, i)
      text_a = tokenization.convert_to_unicode(line[3])
      text_b = tokenization.convert_to_unicode(line[4])
      if set_type == "test":
        label = "0"
```

图 6-57　读取模块

模型训练的第一步，是读取数据，将数据从数据集中读取进来，然后按照 BERT 模型要求的数据格式，对数据进行处理，写出具体数据处理的类以及实际要用到的数据集中数据处理的方法，如果任务中用到的数据集不是 MRPC ，这部分的代码需要依据特定的任务重新写一下如何操作数据集的代码，对于不同的任务，需要构造一个新的读取数据的类，把数据一行一行地读进来。

（2）数据预处理模块，如图 6-58 所示。

```
      is_real_example=True)
  return feature


def file_based_convert_examples_to_features(
    examples, label_list, max_seq_length, tokenizer, output_file):
  """Convert a set of `InputExample`s to a TFRecord file."""

  writer = tf.python_io.TFRecordWriter(output_file)

  for (ex_index, example) in enumerate(examples):
    if ex_index % 10000 == 0:
      tf.logging.info("Writing example %d of %d" % (ex_index, len(examples)))
```

图 6-58　预处理模块

利用 tensorflow 对数据进行预处理，由于用 TF-Record 读数据的速度比较快，使用起来比较方便，在数据读取层面，需要将数据转换成 TF-Record 格式。首先，定义一个 writer, 利用 writer 函数将数据样本写入到 TF-Record 当中，这样一来，在实际训练过程中，不用每次都到原始数据中去读取数据，直接到 TF-Record 中读取处理好的数据。把每一个数据样本都转化成一个 TF-Record 格式的具体做法如下：首先，构建一个标签，接下来对数据做一个判断，判断数据中由几句话组成，拿到当前第一句话后，做一个分词操作。分词方法为 wordpiece 方法。在英文文本中，由字母组成单词，词与词之间利用空格来切分单词，利用空格切分单词往往还不充分，需要对单词做进一步切分转换，在 BERT 模型中，通过调用 wordpiece 方法将输入的单词再进一步切分，利用 wordpiece 的贪心匹配方法，将输入单词进一步切分成词片，从而使得单词表达的含义更加丰富。在这里，利用 wordpiece 方法将读入的单词进行再次切分，把输入的单词序列切分成更为基本的单元，从而更加便于模型学习。

在中文系统中，通常把句子切分成单个的字，切分完成之后，把输入用 wordpiece 转化成 wordpiece 结构之后，再做一个判断，看是否有第二句话输入，如果有第二句话输入，则用 wordpiece 对第二句话做相同的处理。做完 wordpiece 转换之后，再做一个判断，判断实际句子的长度是否超过 max_seq_length 的值，如果输入句子的长度超过 max_seq_length 规定的数值，则需要进行截断操作。

（3）tf-record 制作

对输入句对进行编码，遍历 wordpiece 结构的每一个单词以及每一个单词的 type_id , 加入句子分隔符【CLS】、【SEP】，为所有结果添加编码信息；添加 type_id，把所有单词映射成索引后，对输入词的 ID（标识符）进行编码，以方便后续做词嵌入时候进行查找。

Mask 编码：对于句子长度小于 max_seq_length 的句子做一个补齐操作。在 self_attention 的计算中，只考虑句子中实际有的单词，对输入序列做 input_mask 操作，对于不足 128 个单词的位置加入额外的 mask，目的是让 self_attention 知道，只对所有实际的单词做计算，在后续 self_attention 计算中，忽略 input_mask=0 的单词，只有 input_mask=1 的单词会实际参与到 self_attention 计算中。Mask 编码为后续的微调操作做了初始化，实现了任务数据的预处理。

对 input_Feature 做初始化：构建 input_Feature 并把结果返回给 BERT。通过一个 for 循环，遍历每一个样本，再对构造出来一些处理，把 input_id、input_mask 和 segment_id 均转换成为 int 类型，方便后续 tf-record 的制作。之所以要做数据类型的转换，这是 tensorflow 官方 API 要求这么做的，tensorflow 对 tf-record 的格式做了硬性的规定，用户无法自行对其修改。在后续具体项目任务中，在做 tf-record 时，只要把原始代码全部复制过去，按照原有的格式修改即可。构造好input_Feature之后，把它传递给tf_example, 转换成tf_train_features，之后直接写入构建好的数据即可，如图6-59所示。

```
408  # The convention in BERT is:
409  # (a) For sequence pairs:
410  #  tokens:   [CLS] is this jack ##son ##ville ? [SEP] no it is not . [SEP]
411  #  type_ids: 0     0  0    0    0     0       0 0     1  1  1  1   1 1 #表示来自哪句话
412  # (b) For single sequences:
413  #  tokens:   [CLS] the dog is hairy . [SEP]
414  #  type_ids: 0     0   0   0  0     0 0
415  #
416  # Where "type_ids" are used to indicate whether this is the first
417  # sequence or the second sequence. The embedding vectors for `type=0` and
418  # `type=1` were learned during pre-training and are added to the wordpiece
419  # embedding vector (and position vector). This is not *strictly* necessary
420  # since the [SEP] token unambiguously separates the sequences, but it makes
421  # it easier for the model to learn the concept of sequences.
422  #
423  # For classification tasks, the first vector (corresponding to [CLS]) is
424  # used as the "sentence vector". Note that this only makes sense because
425  # the entire model is fine-tuned.
426  tokens = []
427  segment_ids = []
428  tokens.append("[CLS]")
429  segment_ids.append(0)
430  for token in tokens_a:
431    tokens.append(token)
432    segment_ids.append(0)
433  tokens.append("[SEP]")
434  segment_ids.append(0)
435
436  if tokens_b:
437    for token in tokens_b:
438      tokens.append(token)
439      segment_ids.append(1)
440    tokens.append("[SEP]")
441    segment_ids.append(1)
442
443  input_ids = tokenizer.convert_tokens_to_ids(tokens) #转换成ID
```

图6-59　写入构建好的数据

（4）Embeding层的作用

在BERT模型中有一个creat_model函数，在creat_model函数中一步一步地把模型构建出来。首先，创建一个BERT模型，该模型中包含了transformer的所有结构，具体操作过程如图6-60所示。

```
574 def create_model(bert_config, is_training, input_ids, input_mask, segment_ids,
575                  labels, num_labels, use_one_hot_embeddings):
576   """Creates a classification model."""
577   model = modeling.BertModel(
578       config=bert_config,
579       is_training=is_training,
580       input_ids=input_ids,# (8,128)
581       input_mask=input_mask,# (8,128)
582       token_type_ids=segment_ids,# (8,128)
583       use_one_hot_embeddings=use_one_hot_embeddings)
584
585   # In the demo, we are doing a simple classification task on the entire
586   # segment.
587   #
588   # If you want to use the token-level output, use model.get_sequence_output()
589   # instead.
590   output_layer = model.get_pooled_output()
591
592   hidden_size = output_layer.shape[-1].value
593
594   output_weights = tf.get_variable(
595       "output_weights", [num_labels, hidden_size],
596       initializer=tf.truncated_normal_initializer(stddev=0.02))
```

图6-60　创建BERT模型

读入配置文件，判断是否需要进行训练，读入 input_id、input_mask 和 segment_id 等变量，one_hot_embedding 变量 在利用 TPU 训练时才使用，在用 CPU 训练时不用考虑，默认值设为 Faulse。

构建 embedding 层，即词嵌入，词嵌入操作将当前序列转化为向量。BERT 的 embedding 层不光要考虑输入的单词序列，还需要考虑其他的额外信息和位置信息。BERT 构建出来的词嵌入向量中包含以下三种信息：即输入单词序列信息、其他的额外信息和位置信息。为了实现向量间的计算，必须保持包含这三种信息的词向量的维数一致。

（5）加入额外编码特征

接下来，进入 embedding_lookup 层，这个层的输入是：input_id（输入标识符）、vocab_size（词汇表大小）、embedding_size（词嵌入的维度）、initializer_range（初始化的取值范围）。embedding_lookup 的输出是一个实际的向量编码，如图 6-61 所示。

```
367
368 def layer_norm_and_dropout(input_tensor, dropout_prob, name=None):
369   """Runs layer normalization followed by dropout."""
370   output_tensor = layer_norm(input_tensor, name)
371   output_tensor = dropout(output_tensor, dropout_prob)
372   return output_tensor
373
374
375 def create_initializer(initializer_range=0.02):
376   """Creates a `truncated_normal_initializer` with the given range."""
377   return tf.truncated_normal_initializer(stddev=initializer_range)
378
379
380 def embedding_lookup(input_ids,
381                      vocab_size,
382                      embedding_size=128,
383                      initializer_range=0.02,
384                      word_embedding_name="word_embeddings",
385                      use_one_hot_embeddings=False):
386   """Looks up words embeddings for id tensor.
387
388   Args:
389     input_ids: int32 Tensor of shape [batch_size, seq_length] containing word
390       ids.
391     vocab_size: int. Size of the embedding vocabulary.
392     embedding_size: int. Width of the word embeddings.
393     initializer_range: float. Embedding initialization range.
394     word_embedding_name: string. Name of the embedding table.
395     use_one_hot_embeddings: bool. If True, use one-hot method for word
396       embeddings. If False, use `tf.gather()`.
397
398   Returns:
399     float Tensor of shape [batch_size, seq_length, embedding_size].
400   """
```

图 6-61　在 embedding_lookup 层中输入代码

首先，获取 embedding_table，然后到 embedding_table 里查找每个单词对应的词向量，并将最终结果返回给 output，这样一来，输入的单词便成了词向量。但这个操作只是词嵌入的一部分，完整的词嵌入还应在词嵌入中添加其他额外的信息，即 embedding_post_processor。

embedding_post_processor 是词嵌入操作必须添加进去的第二部分信息，embedding_post_processor 的输入有：input_tensor、use_token_type、token_type_id、token_type_vocab_size, 返回的特征向量将包含这些额外的信息，其维度和输入单词的词向量一致。

（6）加入位置编码特征

利用 use_position_embedding 添加位置编码信息。BERT 的 Self_attention 中需要加入位置编码信息，首先，利用 full_position_embedding 初始化位置编码，把每个单词的位置编码向量与词嵌入向量相加，接着，根据当前的序列长度做一个计算，如果序列长度为 128，则对这 128 个位置进行编码。由于位置编码仅包含位置信息，和句子的上下文语义无关，对于不同的输入序列来说，虽然输入序列的内容各不相同，但是它们的位置编码却是相同的，所以位置编码的结果向量和实际句子中传的什么词无关，无论传的数据内容是什么，它们的位置编码均是一样的。获得位置编码的输出结果之后，在原词嵌入输出向量的基础上，加上额外编码获得的特征向量和位置编码向量，将三个向量求和，返回求和结果，到此为止，完成了 BERT 模型的输入词嵌入，得到了一个包含位置信息的词向量，接下来，对这个向量进行深入的操作，如图 6-62 所示。

```
489   if use_position_embeddings:
490     assert_op = tf.assert_less_equal(seq_length, max_position_embeddings)
491     with tf.control_dependencies([assert_op]):
492       full_position_embeddings = tf.get_variable(
493           name=position_embedding_name,
494           shape=[max_position_embeddings, width],
495           initializer=create_initializer(initializer_range))
496       # Since the position embedding table is a learned variable, we create it
497       # using a (long) sequence length `max_position_embeddings`. The actual
498       # sequence length might be shorter than this, for faster training of
499       # tasks that do not have long sequences.
500       #
501       # So `full_position_embeddings` is effectively an embedding table
502       # for position [0, 1, 2, ..., max_position_embeddings-1], and the current
503       # sequence has positions [0, 1, 2, ... seq_length-1], so we can just
504       # perform a slice.
505       position_embeddings = tf.slice(full_position_embeddings, [0, 0],
506                                      [seq_length, -1]) #位置编码给的挺大，为了加速只需要取出有用部分就可以 128, 768
507       num_dims = len(output.shape.as_list())
508
509       # Only the last two dimensions are relevant (`seq_length` and `width`), so
```

图 6-62　加入位置编码特征

（7）mask 机制

在完成词嵌入之后，接下来便是 Transformer 结构了，在 Transformer 之前，先要对词向量做一些转换，即 attention_mask，创建一个 mask 矩阵：create_attention_mask_from_input_mask。在前文提到的 input_mask 中，只有 mask=1 的词参与到 Attention 的计算中，现在需要把这个二维的 mask 转换成为一个三维的 mask，表示词向量进入 Attention 时，哪几个向量会参与到实际计算过程中。即在计算 Attention 时，对输入序列中 128 个单词的哪些个单词做 Attention 计算，在这里，又额外地加入了一个 mask 处理操作，如图 6-63 所示。

```
200       attention_mask = create_attention_mask_from_input_mask(
201           input_ids, input_mask)
202
203       # Run the stacked transformer.
204       # `sequence_output` shape = [batch_size, seq_length, hidden_size].
205       self.all_encoder_layers = transformer_model(
206           input_tensor=self.embedding_output,
207           attention_mask=attention_mask,
208           hidden_size=config.hidden_size,
209           num_hidden_layers=config.num_hidden_layers,#Transformer中的隐层神经元个数
210           num_attention_heads=config.num_attention_heads,
211           intermediate_size=config.intermediate_size,#全连接层神经元个数
212           intermediate_act_fn=get_activation(config.hidden_act),
213           hidden_dropout_prob=config.hidden_dropout_prob,
214           attention_probs_dropout_prob=config.attention_probs_dropout_prob,
215           initializer_range=config.initializer_range,
216           do_return_all_layers=True)#是否返回每一层的输出
217
```

图 6-63　mask 机制操作

完成 mask 处理之后，接下来是构建 Transformer 的 Encode 端，首先给 Transformer 传入一些参数，如 input_tensor、attention_mask、hiden_size、head_num 等。这些参数在预训练过程中已经设置好了，在进行微调操作时，均不得对这些参数随意更改。

在多头 Attention 机制中，每个头生成一个特征向量，最终把各个头生成的向量拼接在一起得到输出的特征向量。

（8）构建 QKV 矩阵

接下来，是 Attention 机制的实现，BERT 的 Attention 机制是一个多层的架构，在程序具体实现中，采用的是遍历的操作，通过遍历每一层，实现多层的堆叠。总共需要遍历 12 层，当前层的输入是前一层的输出。Attention 机制中，有输入两个向量：from-tensor 和 to_tensor，而 BERT 的 Attention 机制采用的是 self_attention，此时，如图 6-64 所示。

from-tensor=to_tensor=layer_input;

```
825  all_layer_outputs = []
826  for layer_idx in range(num_hidden_layers):
827    with tf.variable_scope("layer_%d" % layer_idx):
828      layer_input = prev_output
829
830      with tf.variable_scope("attention"):
831        attention_heads = []
832        with tf.variable_scope("self"):
833          attention_head = attention_layer(
834              from_tensor=layer_input,
835              to_tensor=layer_input,
836              attention_mask=attention_mask,
837              num_attention_heads=num_attention_heads,
838              size_per_head=attention_head_size,
839              attention_probs_dropout_prob=attention_probs_dropout_prob,
840              initializer_range=initializer_range,
```

图 6-64　构建 QKV 矩阵

在构建 attention_layer 过程中，需要构建 K、Q、V 三个矩阵，K、Q、V 矩阵是 transformer 中最为核心的部分。在构建 K、Q、V 矩阵时，会用到以下几个缩略字符：

- B 代表 Batch Size 即批大小 在这里的典型值设为 8;
- F 代表 from-tensor 维度是 128;
- T 代表 to_tensor 维度是 128;
- N Number of Attention Head attention 机制的头数（多头 Attention 机制）在这里的典型值设为 12 个头;
- H Size_per_head 代表每个头中有多少个特征向量，在这里的典型值设为 64;

构建 Query 矩阵：构建 query_layer 查询矩阵，查询矩阵由 from-tensor 构建而来，在多头 Attention 机制中，有多少个 Attention 头，便生成多少个 Query 矩阵，每个头生成的 Query 矩阵输出对应向量：

query_layer=【B×F,N×H】，即 1 024×768，如图 6-65 所示。

```
666    query_layer = tf.layers.dense(
667        from_tensor_2d,
668        num_attention_heads * size_per_head,
669        activation=query_act,
670        name="query",
671        kernel_initializer=create_initializer(initializer_range))
```

图 6-65　构建 Query 矩阵

构建 Key 矩阵：Key 矩阵由 to-tensor 构建而来，在多头 Attention 机制中，有多少个 Attention 头，便生成多少个 Key 矩阵，每个头生成的 Key 矩阵输出对应向量，如图 6-66 所示。

key_layer=【 B*T,N*H】， 即 1 024*768；

```
674    key_layer = tf.layers.dense(
675        to_tensor_2d,
676        num_attention_heads * size_per_head,
677        activation=key_act,
678        name="key",
679        kernel_initializer=create_initializer(initializer_range))
680
```

图 6-66　构建 Key 矩阵

构建 Value 矩阵：Value 矩阵的构建和 Key 矩阵的构建基本一样，只不过描述的层面不同而已：

value_layer=【 B*T,N*H】， 即 1 024*768；

构建 QKV 矩阵完成之后，计算 K 矩阵和 Q 矩阵的内积，之后进行一个 Softmax 操作。通过 Value 矩阵，帮助我们了解实际得到的特征是什么，Value 矩阵和 Key 矩阵完全对应，维数一模一样，如图 6-67 所示。

```
682    value_layer = tf.layers.dense(
683        to_tensor_2d,
684        num_attention_heads * size_per_head,
685        activation=value_act,
686        name="value",
687        kernel_initializer=create_initializer(initializer_range))
```

图 6-67　构建 Value 矩阵

（9）完成 Transformer 模块构建

构建 QKV 矩阵完成之后，接下来，需要计算 K 矩阵和 Q 矩阵的内积，为了加速内积的计算，在这里做了一个 transpose 转换，目的是为了加速内积的计算，并不影响后续的操作。计算好 K 矩阵和 Q 矩阵的内积之后，获得了 Attention 的分值：attention_score，最后需要利用 Softmax 操作将得到的 Attention 的分值转换成为一个概率：attention_prob。

在做 Softmax 操作之前，为了减少计算量，还需要加入 attention_mask，将长度为 128 的序列中不是实际有的单词屏蔽掉，不让它们参与到计算中来。在 TensorFlow 中直接有现成的 Softmax 函数可以调用，把当前所有的 Attention 分值往 Softmax 里一传，得到的结果便是一个概率值，这个概率值作为权重值，和 Value 矩阵结合在一起使用，即将 attention_prob 和 Value 矩阵进行乘法运算，便得到了上下文语义矩阵，即 Context_layer=tf.matmul(attention_prob, value_layer); 如图 6-68 所示。

```
719   # `attention_probs` = [B, N, F, T]
720   attention_probs = tf.nn.softmax(attention_scores) #再做softmax此时负数做softmax相当于结果为0了就相当于不考虑了
721
722   # This is actually dropping out entire tokens to attend to, which might
723   # seem a bit unusual, but is taken from the original Transformer paper.
724   attention_probs = dropout(attention_probs, attention_probs_dropout_prob)
725
726   # `value_layer` = [B, T, N, H]
727   value_layer = tf.reshape(
728       value_layer,
729       [batch_size, to_seq_length, num_attention_heads, size_per_head])#(8, 128, 12, 64)
730
731   # `value_layer` = [B, N, T, H]
732   value_layer = tf.transpose(value_layer, [0, 2, 1, 3]) #(8, 12, 128, 64)
733
734   # `context_layer` = [B, N, F, H]
735   context_layer = tf.matmul(attention_probs, value_layer)#计算最终结果特征 (8, 12, 128, 64)
736
737   # `context_layer` = [B, F, N, H]
738   context_layer = tf.transpose(context_layer, [0, 2, 1, 3])#转换回[8, 128, 12, 64]
739
```

图 6-68　完成 Transformer 模块构建

得到当前层上下文语义矩阵输出之后，这个输出作为下一层的输入，参与到下一层 Attention 的计算中去，多层 Attention 通过一个 for 循环的多次迭代来实现，有多少层 Attention（在这里是 12 层）就进行多少层迭代计算。

（10）训练 BERT 模型

做完 self_attention 之后，接下来是一个全连接层，在这里，需要把全连接层考虑进来，利用 tf.layer.dese 实现一个全连接层，最后要做一个残差连接，注意：在全连接层的实现过程中，需要返回最终的结果，即将最后一层 Attention 的输出结果返回给 BERT，这便是整个 Transformer 的结构，如图 6-69 所示。

```
577   model = modeling.BertModel(
578       config=bert_config,
579       is_training=is_training,
580       input_ids=input_ids,# (8,128)
581       input_mask=input_mask,# (8,128)
582       token_type_ids=segment_ids,# (8,128)
583       use_one_hot_embeddings=use_one_hot_embeddings)
584
585   # In the demo, we are doing a simple classification task on the entire
586   # segment.
587   #
588   # If you want to use the token-level output, use model.get_sequence_output()
589   # instead.
590   output_layer = model.get_pooled_output()
591
592   hidden_size = output_layer.shape[-1].value
593
594   output_weights = tf.get_variable(
595       "output_weights", [num_labels, hidden_size],
596       initializer=tf.truncated_normal_initializer(stddev=0.02))
597
598   output_bias = tf.get_variable(
599       "output_bias", [num_labels], initializer=tf.zeros_initializer())
600
```

图 6-69　训练 BERT 模型

总结一下上述整个过程，即 Transformer 的实现主要分为两大部分：第一部分是 embedding 层，embedding 层将 wordpiece 词嵌入加上额外特定信息和位置编码信息，三者之和构成 embedding 层的输出向量；第二部分是将 embedding 层的输出向量送入 Transformer 结构，通过构建 K、Q、V 三种矩阵，利用 Softmax 函数，得到上下文语义矩阵 C，上下文语义矩阵 C 不仅包含了输入序列中各单词的编码特征，还包括了各单词的位置编码信息。这就是 BERT 模型的实现方式，理解了上述两大部分的详细过程，对 BERT 模型的理解便没有什么太大问题了。以上十大步骤基本涵盖了 BERT 模型中的重要操作。

经过 BERT 模型之后，最终获得的是一个特征向量，这个特征向量代表了最终结果。以上便是开源 MRPC 项目的全部过程。读者在构建自己特定任务的项目时，需要修改的是如何将数据读入 BERT 模型的部分代码，实现数据预处理。下面，以如何利用 BERT 实现情感分析为例，展示如何利用 BERT 实现特定的自然语言处理任务。

6.4 利用 BERT 实现情感分析任务实例

文本情感分析是自然语言处理领域的一个重要分支，广泛应用于舆情分析和内容推荐等方面，是近年来的研究热点。根据使用的不同方法，可将其进一步划分为基于情感词典的情感分析方法、基于传统机器学习的情 感分析方法、基于深度学习的情感分析方法。在这里，我们研究基于深度学习的情感分析方法，利用 BERT 模型分析数据集中文本的情感分类。介绍相关数据集、应用场景，对情感分析任务的实现方式进行详细的描述，如图 6-70 所示。

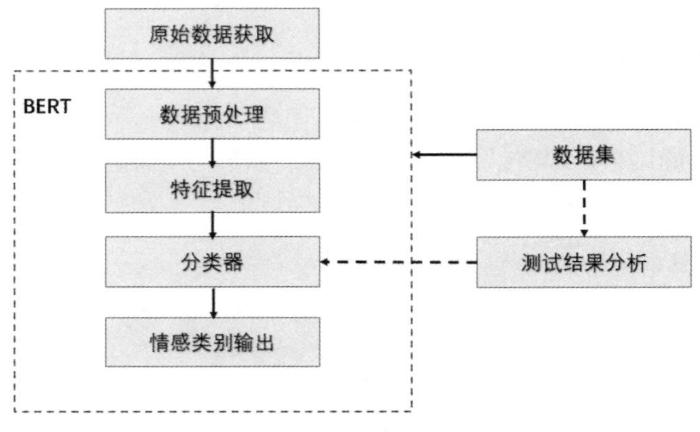

图 6-70 文本情感分析过程

6.4.1 任务概述

用 BERT 模型跑一个中文任务时该怎么做？

首先，把数据集读进来，读进来之后做一些预处理，做成 tf_record 格式，然后放进 transformer 中进行训练和迭代，最终得到一个结果。在这个示例任务中，当数据集发生变化之后，如何定义自己的读取数据的函数接口，以及如何实现对中文数据的操作？

首先，来看一下数据集，这是一个网上提供的开源数据集，其中包括一些评论数据，涉及多个行业，都是从各种不同的 APP 上抓到的评论信息，评论数据后面跟随一个情感分类标记：1 表示评价还不错；2 表示不太满意，数据量也不是特别多。

情感分类被分成 0、1、2 三个类别，文件存储结构也比较简单，每条数据前面是数据标识符 ID, 接下来是文本数据，最后再加上一个情感分类标签。执行任务时，需要先把这个文本数据读进来，然后进行进一步的处理，如图 6-71 所示。

图 6-71　读取文本数据

这是一个中文数据集，中文数据集的处理方法并不难，只需要读入中文词汇表即可。这里提供了预先训练好的 BERT 模型，做实际任务时，直接在预训练模型的基础上进行微调操作便可以了。即使任务已经发生了变化，也只需要改变一下数据读入的方式，按照新的方式把数据读入到 BERT 中，便可以进行训练了，无须额外的操作。在训练时，采用提供的官方中文预训练模型便可以实现，当然，也可以采用其他非官方的第三方提供的预训练模型进行训练，也是没有问题的。在本情感分析任务示例中，采用的是中文预训练模型和中文语料库。

6.4.2　数据集的读取和处理

在提供的源代码中有一个 Data_Processor 类，在这个类中，已经写好了数据预处理的整个过程，它定义了一些内置的数据集，并重写了一些方法说明如何去处理不同格式的数据。为了实现中文情感分类任务，现在需要构建一个新的数据处理模块，如何来实现？其实也不难，可以参考内置数据集的处理模块，将源文件中的数据处理模板直接复制过来，定义成特定任务的数据处理类，做一个继承，重新写入到特定任务的方法中去。整个数据处理过程均大同小异，即重新写一个读取数据的方法，模型参数均不用修改，读入数据时指定 UTF-8 编码格式，把数据逐条读入数据标识符 ID 即可，如图 6-72 所示。

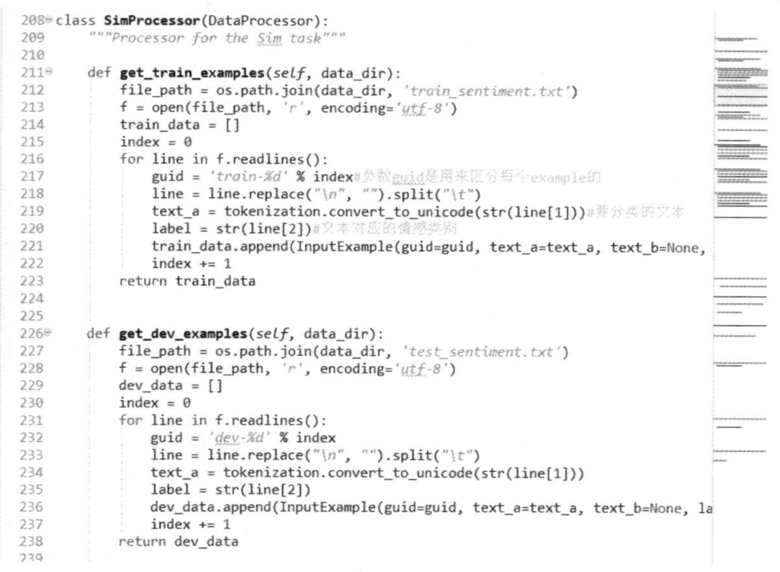

```
208 class SimProcessor(DataProcessor):
209     """Processor for the Sim task"""
210 
211     def get_train_examples(self, data_dir):
212         file_path = os.path.join(data_dir, 'train_sentiment.txt')
213         f = open(file_path, 'r', encoding='utf-8')
214         train_data = []
215         index = 0
216         for line in f.readlines():
217             guid = 'train-%d' % index#参数guid是用来区分每个example的
218             line = line.replace("\n", "").split("\t")
219             text_a = tokenization.convert_to_unicode(str(line[1]))#要分类的文本
220             label = str(line[2])#文本对应的情感类别
221             train_data.append(InputExample(guid=guid, text_a=text_a, text_b=None,
222             index += 1
223         return train_data
224 
225 
226     def get_dev_examples(self, data_dir):
227         file_path = os.path.join(data_dir, 'test_sentiment.txt')
228         f = open(file_path, 'r', encoding='utf-8')
229         dev_data = []
230         index = 0
231         for line in f.readlines():
232             guid = 'dev-%d' % index
233             line = line.replace("\n", "").split("\t")
234             text_a = tokenization.convert_to_unicode(str(line[1]))
235             label = str(line[2])
236             dev_data.append(InputExample(guid=guid, text_a=text_a, text_b=None, la
237             index += 1
238         return dev_data
239 
```

图 6-72　读取数据标识符

6.4.3 训练 BERT 中文情感分类任务

数据集读取模块写好之后，进行参数配置，针对本示例的要求进行如下超参数配置：

```
--task_name=SIM \
  --do_train=true \
  --do_eval=true \
  --data_dir=data \
  --vocab_file=../GLUE/BERT_BASE_DIR/Chinese_L_12_H_768_A_12/vocab.txt \
  --bert_config_file=../GLUE/BERT_BASE_DIR/Chinese_L_12_H_768_A_12/
bert_config.json \
  --init_checkpoint=../GLUE/BERT_BASE_DIR/ Chinese_L_12_H_768_A_12/bert_model.ckpt \
  --max_seq_length=70 \
  --train_batch_size=32 \
  --learning_rate=2e-5 \
  --num_train_epochs=3.0 \
  --output_dir=sim_model\
```

按照 6.3 小节中的方法，将本任务的超参数设置好之后，可以运行模型，运行之后，获得结果。

至此，完成了中文情感分类的任务。

本章小结

本章的内容涵盖了利用 BERT 模型开发具体项目的一个完整的生态系统。首先介绍了 Hugginface 社区，读者可以到上面去下载项目的源代码，在开发过程中遇到实际问题也可以到社区答疑解惑；其次，具体描述了如何搭建 BERT 模型项目的调试开发环境，在 Eclipse 开发环境下，详细解读了 BERT 源代码，并利用 BERT 实现了一个具体的情感分类任务。

思考题

1. Hugginface 是一个什么样的社区？
2. BERT 模型大概有几步核心的操作？
3. 如何利用 BERT 模型完成中文情感分类任务？

第 7 章　实战案例二：利用 BERT 做 NER 任务

在这一章节中，利用 BERT 预训练模型，实现一个命名实体识别任务。命名实体识别（Named Entity Recognition,NER) 是自然语言处理领域一项基础任务，它是信息提取、问答系统、句法分析、机器翻译等 NLP 任务的基础工具。

7.1　采用 BERT 的无监督 NER 场景描述

图 7-1 仅挑选了用 BERT 标记的几个实体类型。标记 500 个句子可以生成大约 1 000 个独特的实体类型——其中一些映射到如图 7-1 所示的合成标签。

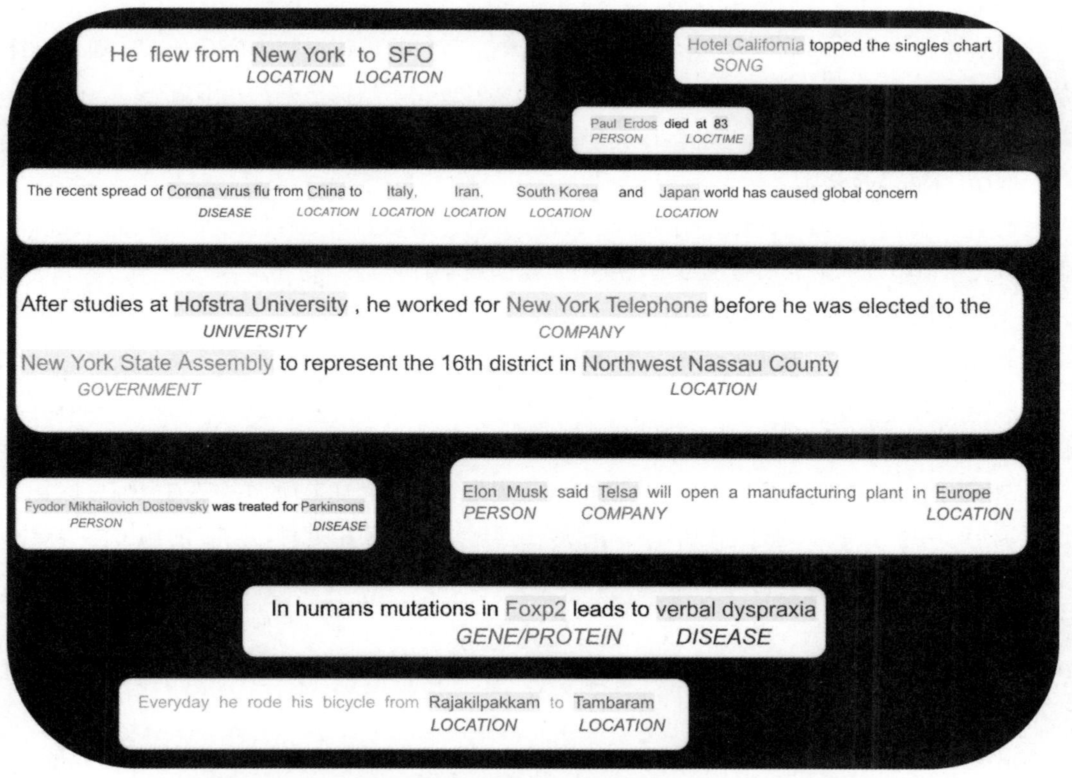

图 7-1　展示了未经微调的 BERT 无监督 NER 标记的句子样本

在自然语言处理中，为了在句子中识别出感兴趣的实体 (NER)，如人物、地点、组织等，需要对句子进行标记。其中我们可以手动对每个句子进行标记，或通过某种自动的方法对每个句子进行标记（通常使用启发式方法来创建一个噪声 / 弱标记的数据集）。随后用这些标记好的句子训练模型以用于识别实体，这可以看作一个监督学习任务。

BERT 模型无法区分 GENE 和 PROTEIN，因为这些实体的描述符与屏蔽词的预测分布落在同一尾部区域（所以无法将它们与基本词汇表中的词汇区分开来）。区分这些密切相关的实体可能需要对特定领域的语料库进行 MLM 微调，或者使用 scratch 中自定义词汇进行预训练（下文将进一步阐述）。

本章描述了利用 BERT 模型实现无监督 NER 的方法。NER 采用 BERT 模型对没有标记的句子实现无监督地训练，并且 BERT 模型仅在屏蔽词模型语料库上进行了无监督训练。

该模型在 25 个实体类型（维基文字语料库）小型数据集上的 F1 得分为 97%，在 CoNLL-2003 语料库上的人员和位置的 F1 得分为 86%。 对于 CoNLL-2003 语料库的人员、位置和组织，F1 得分较低，仅为 76%，这主要是由于句子中实体的歧义（在下面的评估部分中进行了阐述）。完成这两项测试时都没有对测试的数据进行任何模型的预训练 / 微调（这与在特定领域数据上对模型进行预训练 / 微调，或在监督训练中使用带标签的数据形成了鲜明对比）。

7.2　采用 BERT 的无监督 NER 原理

如果要问术语（term, 术语指文章中的单词和短语）的实体类型到底是什么？即使以前从未见过这个术语，但是也可以通过这个术语的发音或句子结构猜得八九不离十。

（1）术语的子词结构为它的实体类型提供了线索。

例如：Nonenbury 是 _____。

这是一个杜撰的城市名称，但从它的后缀“bury”可以猜出这可能是一个地点。此时即便没有任何语境，术语的后缀也给出了实体类型的线索。

（2）句子结构为术语的实体类型提供了线索。

例如：他从 _____ 飞到切斯特。

此处句子的语境给出了实体类型的线索，未知的术语是一个地点。即便以前从未见过它，但也可以猜测出句子中的空白处是一个地点（如 Nonenbury）。

BERT 的 MLM 前端可以对上述屏蔽的候选词进行预测，如前所述：它的训练目标是通过预测句子中空白的单词来进行学习。 然后在推理过程中使用这种学习后的输出对屏蔽术语进行预测，预测是基于 BERT 固定词汇表的概率分布。 这种输出分布有一个明显短小的尾部（大约小于总数的 0.1%），其中包括了术语语境敏感实体类型的候选词，此短尾便是用 BERT 词汇表表示的语境敏感术语的标识。 例如句子中屏蔽位置的语境敏感标识如下所示：

Nonenbury 是 _____。

语境敏感性预测：村庄（village，Village）、小镇（hamlet，Hamlet）、 聚居区、教区村、农场 、小镇（Town, town）。

BERT 固定词汇表（bert-large-cased 为 28 996 个词）是一组通用的描述符集合 (如专有名词、普通名词、代词等)。通过下述聚类过程获得这个描述符集合的子集（有可能重叠），其特征为一个独立于句子语境术语的实体类型。这些子集是独立于语境的术语标识。 在 BERT 的词汇表中获取接近语境敏感标识的实体类型的过程如下：

[‘villages’, ‘towns’, ‘village’, ‘settlements’, ‘villagers’, ‘communities’, ‘cities’]

[‘Village’, ‘village’]

[‘city’, ‘town’, ‘City’, ‘cities’, ‘village’]

[‘community’, ‘communities’, ‘Community’]

[‘settlement’, ‘settlements’, ‘Settlement’]

[‘Township’, ‘townships’, ‘township’]

[‘parish’, ‘Parish’, ‘parishes’]

[‘neighborhood’, ‘neighbourhood’, ‘neighborhoods’]

[‘castle’, ‘castles’, ‘Castle’, ‘fortress’, ‘palace’]

[‘Town’, ‘town’]

在 BERT 词汇表的嵌入空间中实现最近的匹配函数（基于单词嵌入的余弦相似度），匹配函数在语境敏感标识 / 集群和语境独立标识 / 集群之间产生一个表示术语的 NER 标签的语境独立标识子集。具体来说，*m* 组术语 {B1，B2，B3，… B*m*} 构成语境敏感标识的集合，*n* 组术语 {C11，C12，C13，… C1*k*}、{C21，C22，C23，… C2*k*}…{Cn_1，Cn_2，Cn_3，… Cn_k} 构成语境独立标识，生成带有 NER 标签的语境独立标识子集，如图 7-2 所示。

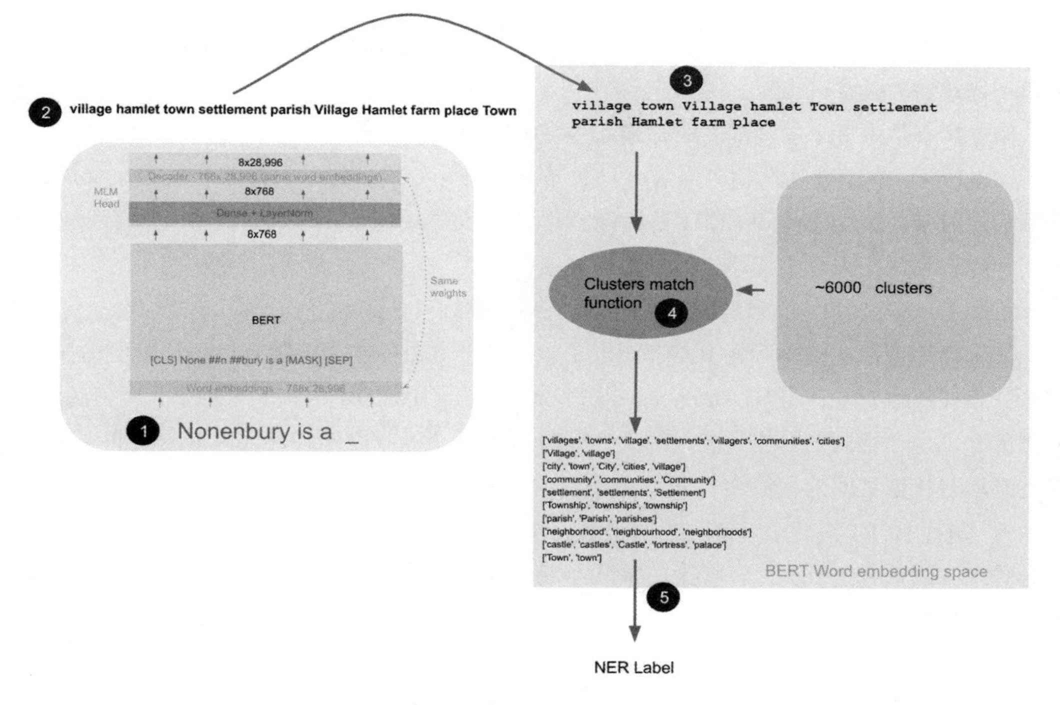

图 7-2　句子的 NER 标记

（1）经过最小预处理后，将带有屏蔽词的句子输入到模型中。

（2）得到 BERT 词汇表中 28 996 个词汇的前 10 位预测术语。

（3）这 10 个术语在 BERT 的字嵌入空间中通过一个函数重新进行排序。

（4）重新排序后排位位于顶部的 *k* 个术语以及 6 000 个集群（离线计算）作为输入，输入到输出匹配集群的集群匹配函数之中。

然后，这些集群的标签（可以是一次性手动标记，或在某些用例中使用）聚合后输出 NER 标签。 在图 7-2 中执行 3、4 和 5 的函数均在 BERT 的嵌入空间中使用了单词向量之间的余弦相似度，一次性离线生成约 6 000 个集群，也是通过计算 BERT 词嵌入空间的余弦相似度完成的。图 7-2 中模型隐含的大小为 768。文中 BERT large cased 示例隐含大小为 1 024。

给定语境独立标识的数目，可以从 BERT 的词汇表中自动获取数千个标识 (BERT -large-cased 为 6 000)。利用这种方法，可以实现在细粒度级别上对大量实体类型进行无监督识别，而无须对数据进行标记。

上述无监督的 NER 方法应用十分广泛。

- 通过 BERT 词汇表中的其他词汇，BERT 的原始词嵌入可以捕获 BERT 有用信息和可分离信息（通过词汇量小于 0.1% 直方图尾进行区分），用它可以生成 6 000 多个集群。
- 带有 MLM head 的 BERT 模型输出经过转换之后，可用于对屏蔽词进行预测。 这些预测结果也有一个易于区分的尾部，这一尾部可用于为术语选择语境敏感标识。

7.3 执行无监督 NER 的步骤

1. 一次性离线处理

一次性离线处理为从 BERT 的词汇表中获取的语境独立的标识集合创建映射，将其映射成单个描述符 / 标签。

第 1 步：从 BERT 的词汇表中筛选对语境敏感的标识术语。

BERT 词汇表是普通名词、专有名词、子词和符号的混合体，对此集合的最小化过滤是删除标点符号、单个字符和 BERT 的特殊标记。 进而生成包含 21 418 个术语的集合——普通名词和专有名词相混合，描述实体类型的描述符。

第 2 步： 从 BERT 的词汇表中生成语境独立的标识。

如果简单地从它的尾部为 BERT 词汇表中的每个术语创建语境独立标识，即便选择较高的余弦相似阈值（对于 BERT-large-cased 模型来说，约有 1% 的术语位于平均余弦阈值超过 0.5 的尾部），也会得到数目相当庞大的集群（约 20 000 个）。即便有这么大量的集群，也无法捕捉到这些标识之间的相似性。 所以我们要：

- 迭代 BERT 词汇表中的所有术语（子词和大多数单个字符将被忽略），并为每个术语选择余弦阈值超过 0.5 的语境独立标识。 将单词尾部的术语视为一个完整的图，其中边的值为余弦相似值。
- 选择与图 7-3 中所有其他节点具有最大连接强度的节点。
- 将该节点视为由这些节点组成的语境独立标识的主元，此节点是此图 7-3 中所有其他节点的最近邻居。

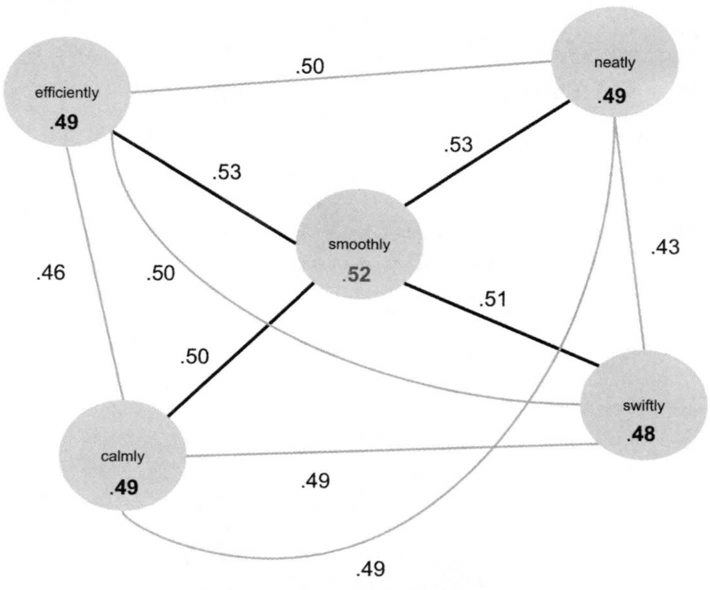

图 7-3　找到完整图中的主元节点

在上面的图 7-3 中，“smoothly”节点与其邻居具有最大的平均连接强度。因此，“smoothly”是此图的主元节点——与此图中所有其他节点最为近邻。

- 一旦术语被选为标识的一部分，它将不会成为候选的评估主元（但是，如果计算出另一个术语的主元节点，它则可能成为间接的主元）。 从本质上讲一个术语可以成为多个集合的元素，可以是主元，也可以是间接主元。

airport 0.6 0.1 Airport airport airports Airfield airfield

stroking 0.59 0.07 stroking stroked caressed rubbing brushing caress

Journalism 0.58 0.09 Journalism journalism Journalists Photography journalists

smoothly 0.52 0.01 smoothly neatly efficiently swiftly calmly

在上述示例标识中，两个数值是子图中边的平均值和标准差，第一列术语称为该标识的主元术语。这些术语作为实体标签代理，可以手动映射（一次性操作）成为用户自定义的标签。图 7-4 和图 7-5 显示了映射这些实体集群的示例，只需对那些代表与我们特定应用程序相关的实体类型的集合进行映射。 可以自动将其余集合映射为合成标签“其他 /misc”。 图中的参注部分描述了一种方法，通过使用模型本身来引导 / 加速描述符，从而手动将其映射到用户自定义标签。

由于约 30% 的 BERT 词汇是专有名词（人名、地点等），我们也仅对一个小的术语集合进行标记（如图 7-4 和图 7-6 所示：手动标记 2 000 个左右集群需花费约 5 个工时），而没有对大量的句子进行标记。将对句子的标记问题转化成标记语境非敏感描述符的主要优点：它是一个一次性过程。

与有监督训练方法相比，这不可避免地创建出更多的标记数据，不仅要对模型进行训练，而且要对训练完成之后生成的句子（通常是在部署过程中实现）重新训练。在这个例子中，不好的情况是必须重新对 BERT 模型训练 / 微调，对这些新句子进行无监督训练，而无须再多做任何标记。

上述的语境非敏感标识将生成大约 6 000 个集合，平均基数约为 4/7 个节点。这 6 000 个集合的集群强度平均值为 0.59，偏差为 0.007- 这些集群是相当紧密的集群，集群平均值远远高于从分布中获得的阈值（见图 7-7）。有约 5 000 个术语（占词汇表的 17%）为单例集合，将被忽略。 如果改变阈值，这些数字也会随之改变。 例如阈值选为 0.4，总尾质量将增加到 0.2%，集群平均值也会相应增加（但如果实体类型混合在一起，集群开始变得嘈杂）。

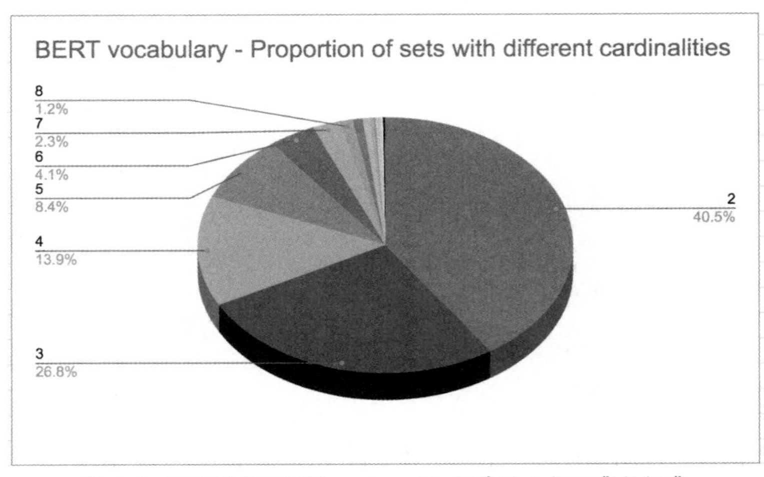

图 7-4　BERT（BERT-large-cased）语境独立标识集数据集

平均基数约为 4，标准差为 7。 这 6 110 个数据集合的集群强度的平均值是 0.59，偏差是 0.007，因为平均值远远高于从分布中选取的阈值，所以这些集群是非常紧密的。可以看出：语境敏感的术语往往是相对比较弱的集群，有大约 17% 的 BERT 词汇是单例集合。子词、特殊标记和大多数单字符标记将不会当作集群来考虑。

Entity Distribution	Counts
PER	497
LOC	486
ORG	114
AMB	109
BIO	66
TIME	48
THING	45
SPORT	29
ENT	24
RELIGION	15
DISEASE	13
UNITS	12
DRUG	12
DISCIPLINE	10
NUMBER	7
LANGUAGE	6
UNIV	6
SEQUENCE	4
PRODUCT	3
PROTEIN	2
GENE	2
Unclassified	4600
	6110

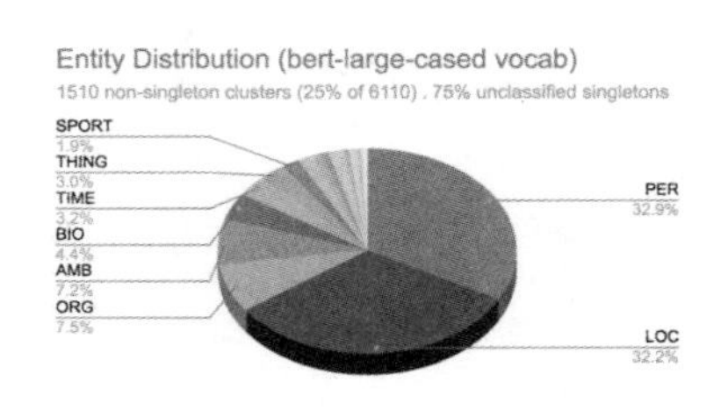

图 7-5　BERT（bert-large-cased）词汇集群的实体分布

大部分实体为人员、地点和组织（ORG）。AMB 是指集群中的术语不明确的集群，例如，如图 7-6 所示，有 7 个集群在人员和地点之间存在歧义，其他集群在人物、事物、体育 / 传记等方面存在歧义。当想要找出特定领域的实体类型时，很有必要使用自定义词汇表。这些自定义类型可能会消除对人员（PERSON）、地点（LOCATION）和组织（ORG）的歧义。

Entity subtypes	Counts
COMPANY	45
GOV	37
ENT/GR	13
LOC/GR	12
PER	8
SPECIES	8
LOC/PER	8
PER/GR	7
PER/LOC	7
SONG	6
LOC	5
YEARS	5
PER/ORG	4
ORG	4
ORG/GR	4
MOV	3
THING	3
SPORT	3
PER/THING	3
ENT/THING	3
RELIGION	3
SPORT/BIO	3
THING/ENT	3
PER/RELIGION	2
TIME/GR	2
DAYS	2
ENT	2
SPORT/GR	2
BIO/GR	2
PER/SPORT	2
BIO/THING	2
TIME/UNITS	2
Unclassified	5895
	6110

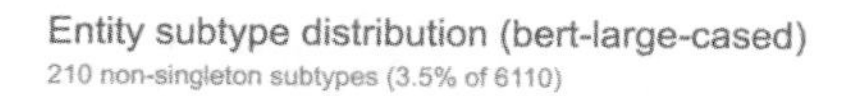

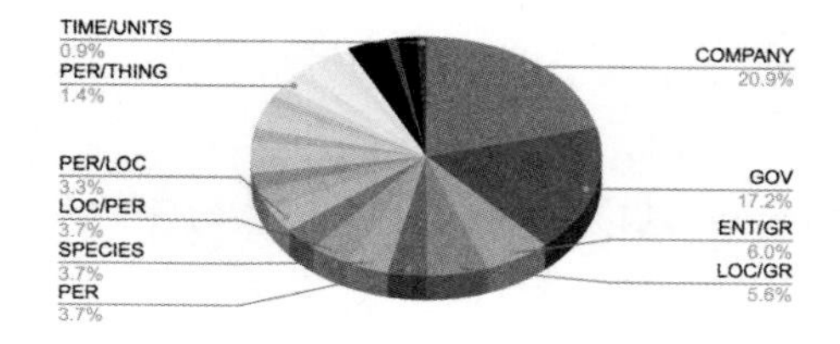

图 7-6　BERT (BERT-large-cased) 词汇表的实体子类分布

图 7-6 是图 7-5 中主要类型的细粒度实体子类型。

从 BERT 词汇表中获取的语境独立集群示例如图 7-7 所示。

Entity Label	Entity Sub Label	Cluster mean	Cluster variance	CI descriptors
PER	she	0.58	0.05	['she', 'She', 'they', 'her']
SPORT	skating	0.61	0.06	['skating', 'Skating', 'skater', 'skate', 'skiing']
SEQUENCE	seventh	0.64	0.11	['fourth', 'fifth', 'third', 'sixth', 'seventh', 'ninth', '4th', 'second', 'tenth', 'eighth', 'twelfth', '5th', 'thirteenth', 'Fourth', '3rd', 'eleventh', '7th', 'fourteenth', '6th', 'fifteenth', 'Third']
ENT	cartoons	0.63	0.06	['cartoon', 'cartoons', 'Cartoon']
TIME	YEARS	0.66	0.11	['2019', '2020', '2018', '2017']
LANGUAGE	Mandarin	0.51	0.0	['Mandarin', 'Cantonese']
AMB	DISCIPLINE/PER	0.63	0.06	['physics', 'physicist','Physics']
AMB	LOC/ORG	0.58	0.09	['banks', 'bank', 'Banks', 'banking']
AMB	LOC/PER/DRUG	0.62	0.12	['pharmacy', 'Pharmacy', 'chemist']

图 7-7　BERT (BERT-large-cased) 词汇表中获取的集群示例

语境非敏感的集群为模糊集群，标记为AMB。另外要考虑将子词进行聚类时的子词聚类（本文中的实体识别结果已过滤掉类似结果）。

2. 为每个输入的句子预测实体

执行下述步骤为输入的句子标记术语。

第3步：输入句子的最小化预处理

在给一个输入句子标记实体之前，需对输入进行小量的预处理。其中之一是大小写统一化，将所有大写的句子（通常为文档标题）转换为小写，每个单词中的首字母保持原始状态。这有助于提高下一步检测短语跨度的准确性。

He flew from New York to SFO

转化为

He flew from New York to Sfo

第4步：识别句子中的短语跨度

用一个POS标签来标记输入句子（理想状态下，训练也会处理所有小写单词句子），这些标签用于识别短语，并将名词首字母转为大写。

He flew from New York to Sfo

上述句子中标记为名词的术语用粗体表示。BERT的屏蔽词预测对大写非常敏感，为此要使用一个POS标记来可靠地标记名词，即便只有小写才是标记性能的关键所在。例如，对下面句子的屏蔽词进行预测，可以通过改变句子中一个字母的大写来改变实体意义。

Elon Musk is a ____

CS Predictions: politician musician writer son student businessman biologist lawyer painter member

CS预测：政治家、音乐家、作家、儿子、学生、商人、生物学家、律师、画家、成员

Elon musk is a ____（注：musk意为麝香）

CS Predictions: brand Japanese beer German common Turkish popular French Russian Brazilian

CS预测：品牌、日本语、啤酒、德国、通用、土耳其、流行、法国、俄罗斯、巴西

此外，BERT的屏蔽词预测只能可靠地侦测实体类型（上面第一个例子中的人物），并不能对事实进行准确的预测，虽然BERT偶尔也可能会对事实做出准确的预测。

第5步：利用BERT MLM head预测每个屏蔽词的位置

对于句子中的每个名词术语，生成一个带有该术语屏蔽词的句子。利用BERT的MLM head来预测屏蔽词位置的语境敏感标识。

He flew from __ to Sfo

CS Predictions: Rome there Athens Paris London Italy Cairo here Naples Egypt

CS预测：罗马，雅典，巴黎，伦敦，意大利，开罗，那不勒斯，埃及

He flew from New York to ___

CS Predictions: London Paris Singapore Moscow Japan Tokyo Chicago Boston France Houston

CS 预测：伦敦、巴黎、新加坡、莫斯科、日本、东京、芝加哥、波士顿、法国、休斯敦。

与在图 7-2 中查找主元节点的方法一样，找出集合中每个节点和其他节点之间的强度。然后按强度大小进行排序，得到单词嵌入空间中 CS 预测的重新排序列表。 重新排序后，有相近实体意义的术语被汇集在一起，此外还需要对嵌入空间中的与语境无关的词重新排序。例如在下面第一个示例中，经过重新排序之后，将术语“那里”和“这里”（空白位置的有效语境敏感预测）推到了末尾。在下一步中，将选取这些重新排序后节点的前 k（$k \geqslant 1$）个节点。

He flew from __ to Sfo

他从 __ 飞到斯佛

CS Predictions: Rome there Athens Paris London Italy Cairo here Naples Egypt

CS 预测：罗马、雅典、巴黎、伦敦、意大利、开罗、那不勒斯、这里、埃及

CI space ordering of CS predictions: Rome Paris Athens Naples Italy Cairo Egypt London there here

CS 预测的 CI 空间排序：罗马、巴黎、雅典、那不勒斯、意大利、开罗、埃及、伦敦、那里、这里

He flew from New York to __

他从纽约飞往 __

CS Predictions: London Paris Singapore Moscow Japan Tokyo Chicago Boston France Houston

CS 预测：伦敦、巴黎、新加坡、莫斯科、日本、东京、芝加哥、波士顿、法国、休斯敦

CI space ordering of CS predictions: Paris London Tokyo Chicago Moscow Japan Boston France Houston Singapore

CS 预测的 CI 空间排序：巴黎、伦敦、东京、芝加哥、莫斯科、日本、波士顿、法国、休斯敦、新加坡

第 6 步：找出语境敏感标识和语境独立标识之间的密切匹配

利用一个简单的紧密匹配函数便可生成合理的结果，它从上一个术语中选择一个语境敏感标识的主元节点，使之与语境独立标识集中的所有 6 000 个主元做点积，然后对它们进行排序，以获得候选实体标记。此时从本质上来讲，紧密匹配函数是找出离语境敏感集群主元最近的那个语境非敏感集群主元的关键。为提高标签 / 预测的可信度（见图 7-8），我们选取顶部前 k 个主元，而非选取顶部的那个主元。

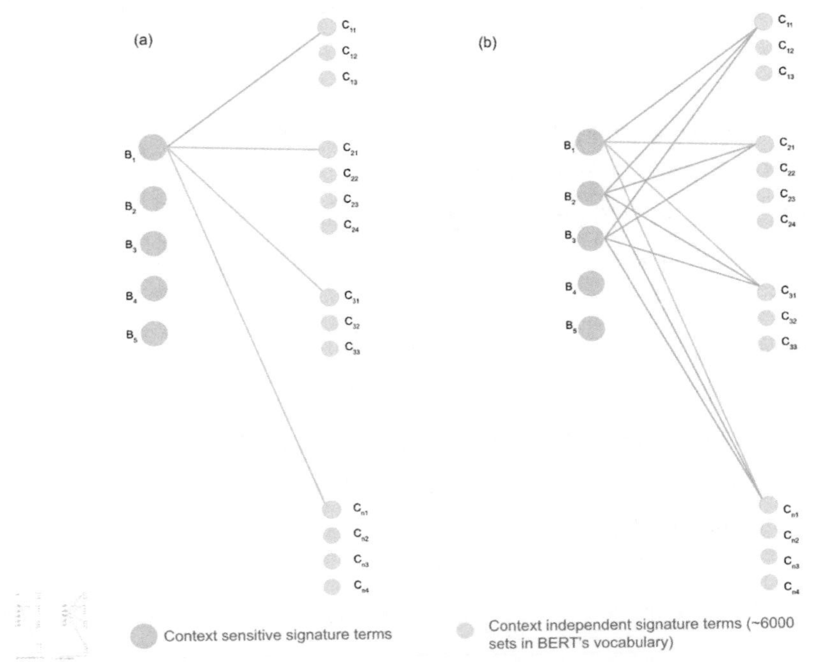

图 7-8 词嵌入空间中语境敏感标识和语境独立标识之间的紧密匹配

实现紧密匹配的最为有效简单的方法：语境敏感标识的主元节点与语境独立标识中集合的主元之间的点积。此时，紧密匹配函数本质上是找出离语境敏感集群主元最近的那个语境非敏感集群主元。

另外，一个更优的实现：根据语境敏感标识中节点的均值和标准差决定是否将其选为主元节点，然后在二分图中选定要考虑的主元数，以找到与每个语境敏感集群主元最近的那个语境非敏感集群主元。图 7-10 中显示的情况为：当语境敏感词计数是 3，并且只有一个语境独立的术语节点 (为中断二者之间的关系，在这里选取奇数可能相对更优一些；同样，也无须从语境非敏感集合中选取三个节点，因为它们是紧密的集群，正如前面所述，平均偏差为 0.007)。

在计算中使用所有语境敏感标识中的节点不太可能生成良好的结果，因为语境敏感节点的平均标准差要高出许多。由于在嵌入空间中评估语境敏感标识时，会扩展到在更大的区域范围，即使在捕获单个实体类型时也是如此。

对语境敏感的标识中顶部那个主元的标记预测如下所示。 标记以及用户标签如下所示：

He flew from __ to Sfo

他从 __ 飞到斯佛。

CI space ordering of CS predictions: Rome Paris Athens Naples Italy Cairo Egypt London there here

CS 预测的 CI 空间排序：罗马、巴黎、雅典、那不勒斯、意大利、开罗、埃及、伦敦、这儿、那儿

Tags: Italy Venice Athens Bologna Madrid Carthage Roma Sicily Turin Vatican

标记：意大利、威尼斯、雅典、博洛尼亚、马德里、迦太基、罗马、西西里、都灵、梵蒂冈

User Label - location location location location location location location location location location

用户标签 - 地点 地点 地点 地点 地点 地点 地点 地点 地点 地点 地点 地点 地点

He flew from New York to __

他从纽约飞往 __。

CI space ordering of CS predictions: Paris London Tokyo Chicago Moscow Japan Boston France Houston Singapore

CS 预测的 CI 空间排序：巴黎、伦敦、东京、芝加哥、莫斯科、日本、波士顿、法国、休斯敦、新加坡

Tags: London Madrid Geneva Vienna Bordeaux Chicago Metz Athens Cologne Istanbul

标记：伦敦、马德里、日内瓦、维也纳、波尔多、芝加哥、梅茨、雅典、科隆、伊斯坦布尔

User Label - location location location location location location location location location location

用户标签 - 地点 地点 地点 地点 地点 地点 地点 地点 地点 地点 地点 地点 地点

7.4　评价结果

该模型在两个数据集上进行了评估：

- 具有三种实体类型（人员，位置，组织）的标准数据集 CoNLL-2003。
- 具有约 25 种实体类型的 Wiki 文本数据集。

在 CoNLL-2003 数据集中如图 7-9 所示，所有三种数据类型（PER-81.5%；LOC-73%；ORG−66%； MISC-83.87%）的平均 F1 得分仅为 76%。这是出于以下两个原因：

- 测试数据中很大一部分的 CoNLL 文本结构不是完整的句子，而是板球分数的简洁报告，它并没有规则的句子结构。由于该模型未经过句子的预训练或微调，因此很难预测这些分布句子中的屏蔽词。实际上，可以通过预训练或对新句子结构上的模型进行微调来改善这种情况。
- 测试数据将许多来自特定地区的球队标记为一个位置。该模型总将它们标记为位置，而不是团队名称（org）。使用这种无监督 NER 方法无法轻松解决此问题。它总会选最能与屏蔽位置匹配的实体描述符来标记术语，而不是那些人工标记术语。尽管从某种意义上讲这是个弊端，但这也是模型的关键优势——它用来标记屏蔽位置的描述符自然是从受过训练的语料库中出现的，而非从外部标记的人那里学到的。将这些描述符映射到用户定义的标签可能是一种方法，但可能不是一个完美的解决方案（如上述将位置的描述符视为组织和位置的模糊标签的情况）。

Total sentences	2,337						
	PER	LOC	ORG	MISC	O	Total	Precision
PER	1,891	6	2	120	69	2,088	96.31%
LOC	30	870	5	318	94	1,317	90.21%
ORG	140	129	173	906	122	1,470	73.40%
MISC	63	46	15	534	14	672	79.46%
O	642	443	118	10,125	17,236	28,564	60.34%
Totals	2,766	1,494	313	12,003	17,535	**34,111**	
Recall	70.64%	61.31%	60.06%	88.80%	98.29%		
F1-Scores	PER	LOC	ORG	MISC			
	81.50%	73.00%	66.07%	83.87%	76.11%		

图 7-9　CoNLL-2003 结果

该模型评价基于少量测试数据，但其具有完整的自然句集和约 25 种标签类型，平均 F1-分数约为 97% 如图 7-10 和图 7-11 所示。

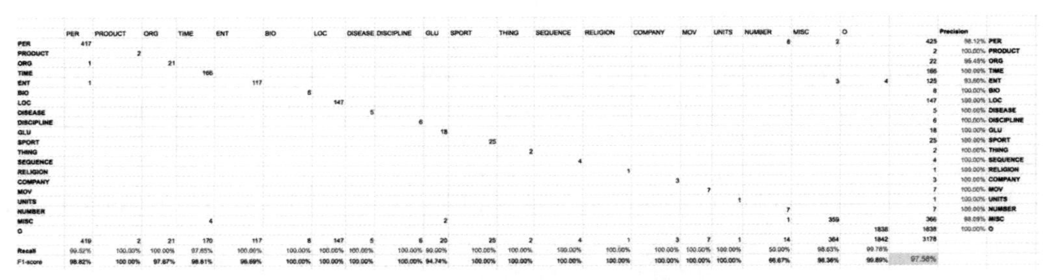

	PER	PRODUCT	ORG	TIME	ENT	BIO	LOC	DISEASE	DISCIPLINE	GLU	SPORT	THING	SEQUENCE	RELIGION	COMPANY	MOV	UNITS	NUMBER	MISC	O		Precision	
PER	417																	6	2		425	98.12%	PER
PRODUCT		2																			2	100.00%	PRODUCT
ORG	1		21																		22	95.45%	ORG
TIME				166																	166	100.00%	TIME
ENT	1				117														3	4	125	93.60%	ENT
BIO						8															8	100.00%	BIO
LOC							147														147	100.00%	LOC
DISEASE								5													5	100.00%	DISEASE
DISCIPLINE									6												6	100.00%	DISCIPLINE
GLU										18											18	100.00%	GLU
SPORT											25										25	100.00%	SPORT
THING												2									2	100.00%	THING
SEQUENCE													4								4	100.00%	SEQUENCE
RELIGION														1							1	100.00%	RELIGION
COMPANY															3						3	100.00%	COMPANY
MOV																7					7	100.00%	MOV
UNITS																	1				1	100.00%	UNITS
NUMBER																		7			7	100.00%	NUMBER
MISC				4						2								1	359		366	98.09%	MISC
O																				1838	1838	100.00%	O
	419	2	21	170	117	8	147	5	6	20	25	2	4	1	3	7	1	14	364	1842	3178		
Recall	99.52%	100.00%	100.00%	97.65%	100.00%	100.00%	100.00%	100.00%	100.00%	90.00%	100.00%	100.00%	100.00%	100.00%	100.00%	100.00%	100.00%	50.00%	98.63%	99.78%			
F1-score	98.82%	100.00%	97.67%	98.81%	98.69%	100.00%	100.00%	100.00%	100.00%	94.74%	100.00%	100.00%	100.00%	100.00%	100.00%	100.00%	100.00%	66.67%	98.36%	99.89%	97.58%		

图 7-10　25 个实体类型的 Wiki 数据结果

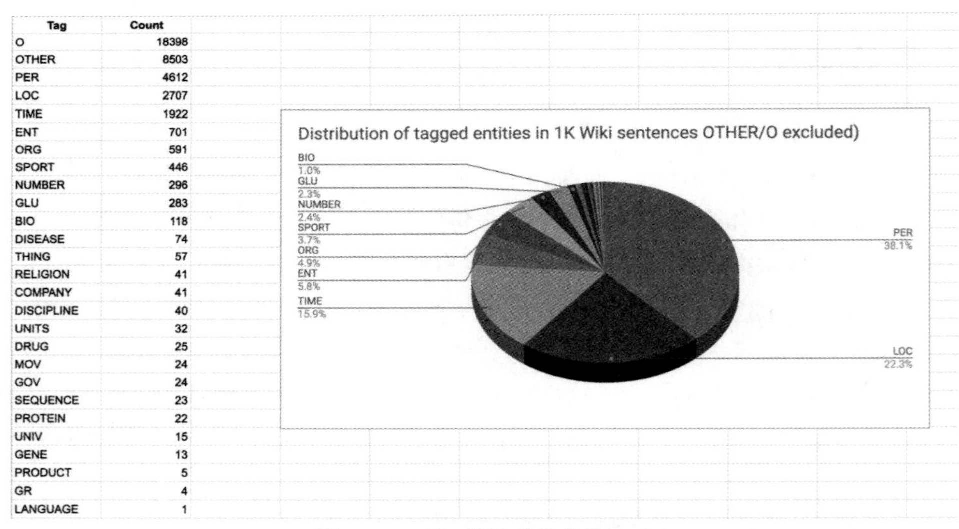

Tag	Count
O	18398
OTHER	8503
PER	4612
LOC	2707
TIME	1922
ENT	701
ORG	591
SPORT	446
NUMBER	296
GLU	283
BIO	118
DISEASE	74
THING	57
RELIGION	41
COMPANY	41
DISCIPLINE	40
UNITS	32
DRUG	25
MOV	24
GOV	24
SEQUENCE	23
PROTEIN	22
UNIV	15
GENE	13
PRODUCT	5
GR	4
LANGUAGE	1

图 7-11　Wiki 数据集的实体分布

在该数据集上，F1 平均成绩为 97%。这种方法的主要区别在于，不仅不对模型进行标签数据训练，甚至不对模型进行预训练（对模型进行测试）。

7.5　方法局限性和挑战

1. 语料库偏倚

尽管单实体预测展现了模型如何运用子词信息解释实体类型的能力，但在实际应用中，它们只能与具有多个实体类型的句子一起使用。没有太多语境的单个实体句子对语料库偏倚非常敏感，如预测：

Facebook is a __

脸书网是 __。

CS Predictions: joke monster killer friend story person company failure website fault

CS 预测：笑话、怪物、杀手、朋友、故事、人物、公司、失败、网站、故障

Microsoft is a __

微软是个 __。

CS Predictions: company website competitor people friend player Winner winner person brand

CS 预测：公司、网站、竞争对手、朋友、玩家、赢家、人物、品牌

Google is a __

谷歌是个 __。

CS Predictions: friend website monster company killer person man story dog winner

CS 预测：朋友、网站、怪物、公司、杀手、人物、男士、故事、狗、赢家

2. 实体预测的模糊性

这种方法会产生两种歧义：

- 以语境非敏感描述符为特征的实体类型中存在模糊性(图 7-7 中的示例)。包含“*banks, bank, Banks, banking*”的集群可以代表一个组织或地点。然而这种模糊性通常可以得到解决，当通过实体类型的多数投票将语境敏感标识与语境非敏感标识紧密匹配时，即使一些匹配的语境非敏感标识也是模糊的。
- 下文描述的第二种歧义难以解决。

有一些句子允许用不同的实体类型填充一个屏蔽后的术语。例如在下面的句子中预测纽约的实体类型时：

He felt New York has a chance to win this year’s competition.

他觉得纽约有机会赢得今年的比赛。

屏蔽单词的实体预测可能会是一个暗示人物的词，句子同样通顺，如下所示：

He felt __he____ has a chance to win this year’s competition.

他觉得 __ 他 ____ 有机会赢得今年的比赛。

模糊性由屏蔽词引起，大多数情况可以通过确定屏蔽术语本身的实体类型——纽约来解决。

New York is a _____

纽约是个 _____。

CS Predictions: city town place City capital reality square country dream star

CS 预测：城市、小镇、城镇、首府、现实、广场、乡村、梦、星星

然而，在某些情况下，即使是被屏蔽的术语也是模棱两可的，从而使得实体的确定富有挑战性。例如：如果原句为：

He felt Dolphins has a chance to win this year’s competition.

他觉得海豚有机会赢得今年的比赛。

海豚可以是一个音乐团体或运动队。

这些挑战可以通过以下多种方法得以改善：

• 在专有术语语料库上，对模型进行微调，可以帮助减少特定领域实体类型中的歧义。例如，BERT 预训练中的 BRAF（是一个基因）在其特征没有基因意义，而基因意义却存在于一个在生物医学语料库上微调的模型之中；

BRAF is a _____

BRAF 是 _____。

CS Prediction: British German new standard the variant name version World world

CS 预测：英、德、新的标准、变体名称、版本、世界

在一个生物医学语料库模型上微调之后：

BRAF is a _____

BRAF 是 _____。

CS Prediction: protein gene kinase structural non family reaction functional receptor molecule

CS Prediction: 蛋白基因、激酶结构、非家族反应、功能、受体、分子

• 先从一个用户自定义的词汇表开始对模型进行预训练（附链接：https://towardsdatascience.com/pre-training-bert-from-scratch-with-cloud-tpu-6e2f71028379），可以帮助解决实体歧义的问题，更为重要的是：它还可以提高实体标记性能。

• 虽然 BERT 默认的词汇非常丰富，有完整的单词和子词来检测实体类型，如人物、地点、组织等（见图 7-5 和图 7-6），但是它无法捕获在生物医学领域的全部和部分术语。例如，imatinib, nilotinib, dasatinib 等药物的标记则不会考虑“tinib”这个常见的亚词。imatinib 被标记为 i##mat##ini#b，而 dasatinib 被标记为 das##at i##ni##b。 如果利用生物医学语料库上的句型来创建自定义的词汇，便会得到 im##a##tinib 和 d ##as ##a ##tinib ，进而得到了常用的后缀。

自定义词汇包含来自生物医学领域的完整单词，能更好地捕捉生物医学领域的特征，比如像先天性、癌、致癌物、心脏病专家等医学领域专业词汇，它们在默认的 BERT 预先训练的模型中不存在。 在默认的 BERT 的词汇表中捕获人和地点信息将被在生物医学语料库中捕获药物和疾病条件等专有名词和子词所取代。

此外，从生物医学语料库中提取的自定义词汇约有 45% 的新全词，其中只有 25% 的全词与公开可用的 BERT 预训练模型重叠。 当微调 BERT 模型添加 100 个自定义词汇表时，会为之提供一个选项，但却为数不多，而且如前面提到的，默认的 BERT 的词汇表对人物、地点、组织等实体类型会产生严重歧义，如图 7-5 所示。

Token: imatinib dasatinib

BERT (default): i ##mat ##ni ##b das ##ati ##nib

Custom: im ##a ##tinib d ##as ##a ##tinib

7.6　拓展

NER 是从输入句子到与句子中术语对应的一组标签的映射任务。传统的方法通过对模型训练 / 微调，利用标记后数据的监督任务来执行该映射。不同于 BERT 这样的预训练模型，该模型在语料库上进行无监督学习。

本章描述了一种在没有改变预训练 / 细调的 BERT 模型情况下，对屏蔽语言目标执行无监督 NER 的方法。通过对学习的分布式表示（向量）端到端操作来实现，向量处理的最后阶段使用传统算法（聚类和最近邻）来确定 NER 标签。此外，与大多数情况下顶层向量用于下游任务的情况相反，BERT 对屏蔽句子的输出只作为种子符号信息，在其自己的最低层实现单词嵌入，从而获取句子的 NER 标签，如图 7-12 所示。

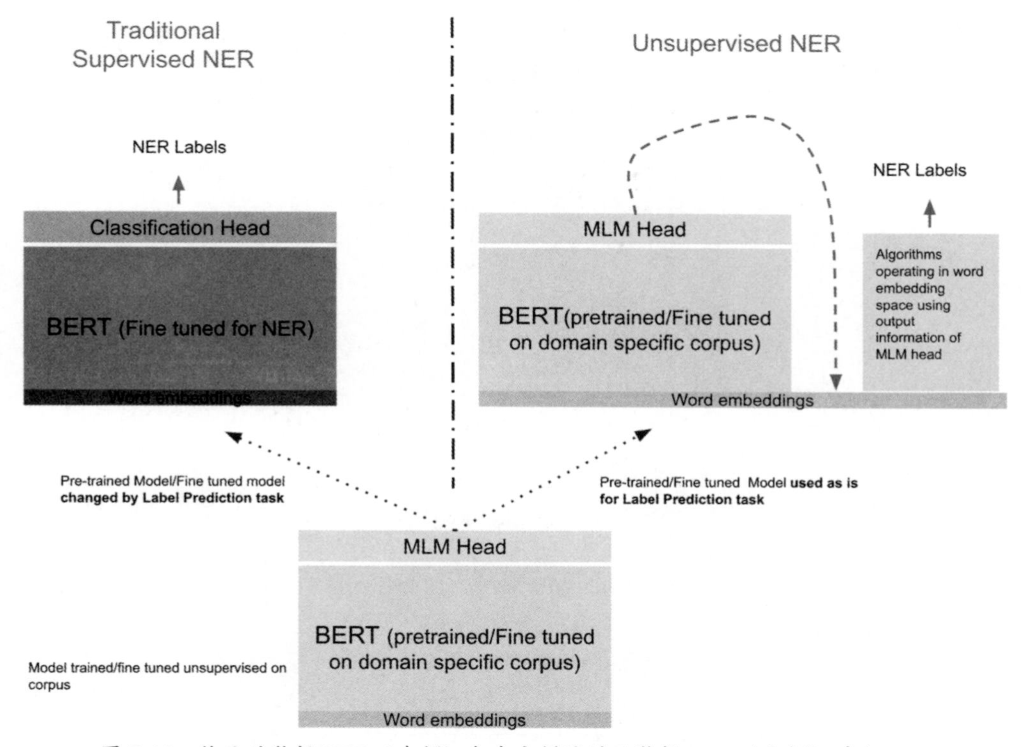

图 7-12　传统的监督 NER（左侧）与本文描述的无监督 NER（右侧）对比

传统的监督 NER 是有监督的标签映射任务，通过对模型的训练 / 微调来执行任务（左侧图）。 相反无监督的 NER 则使用一个预训练 / 微调模型，训练无监督的屏蔽词模型目标，并将模型的输出作为种子信息，在 BERT 模型的最底层—单词嵌入上进行算法操作，从而获取句子的 NER 标签。

总之执行 NER 所需的所有信息，从传统意义上来讲是一个有监督的学习任务，它也已存在于无监督的 BERT 模型中，其底层的关键部分即为单词嵌入。

命名实体识别一直是一个广泛研究的问题，迄今为止，在 arXiv 上约有 400 篇相关论文，学者自 2016 年至今约有 62 000 个搜索结果。

7.7 补充说明

1. Berts MLM head- 简要回顾

BERT MLM head 本质上是 BERT 顶部的单一转换层。图 7-13 中显示了 BERT 输出的一个带有 9 个标记的句子（在标记化之后），它是一个 9×768 矩阵（BERT 基模型的维数是 768）。然后传递给 MLM head 的稠密层，在 9×768 输出上对所有 28 996 个单词向量执行点积，以找出句子中哪个位置的向量输出与 28 996 个单词向量的相似度最高。对于位于这个位置的被屏蔽单词，生成一个预测的标签。在训练 / 细调模式下，屏蔽词的预测误差被反向传播到模型中，一直传播到嵌入的单词（解码器权重和嵌入层权重绑定 / 等值）。 在推断模式下，用嵌入来表示标记文本，以及在头顶层的输出日志。

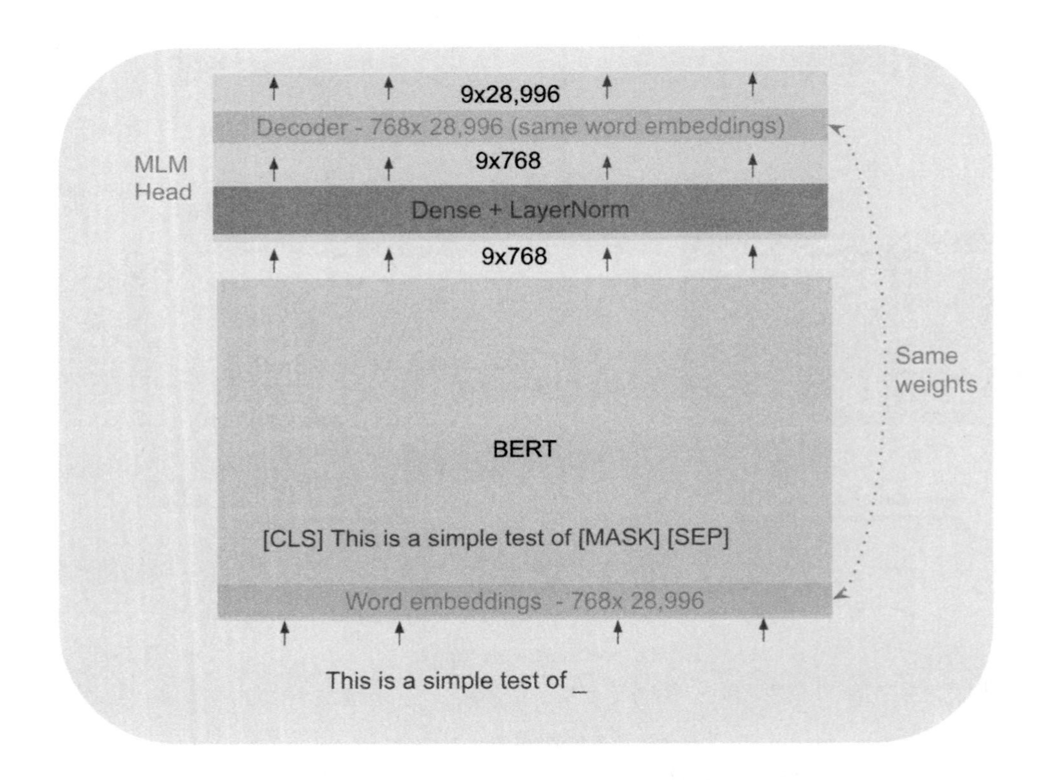

图 7-13 BERT’ s MLM head——显示模型的一个 9 字标识输入及其 MLM head

解码器使用来自嵌入层的同一向量（在代码中绑定权重，但单独驻留在 pytorch.bin 文件中）。

2. 方法性能

对于句子：**John Doe flew from New York to Rio De Janiro via Miami**

在典型的采用 BERT 的监督方法中，通过将整个句子完整输入到一个微调的 BERT 模型，可以得到如下所示的 NER 输出标签 (B_PER、I_PER、O…)。

John Doe flew from New York to Rio De Janiro via Miami
B_PER I_PER O O B_LOC I_LOC O B_LOC I_LOC I_LOC O B_LOC

此处描述的无监督 NER 方法，要求将上述句子分四次传递给一个 MLM's head，以确定四个实体——John Doe，New York，RioDe Janiro 和 Miami（正如前面所描述，这四个实体的位置是由一个 POS 标签与一个 chunker 协同识别）。

[MASK] flew from New York to Rio De Janiro via Miami

John Doe flew from [MASK] to Rio De Janiro via Miami

John Doe flew from New York to [MASK] via Miami

John Doe flew from New York to Rio De Janiro via [MASK]

具体而言，将下面 4 个带标记句子的版本传递到 MLM 模型中：

[CLS] [MASK] flew from New York to Rio De Jan ##iro via Miami [SEP]

[CLS] John Do ##e flew from [MASK] to Rio De Jan ##iro via Miami [SEP]

[CLS] John Do ##e flew from New York to [MASK] via Miami [SEP]

[CLS] John Do ##e flew from New York to Rio De Jan ##iro via [MASK] [SEP]

检索出每个屏蔽词位置的语境敏感特征，然后将其与语境非敏感特征匹配，以生成每个位置的实体预测，如下所示。

_____ flew from New York to Rio De Janiro via Miami
CS predictions: ['They', 'He', 'It', 'She', 'Aircraft', 'an', 'We', 'Airlines', 'Also', 'they']
CS-CI match outcome: 'PER'

John Doe flew from _____ to Rio De Janiro via Miami
CS predictions:['Miami', 'Florida', 'Houston', 'Chicago', 'Boston', 'London', 'Orlando', 'Atlanta', 'Tampa', 'Bermuda']
CS-CI match outcome: 'LOC'

John Doe flew from New York to _____ via Miami
CS predictions: ['Miami', 'London', 'Chicago', 'Florida', 'Houston', 'Paris', 'Boston', 'Atlanta', 'Washington', 'California']
CS-CI match outcome: 'LOC'

John Doe flew from New York to Rio De Janiro via _____
CS predictions: ['Rio', 'Brazil', 'Albuquerque', 'Bolivia', 'Mexico', 'Panama', 'Colombia', 'Peru', 'Caracas', 'the']
CS-CI match outcome: 'LOC'

Final aggregated result
John Doe flew from New York to Rio De Janiro via Miami
B_PER I_PER O O B_LOC I_LOC O B_LOC I_LOC I_LOC O B_LOC

虽然原则上可以通过一次性检索输入句中每个标识的MLM语境敏感标识，但实际上应将带有屏蔽词的句子单独发送给MLM模型，以确定实体类型，因为不清楚是否能将短语或子词的语境敏感预测结合起来进行预测（如果原始句子只有一个单词实体，并且这些单词的标记版本也存在于BERT的词汇表中，可以在一次传递中推断出敏感标识）。

举个例子：像New York等短语，以及Imatinib — I ##mat ##ini ##b等子词，均出现在BERT词汇表中。如果一个子词含有多个默认的含义的话，问题则变得复杂化，比如，I in Imatinib - I ##mat ##ini ##b，会产生一个高方差的语境敏感的标识。可以对子词进行波束搜索生成新的可信的单个标记，但它可能不是基础词汇表的一部分，导致语境敏感标识的偏差变大。可考虑将SpanBERT视为一个选项，来加大预测的跨度，但它也仅仅是对屏蔽短语的各个标记进行预测，而没有给出屏蔽短语的预测。

对带有多个屏蔽词的句子预测可以通过并行预测这个句子的所有屏蔽版本来解决。在上面的例子中，屏蔽术语占句子中总术语数的50%，但在实际项目中往往低于这个平均数。如果用一个独立的句子来确认每个术语在句子中的实体预测，如“术语是一个 ___”这样的句子，（像“Nonenbury是一个 ___”这样的句子），那么发送给MLM模型进行预测的句子数量将是句子中屏蔽术语数量的两倍。

3. 为用户自定义的标签引导映射标签描述符

如果是对应用的一组特定实体集合感兴趣，那么也可以利用任何未标记的语料库，其中这些实体主要通过如下方式获得：

- 将这些句子输入到模型中，让模型输出它们的标签描述符；
- 对这些描述符的发生次数计数排序，得到感兴趣的几个描述符；
- 手动扫描这些描述符并将它们映射到选定的实体标签；
- 如果用来获取这些标签的未标记语料库代表了真实的实体类型，那么它将涵盖绝大部分实体类型。

这种无监督的方法：

- 将句子与特定用例中感兴趣的实体的标记问题转化为标记代表感兴趣标签的语境非敏感描述符。正如前文所述，这样做减少了用更多标记数据重新训练模型的数目；
- 此外还采用了一个POS标签，用该标签对有监督训练的所有句子进行标记。然而，识别标识和候选描述符的关键部分是由BERT执行的，而BERT是经过训练/细调的无监督训练。

4. 无子词过滤的语境无关集群统计信息

由于难以找到子词的标签，因此未考虑将子词用于创建语境无关的集群。但是将它们纳入考虑的集群可以获取对某些应用有潜在价值的信息。BERT的模型词汇有6 477个子词，其中1 399个组成了主元。其余的被分到59个非子词主元中（2 872是单例）。

子词作为主元以及包括子词的其他非子词主元的语境不相关群集。生成语境不敏感群集并未包含子词，图 7-14 显示这些子词只是为了强调某些群集捕获了有趣的可解释信息（其他不构成实体标签的观点）。

Cluster pivot	Cluster mean	Cluster variance	CI descriptors
##teacher	0.51	0	['##teacher', 'educator']
##wley	0.53	0.01	['##vington', '##ssler', '##wley', '##ddington', '##dford', '##ggins', '##bley']
##crats	0.61	0.05	['##cratic', '##cracy', '##crats', '##crates', '##crat']
##hawks	0.56	0.04	['##hawks', '##hawk', '##birds']
##ographic	0.57	0.05	['##ographic', '##ography', '##ographer', '##ograph', '##ological', '##graphic']
postgraduate	0.55	0.03	['undergraduate', 'postgraduate', '##graduate']
archaeological	0.59	0.06	['archaeological', 'Archaeological', 'archaeology', 'archaeologists', 'Archaeology', 'archaeologist', 'excavations', '##eological', 'geological', 'excavation']

图 7-14　可解释信息

5. 本方法的其他应用

由于实体类型的确定纯粹是基于一组术语进行的，本方法可以应用于以下多种应用程序：

- 查找两个或多个术语是否具有相同的实体类型。分别输入包含这些术语的句子，找出语境敏感的标识，并检查模型输出的标签是否相同 / 相似；
- 获取特定实体类型的更多术语；
- 当不仅仅限于标记名词短语时，本方法的输出可以（可选择：与 POS 标签和依赖解析器一起）用于为下游监督任务生成标记数据，如分类、关系提取等。在某些情况下，即便不对监督任务本身进行替换，至少也可以创建出一条基础线。

本章小结

在自然语言处理中，为了在句子中识别出感兴趣的实体如人物、地点、组织等，首先需要对句子进行标记，可以手动对每个句子进行标记，也可以通过某种自动的方法对每个句子进行标记，随后利用 BERT 模型识别出标记好的句子里的实体。在本章里，通过一个具体的示例程序，完成了命名实体识别（NER）的任务，并给出了该任务的评价结果，对方法的局限性进行了分析说明。

思考题

1. 什么是命名实体识别（NER）的任务？
2. 采用 BERT 的无监督 NER 的原理是什么？
3. 执行无监督 NER 通常分几步走？
4. 本方法还有哪些其他的应用？

第四篇　结语和展望

第 8 章　自然语言处理领域热门研究方向及结语

8.1　自然语言处理领域热门研究方向

在本书的前 8 章，我们循序渐进地对 BERT 模型进行了详细的解读，BERT 模型自 2018 年底正式发布至今，短短三年的时间里，其应用已经遍地开花。据不完全统计，在最新自然语言处理各领域最新论文统计列表中，与 BERT 应用相关的论文占到几近半壁江山。正如前文所述，BERT 犹如自然语言处理这个百花园里的一枝牡丹花，怒放在春风里。

一花独放不是春，百花争艳春满园。BERT 在自然语言处理领域一枝独秀，其应用面之广远远超出了本书所涵盖的内容，自笔者发稿前为止，BERT 在不同应用领域的变种已经有二十多种，作为本书的结尾部分，在本章中，介绍了 BERT 在当前自然语言处理领域的最新热门研究方向，作为对 BERT 应用的一些拓展。

8.1.1　多模态学习

众多周知，BERT 模型是一个文本预训练模型，那么问题来了，能否将预训练方法应用到多模态任务上呢？答案是肯定的。可以通过挖掘不同模态数据之间关系，设计预训练任务训练模型，通过大规模的无标注样本让模型理解懂得不同模态数据之间的关联。研究人员也对同样的问题展开了探索，并取得了一定成果。预训练模型通过在大规模无标注数据上进行预训练，一方面可以将从无标注数据上更加通用的知识迁移到目标任务上，进而提升任务性能；另一方面，通过预训练过程学习到更好的参数初始点使得模型在目标任务上只需少量数据就能达到不错的效果。

多模态预训练模型能够通过大规模数据上的预训练学到不同模态之间的语义对应关系。在图像—文本中，模型能够学会将文本中的“猫”和图片中“猫”联系起来。在视频—文本中，模型能够将文本中的物体 / 动作与视频中的物体 / 动作对应起来。为实现这个目标，需要巧妙地设计预训练模型来让模型挖掘不同模态之间的关联。通常，可以将多模态预训练模型分为两大类，图像—文本预训练模型和视频—文本预训练模型。这两大类预训练模型，将不同模态的输入分别处理之后进行交叉融合，从而完成多模态学习任务。

基于 BERT 模型的多模态学习任务种类很多，作为本书的收尾和拓展，在此做简要的介绍。

1. ViLBERT 模型

（1）模型架构：输入的文本经过文本嵌入层后被输入到文本的单模态 Transformer 编码器中提取上下文信息。利用预训练 Faster R-CNN 对于图片生成候选区域提取特征并送入图像嵌入层生成图像。将获取到的文本和图像的嵌入通过 Co-attention-transformer 模块进行相互交互融合，得到最后的特征向量。ViLBERT 模型图如图 8-1 所示。

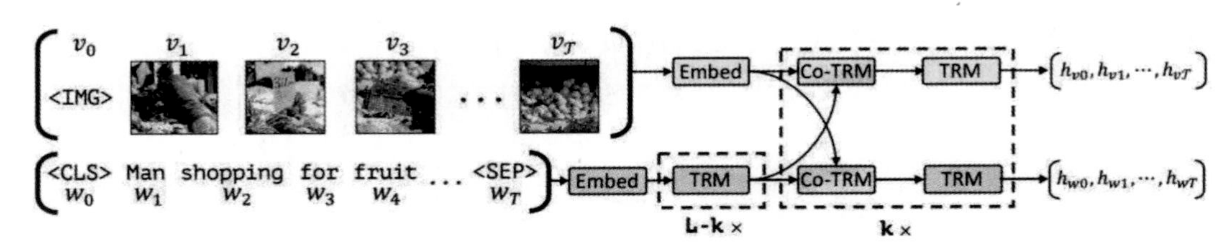

图 8-1　ViLBERT 模型

Co-attention-transformer 模块如图 8-2 所示。

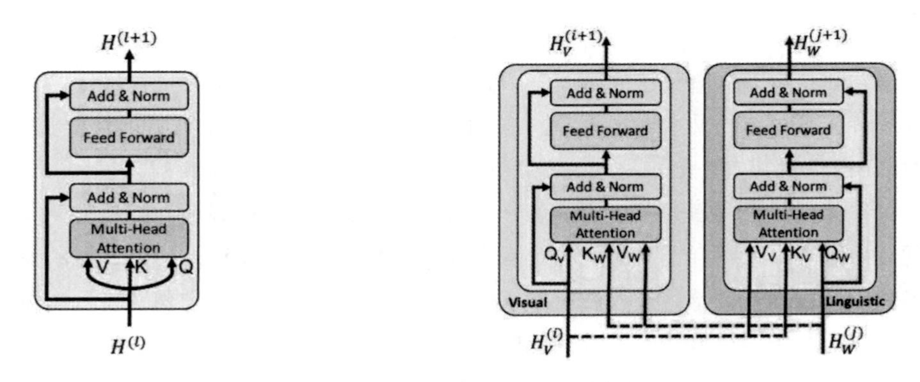

图 8-2　Co-attention-transformer 模块

（2）预训练任务：多模态模型中的屏蔽文本预测与 BERT 的设计思路如出一辙，根据概率随机替换掉文本中部分词，使用 [MASK] 屏蔽字占位符替代，需要模型通过文本中上下文语义，以及对应图片中给出的信息，预测出被屏蔽的词。

多模态模型中的屏蔽图像预测通过屏蔽经过 Faster R-CNN 提取到的预候选区域，使模型通过对应文本以及其他区域的图像预测出被屏蔽区域的类别。

图片—文本对齐给定构造好的图文关系对，让模型来判断文本是否是对应图片的描述，具体是使用 <IMG> 以及 <CLS> 表示来判断文本是否是对于图像的描述。

（3）下游任务：该模型可以应用到视觉问答、视觉常识推理、指示表达定位、图像检索等下游任务上，并且取得了不错的效果。

2. VL-BERT 模型

VL-BERT 模型架构，如图 8-3 所示。

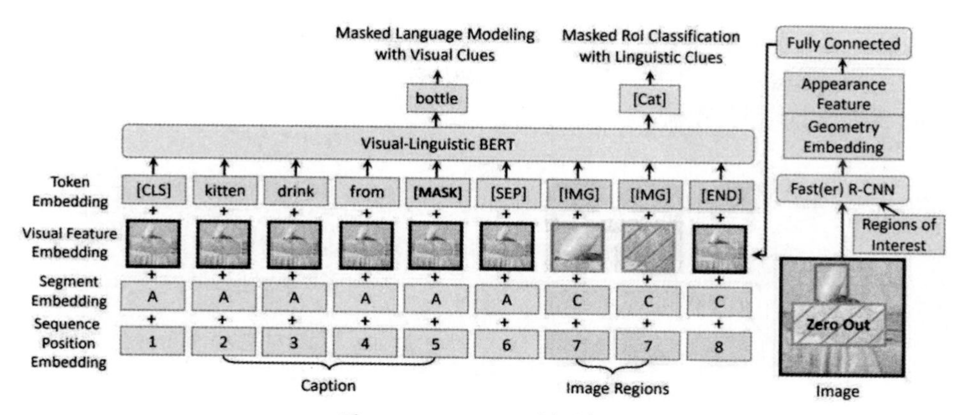

图 8-3　VL-BERT 模型架构

模型架构与 BERT 相似，整个模型的输入包括四部分嵌入。

标记嵌入（Token Embedding）层：对于文本内容使用原始 BERT 的设定，在此基础上添加了一个特殊符 [IMG] 作为图像的标记。

视觉特征嵌入（Visual Feature Embedding）层：这层是为了嵌入视觉信息新添加的层。该层由视觉外部特征以及视觉几何特征拼接而成，具体而言，对于非视觉部分的输入为整个图像的提取到的特征，对应于视觉部分的输入为图像经过预训练之后的 Faster R-CNN 提取到的 ROI 区域图像的相应视觉特征。

部分嵌入（Segment Embedding）层：模型定义了 A、B、C 三种类型的标记，为了指示输入来自不同的来源，A、B 指示来自文本，分别指示输入的第一个句子和第二个句子，更进一步的，可以用于指示 QA 任务中的问题和答案；C 表示来自图像。

位置嵌入（Position Embedding）层：与 BERT 类似，对于文本添加一个可学习的序列位置特征来表示输入文本的顺序和相对位置。对于图像而言，由于图像没有相对的位置概念，所以图像的 ROI 特征的位置特征都是相同的。

通过在视觉 - 语言数据集以及纯语言数据集上进行大规模的预训练，使用概念标题数据库（Conceptual Captions）数据集作为视觉 - 语言语料库，该数据集包含了大约 330 万张带有标题注释的图片，图片来自互联网。但是，这个数据集存在一个问题是图像对应的标题是简短的句子，这些句子很短并且很简单，为了避免模型只关注于简单子句，在此基础上，还使用了 BooksCorpus 和英语维基百科数据集进行纯文本的训练。

3. Image-BERT 模型

（1）模型架构如图 8-4 所示。ImageBERT 在图像嵌入层添加了图像位置编码，即将通过 Faster R-CNN 得到的物体对应的 ROI 区域相对于全局图的位置信息，编码为五维向量，并将位置编码添加进图像的特征表示中。

（2）预训练任务：屏蔽文本预测此任务与 BERT 中使用的 Masked Language Modeling（MLM）任务设定基本一致。

屏蔽图像分类预测此任务是 MLM 任务的拓展。与语言建模类似，通过对视觉对象进行屏蔽建模，期望模型能够预测出被屏蔽图像标记的类别。

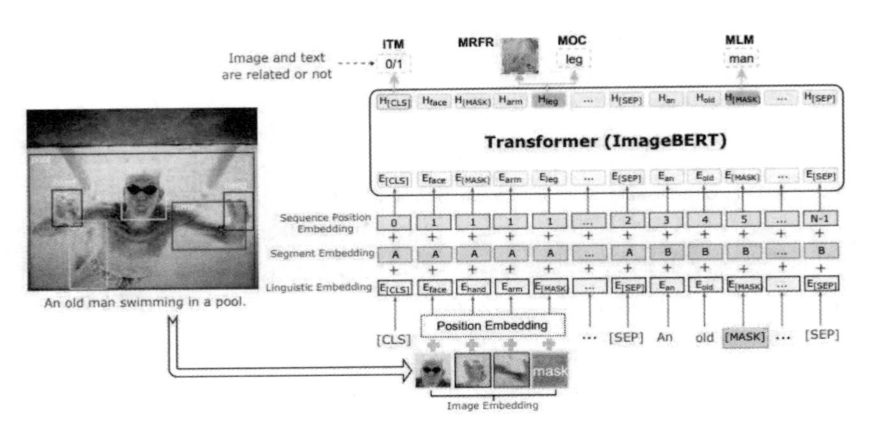

图 8-4　ImageBERT 模型架构

屏蔽区域图像特征回归该任务旨在预测被屏蔽的视觉对象的嵌入特征。通过在相应位置的输出特征向量后添加一个全连接层，以将其投影到与原始 RoI 对象特征相同的维度上，然后应用 L2 损失来进行回归。

图片—文本对齐除了语言建模任务和视觉内容建模任务之外，还添加了图片—文本对齐任务以学习图像—文本对齐。对于每个训练样本，为每个图像随机抽取负例句子，为每个句子随机抽取负例图像以生成负例训练数据，让模型判断给定的图像文本对是否对应。

（3）下游任务：通过在 MSCOCO 以及 Filcker30k 数据集上分别测试模型在图像检索以及文本检索任务的性能，其性能获得了一定的提升。

4. ActBERT 模型

（1）模型架构，如图 8-5 所示。

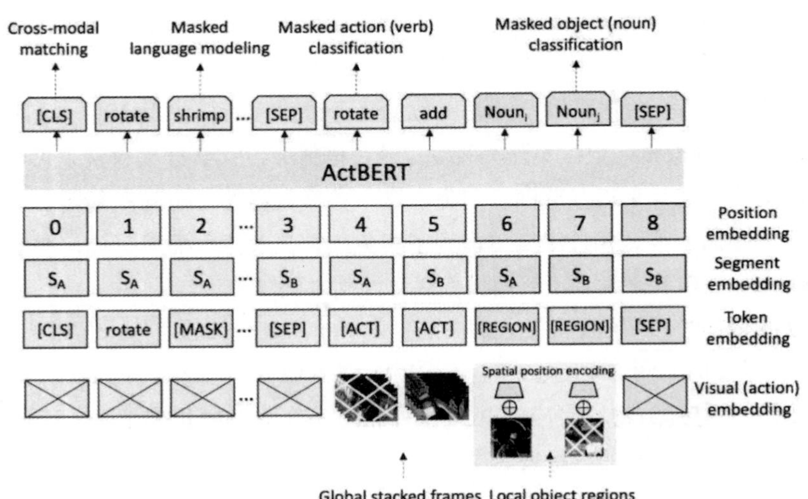

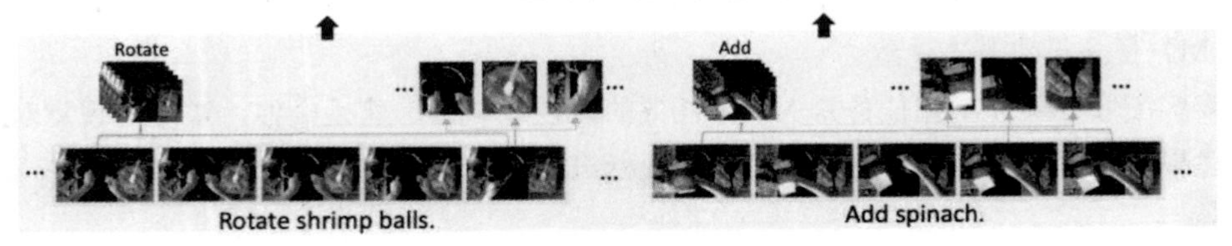

图 8-5　ActBERT 模型架构

与前几个多模态预训练模型的不同之处：本模型考虑了视频中更细粒度的信息——物体信息，通过引入屏蔽物体预测任务，使得模型能在更细粒度上捕捉图像信息，其工作框如图 8-5 所示。

为了使得模型能够充分利用文本信息、视频中时序信息，以及视频中物体信息，该模型架构中采用了 Tangled Transformer 模型，Tangled Transformer 模型由三部分组成：a-transformer 模块对动作特征进行建模，r-transformer 模块对物体对象特征进行建模，w-transformer 模块对文本特征进行建模。三者之间的信息通过跨模态的多头注意力机制进行交互。

（2）预训练任务：带有全局和局部特征的屏蔽文本预测：该任务设计与 BERT 一致，屏蔽掉部分单词，然后将文本与动作特征以及物体特征送入模型中进行联合建模，最后使用相应位置的输出向量预测被屏蔽的词。

屏蔽动作预测（Masked action classification） 随机将输入的动作表示向量进行屏蔽，然后强迫模型通过其他信息如文本信息和物体信息来预测出动作的标签。

屏蔽物体预测（Masked object classification） 随机将物体特征向量进行屏蔽，然后让模型预测出该位置上物体的分布概率。希望预测出来的概率与 Faster R-CNN 对该区域的预测概率相近。

视频—文本对齐（Cross-modal matching） 使用 [CLS] 的表示预测文本与视频是否匹配，负例通过随机从其他数据中进行采样得到。

（3）下游任务：该模型可应用到视频检索（Text-video clip retrieval）、视频描述生成、行为分割、视频问答、动作定位等下游任务上。

5. VideoBERT 模型

（1）模型架构：使用 Transformer 对文本和视频统一进行建模，如图 8-6 所示。

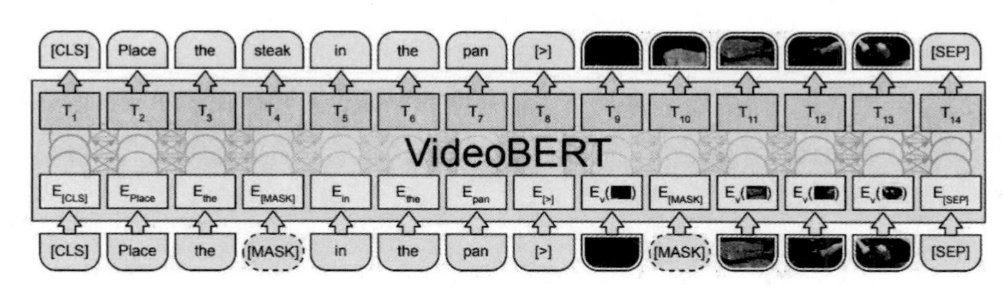

图 8-6　VideoBERT 模型架构

（2）预训练任务：屏蔽文本预测与 BERT 的设计思路一样，文本中的词被随机替换成占位符 [MASK]，然后将替换后的文本与视频进行联合表示后，预测替换前的词。

屏蔽视频预测为了使得模型适配于BERT架构，建立“视觉词表”将输入视频量化。具体是，将所有视频切成片段，使用 S3D 模型对片段进行表示。然后使用聚类算法对表示进行聚类，共得到 20 736 个聚类中心，这样每个视频片段就可以由聚类中心来表示，即将视频片段用离散的聚类中心编号进行表示。输入的“视觉词”被随机替换成占位符号，然后使用模型来预测被替换的“视觉词”。

视频—文本对齐使用 [CLS] 表示预测视频和文本是否在时序上对齐。

（3）下游任务：本模型在动作识别、视频描述生成等下游任务上进行实验，此外，该模型还可以用于给定文本生成视频以及给定视频上文生成视频下文等任务。

8.1.2 依图的 ConvBert

独角兽依图科技最近在人工智能界顶会 NeurIPS 上提出了一个小而美的方案——ConvBERT，通过全新的注意力模块，仅用 1/10 的训练时间和 1/6 的参数就获得了跟 BERT 模型一样的精度。和 GPT-3 相比，ConvBERT 可以让更多学者用更少时间去探索语言模型的训练，降低了模型在预测阶段的计算成本。

依图科技发布的关于 ConvBERT 的论文已经被一年一度的国际人工智能顶会 NeurIPS 2020 收录。依图的这篇论文提出了新型动态卷积技术，在自然语言理解中证明十分有效，这一新技术在计算机视觉领域也同样有效。这是依图继 ECCV 2020 之后，连续开放的第二项主干网络基础性改进工作。

BERT 这类模型主要通过引入自注意力机制来获得性能的提高，依图团队观察到 BERT 模型中的 attention 映射学习到的主要是局部的注意力，即 BERT 的 attention 计算中存在着冗余，也就是说很多远距离关系值是没有必要参与到 attention 映射的计算中去的。

于是依图团队考虑用卷积操作来代替一部分自注意力机制，在减少冗余的同时达到减少计算量和参数量的效果。

此外，考虑到传统的卷积采用固定的卷积核，不利于处理语言这种关系复杂的数据，为此依图提出了一种新的基于跨度的卷积——动态卷积来代替一部分自注意力机制。原始的自注意力机制是通过计算每一对词与词之间的关系得到一个全局的映射关系。由当前位置的词语所代表的特征向量通过一个小网络生成卷积核。这便引发出这样的问题：即在不同语境下，同样的词只能产生同样的卷积核。但是同样的词在不同语境中可以有截然不同的意思，所以会大大限制网络的表达能力。

基于这一观察，依图提出了基于跨度的动态卷积，通过接收当前词和前后的一些词作为输入，来产生卷积核进行动态卷积，在减少了自注意力机制冗余的同时，也很好地考虑到了语境和对应卷积核的多样性，如图 8-7 所示。

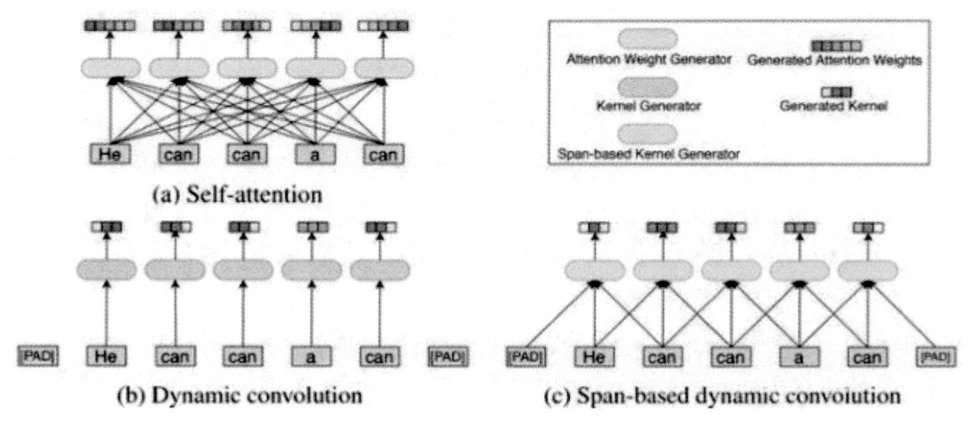

图 8-7　ConvBert 模型架构

在基于跨度的卷积的基础上，依图将其与原始的自注意力机制做了一个结合，得到如图 8-8 所示的混合注意力模块。

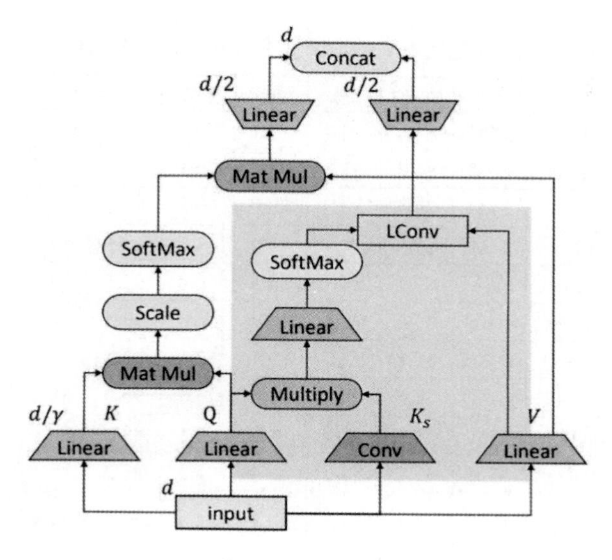

图 8-8　混合注意力模块

从图 8-8 中可以看出，被标棕色的部分是基于跨度的卷积模块，而其余部分则是原始 BERT 的自注意力模块。其中原始 BERT 的自注意力机制主要负责刻画全局的词与词之间的关系，而局部的联系则由替换进来的基于跨度的卷积模块来实现。

从表 9-1 BERT 和 ConvBERT 中的自注意力模块的 attention 映射的对比中也可以看出，与 BERT 的自注意力机制集中在对角线上的 attention 映射不同，ConvBERT 的 attention 映射不再过多关注局部的关系，从而达到了利用卷积模块来减少冗余计算的目的。

对比 BERT 的预训练模型，ConvBERT 所需算力更少、精度更高为分析不同卷积的效果，依图使用不同的卷积得到了如表 8-1 所示的结果：

表 8-1　BERT 和 ConvBERT 中的自注意力模块的 attention 映射的对比

模型	卷积	MNLI	QNLI	QQP	RTE	SST-2	MRPC	CoLA	STS-B	Avg.
ELECTRA	-	78.9	87.9	88.3	68.5	88.3	87.4	56.8	86.8	80.4
ConvBERT	卷积	79.9	85.3	89.2	63.9	86.9	83.1	53.4	83.9	78.2
	动态	81.1	87.6	90.1	64.3	88.9	86.8	59.3	86.7	80.6
	Span-based 动态	81.5	88.5	90.4	67.1	90.1	86.8	59.7	87.7	81.4

可以看出在模型大小一致的情况下，传统卷积的效果明显弱于动态卷积，基于跨度的动态卷积也比普通的动态卷积拥有更好的性能。

同时，依图也对不同的卷积核大小做了分析。实验发现，在卷积核较小的情况下，增大卷积核大小可以有效地提高模型性能。但是当卷积核足够大之后提升效果就不明显了，甚至可能会导致训练困难从而降低模型的性能。

依图将提出的 ConvBERT 模型在不同参数配置下与 BERT 的预训练模型进行了对比。值得注意的是，对小模型而言，ConvBERT-medium-small 的 GLUE 平均分值达到了 81.1，比其他的小模型以及基于知识蒸馏的压缩模型性能都要好，甚至超过了 BERT$_{BASE}$ 模型。而在大模型的超参数配置下，ConvBERT$_{BASE}$ 的 GLUE 平均分值也达到了 86.4，相比于计算量是其 4 倍的 ELECTRA$_{BASE}$ 还要高出 0.7 个点，如表 8-2 所示。

表 8-2　ConvBERT 模型在不同参数配置下与 BERT 的预训练模型对比

模型	训练 FLOPs	参数	MNLI	QNLI	QQP	RTE	SST-2	MRPC	CoLA	STS-B	Avg.
TinyBERT	6.4e19+(49x+)	15M	84.6	90.4	89.1	70.0	93.1	82.6	51.1	83.7	80.6
MobileBERT	6.4e19+(49x+)	25M	84.3	91.6	88.3	70.4	92.6	84.5	51.1	84.8	81.0
ELECTRA	1.e18(1.1x)	14M	79.7	87.7	88.0	60.8	89.1	83.7	54.6	80.3	78.0
Train longer	3.3e19+(25x)	14M	81.6	88.3	88.0	63.6	91.1	84.9	55.6	84.6	79.7
GPT	4.0e19+(31x)	117M	82.1	88.1	88.5	56.8	91.3	75.7	45.4	66.4	75.9
BERT_base	6.4e19+(49x)	110M	84.6	90.5	89.2	66.4	93.5	84.8	52.1	84.8	80.9
ELECTRA_base	6.4e19+(49x)	110M	85.8	92.7	89.1	73.1	93.4	86.7	59.7	87.7	83.5
Train longer	3.3e20+(254x)	110M	**88.5**	93.1	89.5	75.2	**96.0**	88.1	64.6	**90.2**	85.7
ConvBERT_samll	1.3e18+(1x)	14M	81.5	88.5	88.0	62.2	89.2	83.3	54.8	83.4	78.9
Train longer	5.2e18+(4x)	14M	82.1	88.5	88.4	65.1	91.2	85.1	56.7	83.8	80.1
ConvBERT_medium	1.5e18+(1.2x)	17M	82.1	88.7	88.4	65.3	89.2	84.6	56.4	82.9	79.7
Train longer	6.0e18+(4.6x)	17M	82.9	89.2	88.6	66.0	92.3	85.7	59.1	85.3	81.1
ConvBERT_base	1.4e19+(11x)	106M	85.3	92.4	89.6	74.7	95.0	88.2	66.0	88.2	84.9
Train longer	5.6e19+(43x)	106M	88.3	**93.2**	**90.0**	**77.9**	95.7	**88.3**	**67.8**	89.7	**86.4**

8.1.3 BERT 与 MySQL 的结合

文本—SQL 转化任务，是将用户的自然语言转化为数据库 SQL，继而完成数据库查询的工作。实现了文本—SQL 的转化之后，原本要写 SQL，现在用大白话告诉机器想看的内容，就能从数据库中拿到答案，这就是 Text2SQL。Text2SQL 解决的是将自然语言映射到数据库查询语句 SQL 的问题。这是自然语言处理中深度学习预训练模型与数据库相结合的跨领域的产物，可以将跨领域的 text-to-SQL 任务定义如下：

给定自然语言问句 Q 和关系型数据库模式 S=<T,C>，模型需要生成对应的 SQL 查询 Y。

模型采用了主流的 Seq2Seq 架构，把 Text2SQL 视作翻译问题（原序列为：输入文本，目标序列：SQL），和 Seq2Seq 架构一样，整个模型包含编码器和解码器两大块。

编码器：编码器对 Q 和 S 分别做向量编码，同时提取出两者之间的关系的特征向量。

解码器：解码器的目的是从编码特征中还原出相应 SQL。

相比于前人的工作，解码器的设计非常简洁，仅使用了一层带多头注意力机制的 LSTM 指针生成网络。

在每一个计算步长中，解码器从如下动作中选择 1 种：

- 从词汇表 V 中选择一个标记（SQL 关键字）。
- 从问题 Q 中复制一个标记。
- 从模式 S 中复制一条记录（字段名、表名、单元值）。

分别在 WikiSQL、Spider 两份数据集上测试了 Text2SQL 的效果，对其性能进行了评估。

Spider 是耶鲁大学发布的数据集，训练 / 验证 / 测试集数据库涵盖了几乎所有 SQL 语法，被公认是难度最大的 Text2SQL 数据集。

预测评价指标上，选择了完全匹配准确率。模型输出 SQL 的各个子句需要和标注 SQL 一一匹配。

最终训练得到的在 Spider 测试集上取得了 65.0% 的准确率，超越了榜单上大部分模型。集成版本的（3 个模型，在解码的每一个 step 对输出分布取平均值）将准确率提升至 67.5%，获得了榜单第 3，如图 8-10 所示。

Model	Dev	Test
Global-GNN (Bogin et al., 2019b) ♠	52.7	47.4
EditSQL + BERT (Zhang et al., 2019)	57.6	53.4
GNN + Bertrand-DR (Kelkar et al., 2020)	57.9	54.6
IRNet + BERT (Guo et al., 2019)	61.9	54.7
RAT-SQL v2 ♠ (Wang et al., 2019)	62.7	57.2
RYANSQL + BERT$_L$ (Choi et al., 2020)	66.6	58.2
SmBoP + BART (Rubin and Berant, 2020)	66.0	60.5
RYANSQL v2 + BERT$_L$ ◇	70.6	60.6
RAT-SQL v3 + BERT$_L$ ♠ (Wang et al., 2019)	*69.7*	*65.6*
BRIDGE v1 ♠ ♡ (Lin et al., 2020)	65.5	59.2
BRIDGE $_L$ (ours) ♠ ♡	70.0	65.0
BRIDGE $_L$ (ours, ensemble) ♠ ♡	71.1	67.5

图 8-10　BRIDGE 模型在不同参数配置下与其他预训练模型对比

8.1.4　图神经网络

BERT 是一个用于 NLP 的模型，其核心在于 Attention 机制，将这种机制拓展到图结构数据上，便是图神经网络 Graph-BERT。全新的图神经网络 Graph-BERT 仅仅基于 Attention 机制而不依赖任何类卷积或聚合操作 , 即可学习图的表示，图神经网络不考虑节点之间的连接信息。通过将原始图分解为以每个节点为中心的多个子图来学习每个节点的表征信息，这不仅能解决图模型的预训练问题，还能通过并行处理提高效率。

Graph-BERT 将原始图采样为多个子图，只利用 Attention 机制在子图上进行表征学习，而不考虑子图中的边信息，如图 8-11 所示。因此 Graph-BERT 可以解决传统 GNN 性能问题和效率问题。

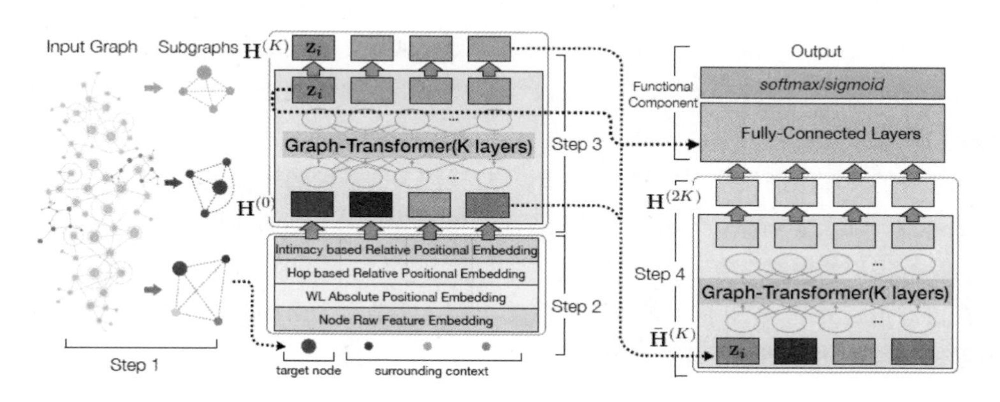

图 8-11　Graph-BERT 模型架构

Graph-BERT 主要由以下四部分组成：

- 将原始图分解为无边子图（不考虑子图中的边信息）。
- 节点输入特征的嵌入表示。
- 基于图 transformer 的节点表征学习编码器，编码器的输出作为学习到的节点特征表示。
- 基于图 transformer 的解码器。

Transformer 模型是一种基于全 attention 的序列到序列的模型，在 NLP 任务上取得了比 LSTM 更好的成绩。这里将 Transformer 方法推广到了图结构数据。首先将计算四种嵌入表示聚合，以作为编码器的输入。

- 原始特征向量嵌入。
- Weisfeiler-Lehman 绝对角色嵌入。
- 基于关联值的相对位置嵌入。
- 基于节点距离的相对距离嵌入。

整个 Transoformer 包含 2*K* 层，前 *K* 层是编码器，后 *K* 层是解码器，通过自回归来监督训练，最终编码器的输出即为学习到的节点特征表示 zi。此外还在编码器输入和输入之间添加了 res 连接。

知识图谱的图注意力模型类似于结构感知卷积网络，这个模型也是用图神经网络作为编码器，然后将一个传统的知识图谱嵌入模型作为解码器。具体来讲，图神经网络的编码器是图注意力网络的扩展。知识图谱的图注意力模型与图注意力网络不同的地方在于计算边的注意力权重时，除了考虑到节点的属性，也加入了边的信息。

8.1.5 特殊专业领域的应用

正如本书第 8 章内容，BERT 模型可以用于训练许多特殊专业领域的数据集，如疾病防御、流行病调查等，其中最为引人注目的是未来利用最先进的自然语言处理技术，如 BERT 预训练模型，对佛经进行研究，当前的确已经有仁人志士展开了这一领域的研究开发工作。据悉，龙泉寺的贤超法师，参加了国内某技术大会，分享了使用人工智能对《大藏经》进行整理和校勘的技术实践。

龙泉寺在整理和校勘的《大藏经》为佛教经典的总集，也称为一切经。在汉传佛教的 2000 多年里，历朝历代都对《大藏经》进行了翻译、增补、修订。流传至今有数十个版本，少的有 5 000 多字，多的有 1.2 亿字。2012 年，龙泉寺就着手整理《大藏经》，计划用整整十年的时间完成。

龙泉寺的贤超法师直接主持和参与了这项规模浩大的佛经翻译整理项目，从 2016 年起，贤超法师便开始尝试将 AI 与自动标点相结合，在没有人工干预的前提下，根据算法给古籍文本自动标注现代中文标点。

在自然语言处理（ NLP ）领域来说，自动标点就是一个简单的序列标注问题，解决这类问题的标准方法是使用循环神经网络（RNN），为了增强 RNN 的性能，在此基础上又发展出来了双向 RNN，也就是每一时刻的输出不仅仅取决于之前时刻的所有输入，而是同时取决于之前和之后的输入。

图 8-12　为《乾隆版大藏经》雕版

之后，贤超法师团队又引入了 LSTM，虽然基于这些技术能实现《大藏经》的自动标点，但是效果不是很令人满意。为此，团队又引入了 ResNet 残差网络（Residual network）。与以往的神经网络相比，残差网络的深度有了指数级的增长，以往的神经网络最多为十几层、二十多层的结构，而残差网络则有几百层，甚至上千层的结构。网络深度的增加有助于捕捉到更深层的语义信息，从而使得性能得以大幅度提高。最终效果显示，残差网络比循环神经网络的标点准确率平均高出 20% ～ 30%。

贤超法师团队的训练数据集多取自佛经，其工作不仅仅局限于对经文自动加标点，还需要对经文实现文白对句，实现句子与句子间的句对齐，并实现古经文与现代文的对齐和翻译，以方便专业学者进行后期校对、修改。

文白对句，也就是古文到现代文的对齐和翻译。为了实现 AI 文白对句，贤超法师首先构建了一个文白对齐的语料库，然后设计了一个对齐算法，取得了很好的效果。根据相似度和差异度这两个独立指标，可以非常容易地定位出对齐错误的句子。

由于《大藏经》专业名词众多，且历代翻译著作语料繁杂，因此并非古文相关专业就能搞定。《大藏经》的总字数以亿计，如果仅依靠有限的几位专家，工作量将十分巨大，所以，AI 的介入，为专家们分担了不少工作量。目前为止，以贤超法师为首的《大藏经》翻译整理项目正在实施当中，未来，如果能将 BERT 预训练模型的屏蔽语言预训练模型和下一句预训练模型应用于经文的翻译 , 也是一道令人振奋的利器。

由于篇幅所限，在本书的结尾只是对 BERT 的应用提出一个大胆的设想，具体实施细节有待专业人士进行开发，本节的内容也作为 BERT 应用的铺陈，感兴趣的读者可以在这方面进行深入的研究，真可谓广阔天地，大有作为。

8.2 本书小结

本书从颜格格投标西门子项目场景为开篇，至建议龙泉寺的贤超法师利用 BERT 预训练模型训练佛经为结尾，重点梳理了预训练模型 BERT 的来龙去脉和前世今生，其中包含四大篇章，八个大章。

第一篇自然语言处理基础篇由第 1 ～ 3 章内容组成，对自然语言处理技术、掌握该技术需要的预备知识和文本的表示技术做了解释。第二篇自然语言处理中的深度学习技术包含第 4 章和第 5 章，第 4 章自然语言处理和深度学习介绍了常用的模型；第 5 章重点介绍了 BERT 模型。第三篇实战案例篇分别由浅入深两个不同的层面展示了两个实战案例。第四篇结语和展望。

本书从自然语言处理需要掌握的数学知识为出发，介绍了该领域的常用算法和框架，以 Python 语言为例，介绍了 Python 语言的优缺点；以 Tensorflow 为例，介绍了五种常用的深度学习框架。由于谷歌官方支持的是 Tensorflow 框架下的 BERT 预训练模型，所以在案例讲解中，均采用 Tensorflow 框架。此外，作为背景知识，对基于卷积神经网络 CNN 的自然语言处理模型、 基于循环神经网络 RNN 的自然语言处理模型和基于 LSTM 网络的自然语言处理模型做了综述性的描述。

本书的主题是 BERT 模型，对于 BERT 模型除了综述性的描述之外，还总结了它的优缺点以及目前更新的内容，模型架构是全书的重点，从序列到序列架构出发，通过 Transformer 模型引出了 BERT 模型，并对 BERT 模型的多头 self-attention 自注意力机制做了详细的介绍，这部分内容可以和第 6 章实战篇中的代码详解部分结合起来，一一对应，以便加深理解。

在实战部分的案例讲解中，两个案例均融入了编程思想及经验的分享。“不只是学习技术，重要的是在思想上能有所提升”，希望读者能在学习技术的同时，潜移默化加深对程序代码的认识和理解。

从严格意义上来讲，本书不是一本学术类型的专著，它更像一本科普类型的入门书，全书尽可能用通俗易懂的语言来解读复杂深奥的数学公式和算法逻辑，对于过于复杂的数学和编程逻辑，只在概念层面进行综述性质的介绍，有志于在自然语言处理领域精耕细作的读者可以选择感兴趣的主题做深入研究。